Rahmenbedingungen für erneuerbare Energien in Deutschland

AF151340

Danyel Reiche

Rahmenbedingungen für erneuerbare Energien in Deutschland

Möglichkeiten und Grenzen einer Vorreiterpolitik

Mit einem Vorwort von Jürgen Trittin

PETER LANG

Frankfurt am Main · Berlin · Bern · Bruxelles · New York · Oxford · Wien

Bibliografische Information Der Deutschen Bibliothek
Die Deutsche Bibliothek verzeichnet diese Publikation in der
Deutschen Nationalbibliografie; detaillierte bibliografische
Daten sind im Internet über <http://dnb.ddb.de> abrufbar.

ISBN 3-631-52857-4

© Peter Lang GmbH
Europäischer Verlag der Wissenschaften
Frankfurt am Main 2004
Alle Rechte vorbehalten.

www.peterlang.de

Danksagung

Die vorliegende Fallstudie ist im Rahmen meiner vom Leiter der Forschungsstelle für Umweltpolitik (FFU), Prof. Dr. Martin Jänicke, betreuten Habilitati-
onsschrift „Nationalstaatliche Handlungsmöglichkeiten zur Förderung regenerativer Energieträger in Ländern der Europäischen Union - Deutschland, die Niederlande und Polen im Vergleich" entstanden. Die deutsche Fallstudie ist der
letzte größere Baustein in diesem Projekt, nachdem Analysen zur Situation
erneuerbarer Energien in den Niederlanden und Polen bereits vorgenommen und
ebenfalls im Peter Lang Verlag veröffentlicht wurden (Reiche 2002, Reiche
2003). Eine historische Restriktionsanalyse über „Aufstieg, Bedeutungsverlust
und Re-Politisierung erneuerbarer Energien" (Zeitschrift für Umweltpolitik &
Umweltrecht 1/2002, S. 27-59), die Projektleitung für eine Studie der For-
schungsstelle für Umweltpolitik zu „Erfolgsbedingungen und Restriktionen von
Instrumenten zur Förderung erneuerbarer Energien" (FFU-Report 01-03), die
Herausgabe des „Handbook of Renewable Energies in the European Union -
Case Studies of all Member States" und des Nachfolgewerkes „Handbook of
Renewable Energies in the European Union II - Case Studies of all Accession
States" (Peter Lang 2002 bzw. 2003) sowie die Frage nach Möglichkeiten und
Grenzen erneuerbarer Energien in Entwicklungs- und Schwellenländern (Auf-
satz mit Ulrich Laumanns und Mischa Bechberger in Energy & Environment, im
Erscheinen) sind weitere Arbeiten, die sich der Frage nach Handlungsmöglich-
keiten zur Förderung regenerativer Energieträger angenommen haben und seit
meiner Aufnahme in das Habilitationsstipendienprogramm der Deutschen Bundesstiftung Umwelt im Januar 2001 erbracht worden sind.

Ich danke meinen Gesprächspartnern, die im Anhang dieser Schrift aufgeführt
sind. Hinzu kommen viele weitere Personen, die mir zu einzelnen Fragen per
Email Auskunft erteilten. Ihre Namen habe ich an den entsprechenden Textstel-
len vermerkt.

Meine Kollegen von der FFU (in alphabetischer Reihenfolge) Mischa Bechberger, Ruth Brand, Matthias Corbach, Stefan Körner sowie Annika Sohre, Refe-
rentin für Energiepolitik im Berliner Büro von EnBW, haben eine vorläufige
Fassung dieser Studie sorgfältig gegen gelesen und mir gewinnbringende Anregungen für die anschließende Überarbeitung gegeben. Markus Kurdziel, Bereichsleiter für erneuerbare Energien bei der Deutschen Energie-Agentur, hat
sich das Kapitel zu den staatlichen Akteuren aufmerksam angeschaut und mir
noch einige Hinweise dazu gegeben. Ein großes Extra-Dankeschön möchte ich
an die Adresse von Herrn PD Dr. Lutz Mez, Geschäftsführer der FFU, aussprechen, der mich in meiner Forschung fortlaufend sehr unterstützt. Anregungen
habe ich auch durch die Diskussion von Ergebnissen dieser Studie im von Lutz
Mez geleiteten Colloquium „Neuere Forschungen zur Energie- und Umweltpolitik" sowie beim DBU-Stipendiatenseminar bekommen.

Meinem Kollegen Stefan Körner danke ich, dieses Buch entsprechend den Verlagsvorgaben formatiert und mir in technischen Fragen wiederholt zur Verfügung gestanden zu haben. Stefan danke ich auch - ebenso wie Manfred Binder - für die Unterstützung bei der Erstellung einiger Abbildungen.

Eine Ehre und Freude zugleich für mich ist es, dass Bundesumweltminister Jürgen Trittin dass Vorwort für dieses Buch beigesteuert hat. Ich danke der Deutschen Bundesstiftung Umwelt und ihrem für mich zuständigen Mitarbeiter Dr. Maximilian Hempel für die Förderung durch das DBU-Habilitationsstipendienprogramm. Ich danke Michael Rücker vom Peter Lang Verlag für die erneut gute Zusammenarbeit.

Ungeachtet der vielen Dankeschöns möchte ich wie immer an dieser Stelle betonen: für mögliche Fehler und Unzulänglichkeiten bin allein ich verantwortlich.

Dr. Danyel Reiche, Berlin/Hannover im Juli 2004

Vorwort

Danyel Reiche veröffentlicht mit diesem Buch einen zentralen Baustein seines Habilitationsprojektes, in dem er nationalstaatliche Handlungsmöglichkeiten zur Förderung erneuerbarer Energien untersucht. Er präsentiert sich damit als Zeuge und Begleiter eines energiepolitischen Epochenwechsels: Das Zeitalter der fossilen und atomaren Energien hat sich als zukunftsuntauglich erwiesen. Vorreiterstaaten wie Deutschland bahnen den Weg ins Zeitalter der erneuerbaren Energien.

Jede Innovation muss zuerst bereits besetztes Terrain erobern, sich gegen die Privilegien und Vorteile derer durchsetzen, die seit langem das Feld beherrschen. Die alten Energien - Kohle, Öl und Atomenergie - versuchen, ihre Pfründe zu behalten. Dabei denke ich an das Missverhältnis profitabler abgeschriebener Großkraftwerke einerseits und kleiner Fotovoltaikproduzenten oder Geothermiewerke mit hohen Kosten für Forschung und Entwicklung andererseits. Und ich denke an unfaire Preise, in denen sich die hohen Umweltkosten fossiler und atomarer Energien nicht wiederspiegeln. Wissenschaftler wie Danyel Reiche und Institute wie die Forschungsstelle für Umweltpolitik an der Freien Universität Berlin, die das Interesse gezielt auf erneuerbare Energien lenken, sind wichtige Mitstreiter einer Politik, für die Nachhaltigkeit oberstes Gebot ist.

Da Danyel Reiche sich mit diesem Buch auch zum kommentierenden Chronisten meiner Arbeit für den Ausbau der erneuerbaren Energien macht, möchte ich nun nicht wiederum sein Buch kommentieren. Nur so viel: Ich halte es für ein wichtiges Buch. Denn es arbeitet den Schlüssel zum Erfolg beim Ausbau erneuerbarer Energien heraus.

Ein rascher Ausbau erneuerbarer Energien kann nur gelingen, wenn der Gesetzgeber alle Instrumente genau aufeinander abstimmt, und wenn er alle Akteure einbezieht: die Forscher und Entwickler, die Produzenten der Anlagen, die Banken, die Kommunen und Verbraucher. Rascher Ausbau erfordert Aufbruchstimmung. Sie zu erzeugen ist uns in Deutschland in den vergangenen Jahren gelungen. Entscheidend war vor allem das Erneuerbare-Energien-Gesetz. Wir haben den Anteil der erneuerbaren Energien an der Stromerzeugung zwischen 1998 und 2003 auf rund 8 % nahezu verdoppelt. Im Jahr 2002 gab es 120.000 Arbeitsplätze im Bereich erneuerbare Energien. Der Gesamtumsatz mit erneuerbaren Energien beträgt inzwischen 10 Mrd. €. Der Preis der Anlagen ist durch den Einstieg in die Massenproduktion z.T. um die Hälfte gesunken. Die Wirkungsgrade sind deutlich gestiegen. Deutsche Firmen sind Technologieführer beim Bau von Anlagen für erneuerbare Energien. Beim Aufbau neuer Anlagen ist Deutschland heute weltweit führend bei der Windkraft und zweiter bei der Fotovoltaik.

Der Ausbau erneuerbarer Energien ist in Deutschland sehr viel mehr als nur ein nationales Projekt. Der Funke des Aufbruchs springt auf andere Länder über,

8

manche machen sogar unseren Schlüssel zum Erfolg nach: das Erneuerbare-Energien-Gesetz. Bei der Weltkonferenz zum Ausbau erneuerbarer Energien in Bonn, der *renewables2004*, wurde diese Aufbruchstimmung besonders deutlich: Einzelne Staaten und Entwicklungsbanken wetteiferten darin, das internationale Aktionsprogramm mit ehrgeizigen Projekten zu füllen. Ich möchte nur China, die Philippinen, die Europäische Investitionsbank und Brasilien nennen und auch die USA. Der Ausbau der erneuerbaren Energien ist ein Zukunftsprojekt mit vielen win-win-Situationen für Umwelt und Wirtschaft. Sowohl im Süden als auch im Norden. Mehr noch: Diese Strategie „Weg vom Öl" befreit aus Abhängigkeit und Armut: Erneuerbare Energien schaffen Wohlstand, sie begründen mehr Unabhängigkeit und sind eine Chance für Frieden. Deshalb eint dieses Projekt die Welt.

Da der Klimawandel nicht an Landesgrenzen halt macht, reicht der Beitrag von Vorreiterstaaten nicht aus. So wichtig es ist, dass z.B. Deutschland eine Pionierrolle übernimmt - wir brauchen einen *globalen* Ausbau der erneuerbaren Energien - und vielleicht wird Danyel Reiche darüber einmal - nach dem langen und erfolgreichen Berufsleben, das ich ihm wünsche - sein Alterswerk schreiben.

Jürgen Trittin
Bundesminister für Umwelt, Naturschutz und Reaktorsicherheit

Inhaltsverzeichnis

10

Tabellenverzeichnis

Abbildungsverzeichnis

1. Vorgehensweise und Methode

Bei der vorliegenden Untersuchung handelt es sich um eine politikwissenschaftliche Restriktionsanalyse. Der Unterschied zu anderen Disziplinen besteht dabei darin, dass nicht nur beispielsweise auf die Kosten oder den rechtlichen Kontext bezug genommen, sondern ein breites Spektrum an Faktoren identifiziert wird, die den Grad der Nutzung erneuerbarer Energien beeinflussen. Dazu zählen neben der Frage nach dem ökonomischen Umfeld sowie Ausgangsbedingungen bzw. Traditionen in der Energiepolitik auch politisch-rechtliche, technische und kognitive Faktoren. Eine Grundannahme ist dabei, dass die geografischen Gegebenheiten eine notwendige, aber keine hinreichende Erklärung für Erfolg oder Misserfolg bei der Nutzung erneuerbarer Energien sind. So bestehen in Frankreich, Großbritannien und Irland die besten Windbedingungen in der Europäischen Union, real verfügt Deutschland aber über ein Vielfaches (das Zwölffache, siehe Tabelle 17) der installierten Windenergie-Leistung dieser drei Länder. Dies macht deutlich, dass auch Einflussbedingungen über das geografische Umfeld hinaus für eine Analyse von Erfolg und Misserfolg bei der Nutzung erneuerbarer Energien zu untersuchen sind.

Diese Studie ist der dritte größere Baustein des Projekts „Nationalstaatliche Handlungsmöglichkeiten zur Förderung regenerativer Energieträger in Ländern der EU - die Bundesrepublik, Polen und die Niederlande im Vergleich" (zu den Untersuchungen über die Niederlande und Polen siehe Reiche 2003b, 2002b). Die drei Fallstudien sind dabei mit einem einheitlichen Analyserahmen durchgeführt worden. Der Beginn wird dabei mit einer kurzen Einführung ins politische System sowie in die aktuelle ökologische und ökonomische Situation des Landes gemacht (Kapitel 2). Anschließend wird dargestellt, wie erneuerbare Energien in dem jeweiligen Land definiert werden (Kapitel 3). Während etwa Solar- und Windenergie länderübergreifender definitorischer Bestandteil sind, gibt es beispielsweise in bezug auf die Anerkennung großer Wasserkraftanlagen oder der in Müllverbrennungsanlagen gewonnenen Energie erhebliche nationale Unterschiede.

Der erste größere Untersuchungsschritt ist die Analyse der Pfadabhängigkeiten in der jeweiligen nationalen Energiepolitik (Kapitel 4). Der Ansatz der Pfadabhängigkeit geht davon aus, dass Politik durch Strukturen, Vorgänge und Maßnahmen zu zeitlich vorgelagerten Zeitpunkten geprägt ist. Danach gibt es eine hohe Wahrscheinlichkeit, dass die Lösung eines bestimmten Problems eingefahrenen Standardprozeduren folgt, die in vergleichbaren Fällen früher entwickelt wurden und somit einen Pfad geschaffen haben, der den Spielraum auch für zukünftige Problemlösungen festschreibt (Schmidt 1995: 718, dazu auch Hohn/Schneider 1991). Diese Untersuchung der nationalen Energiepolitikstrukturen fragt nach der historischen Entwicklung der Anteile der einzelnen Energieträger, der Ausstattung an einheimischen Energieträgern, dem Selbstversor-

14

gungsgrad und der Importabhängigkeit, der Entwicklung von Primärenergie-, Strom- und spezifischen Energieverbrauch (vgl. Rieder 1998: 57ff.).

Im Anschluss an die Analyse der Pfadabhängigkeiten wird die Akteursstruktur im Untersuchungsfeld betrachtet (Kapitel 5). Dabei wird zwischen der staatlichen (5.1.) und der nicht-staatlichen Ebene (5.2.) unterschieden. Während es auf der einen Seite darum geht, die Verankerung im Politisch-Administrativen System (PAS) zu untersuchen, soll auf der anderen Seite nach dem Stellenwert des Themas Energiepolitik im allgemeinen und der erneuerbare Energien im besonderen in Parteien, bei ökonomischen Akteuren (unterteilt in Energieunternehmen, regenerative Branchenverbände und Finanzwirtschaft), Umwelt- und Verbraucherschutzverbänden, Gewerkschaften und Forschungseinrichtungen gefragt werden.

Mit Hilfe des Netzwerkansatzes wird nach der Darstellung der verschiedenen Akteure das Geflecht von Interaktionen zwischen privaten und öffentlichen Akteuren mit unterschiedlichen, aber wechselseitig voneinander abhängigen Interessen untersucht (5.3.). Scharpf (1993: 72) definiert Netzwerke als dauerhafte Beziehung zwischen mehr als zwei Akteuren. Ähnlich geht Pappi (1993: 89) vor, der Policy-Netzwerke als Oberbegriff für verschiedene Arten der Beziehungen zwischen Interessengruppen und Staat beschreibt. Andere Autoren heben stärker hervor, dass mit einer Netzwerkanalyse, so Héritier (1993: 16), die schematische Sicht der Politikgestaltung zu relativieren sei. Danach findet durch eine Netzwerkanalyse ein Ebenenwechsel von top down zu bottom up, von einer vertikalen zu einer eher horizontalen Steuerung statt, der von einem Verständnis von Interaktionen auf der Basis relativer Autonomie ausgeht. Auch Renate Mayntz (1993: 23) betont, dass Netzwerke eine tatsächliche Veränderung in den politischen Entscheidungsstrukturen reflektieren, „die sich von dem simplen Ablauf und ‚Produktionsmodell' der Policy-Forschung der 70er Jahre drastisch unterscheidet". Politik geht, so Mayntz (1993: 40), aus dem Zusammenwirken von öffentlichen und privaten Großorganisationen hervor. Dies widerspreche dem stereotypen Bild einer klaren Trennung von Staat und Gesellschaft und des Staates als höchstem Steuerungszentrum. Anstatt von einer zentralen Autorität hervorgebracht, entstehe Politik heute oft in einem Prozess, in den eine Vielzahl von sowohl öffentlichen als auch privaten Organisationen eingebunden ist.

Policy-Netzwerke entstehen, weil gesellschaftliche Akteure eine Beteiligung am gesellschaftlichen Prozess anstreben. Die von Mayntz diagnostizierte zunehmende Fragmentierung von Macht ist analytisch nicht nur als Bedeutungsverlust des Staates zu erfassen, sondern entspricht auch dessen und damit einer wechselseitigen Interessenlage. Organisierte gesellschaftliche Akteure dienen der Komplexitätsreduktion, welche die Interessen überschaubar und damit verarbeitbar macht (Massing 1993: 17). Indem Einzelkonflikte bereits innerhalb der Interessenverbände ausgetragen werden, tragen sie, so Sebaldt (1997: 27), mit ihrer Aggregationsleistung entscheidend zur Entlastung des zentralen politischen Systems bei. Mayntz (1993: 41), die die Existenz von Policy-Netzwerken als

Indikator gesellschaftlicher Modernisierung ansieht, betont noch drei weitere Vorteile der Beteiligung gesellschaftlicher Akteure für den Staat: Es eröffnet sich für ihn zum einen auf diese Weise die Möglichkeit, Informationen zu beschaffen. Zum anderen kann dadurch die Akzeptanz bestimmter politischer Entscheidungen erhöht werden. Zugleich würde damit „Sensibilität für die erhöhte Komplexität politischer Herrschaft und für zunehmende Konsensbedürfnisse in modernen demokratischen Gesellschaften" signalisiert werden.

Der Advocacy-Koalitionsansatz, der im nächsten Untersuchungsschritt (5.4.) zur Anwendung kommt, kann unmittelbar an die Netzwerkanalyse und die aus ihr gewonnenen Erkenntnisse anknüpfen und diese verfeinern. Diese Methode wurde von Paul A. Sabatier (1988, 1993) entwickelt und versteht sich bewusst auch als Alternative zur Phasenheuristik, die von Beginn der 70er Jahre an die Politikwissenschaft prägte (siehe dazu zum Beispiel Schubert 1991, Windhoff-Héritier 1987). Ausgangspunkt des Ansatzes von Sabatier ist es, die Akteure im Policy-Subsystem (hier für den Bereich erneuerbare Energien) mit einem Netzwerkansatz zu identifizieren. Dies ist im vorherigen Abschnitt bereits vorgenommen worden. Der Advocacy-Koalitionsansatz optimiert den Netzwerkansatz insofern, als er die ganze Bandbreite der ermittelten Akteure „in schmalere und theoretisch zweckmäßigere Kategorien" (Sabatier 1993: 127) zusammenfasst. Dazu werden die Akteure danach eingeteilt, ob sie ein spezifisches „belief system" teilen. Darunter wird ein Set von grundlegenden Wertvorstellungen, Kausalannahmen und Problemperzeptionen verstanden. Am Beispiel der amerikanischen Luftreinhaltepolitik zeigt Sabatier, dass sich mit der „Saubere-Luft-Koalition" und der „Wirtschaftliche Machbarkeits-Koalition" nur zwei Gruppen gegenüber stehen. In „ruhigen" Koalitionen, so Sabatier, könne es sein, dass nur eine Koalition existiert. Im Regelfall geht er von zwei bis vier Allianzen aus. Zu untersuchen ist dabei, ob es eine Mehrheits- oder mehrere Minderheitenkoalitionen gibt und welcher Akteur in der jeweiligen Koalition die Führungsrolle inne hat.

Ist die dominierende Koalition identifiziert, kann auf dieser Basis erklärt werden, warum ein bestimmtes Regulierungsmuster zum Einsatz kommt - es entspricht in der Regel den Präferenzen dieser dominierenden Koalition. Allerdings ist zu betonen, dass die ermittelten Koalitionen nur für den Bereich der Erneuerbaren-Energien-Politik gelten - in anderen energiepolitischen Fragen können sich wiederum andere Konstellationen bilden.

Das Kapitel über das Regulierungsmuster (Kapitel 6) beschreibt die Instrumentierung in der deutschen Erneuerbare-Enegien-Politik. Dabei werden sowohl ordnungsrechtliche und planerische Instrumente als auch wirtschaftliche Anreize, kooperative, partizipative sowie informative Instrumente eingesetzt. Die Instrumentierung, so Jänicke (2000: 6), ist innovationsfreundlich, wenn sie mehrere Instrumente kombiniert (policy mix), auf strategischer Planung und Zielbildung basiert, ökonomische Anreize setzt und Innovation als Prozess in allen Phasen (einschließlich des Diffusionsprozesse) unterstützt. An anderer

Stelle betont Jänicke (1997: 12), dass für Innovationsprozesse eine frühzeitige und klare staatliche Zielbildung mit kalkulierbaren mittelfristigen Handlungsfolgen ebenso wichtig wie die Instrumente selbst ist. Daher soll neben den eingesetzten Instrumenten auch ihre Einbettung in Zielbildungsprozesse und die Frage, mit welchem Vorlauf sie angekündigt worden sind, analysiert werden. Im Resümee zum Regulierungsmuster (6.6.) soll untersucht werden, inwiefern der Gesetzgeber in Deutschland diesen Kriterien Rechnung trägt.

Im letzten Untersuchungsschritt (Kapitel 7) werden, wie bereits eingangs dargestellt, Restriktionen (7.1.) und Erfolgsbedingungen (7.2.) analysiert. Im Mittelpunkt stehen dabei länderspezifische Bedingungen und nicht generelle, länderübergreifende Faktoren wie etwa die geringen Wirkungsgrade von Photovoltaikanlagen. Welche Faktoren dabei ins Blickfeld der Untersuchung geraten, wird noch einmal in Abbildung 1 zusammengefasst.

Abbildung 1: Einflussfaktoren auf die Nutzung erneuerbarer Energien (Reiche 2002c: 23)

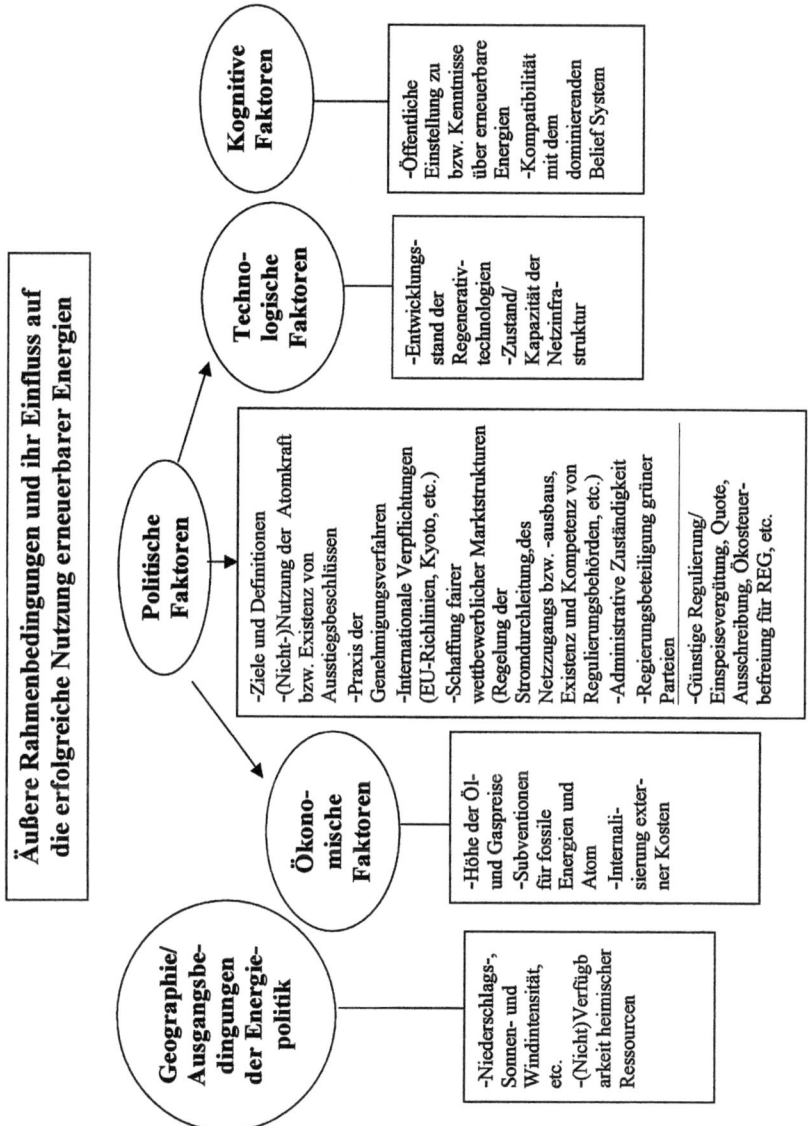

2. Einführung ins politische System Deutschlands sowie aktuelle Situation des Landes

Basisinformationen: Die Bundesrepublik Deutschland liegt in der Mitte Europas. Das Land ist von neun Nachbarn umgeben: Östlich grenzen Polen und die Tschechische Republik an Deutschland, südliche Nachbarn sind die Schweiz und Österreich, westlich liegen die Niederlande, Belgien, Luxemburg und Frankreich, nördlicher Nachbar ist Dänemark. Die zentrale Lage der Bundesrepublik macht sie zu einem wichtigen Transit-Land.

Die Bundesrepublik ist das bevölkerungsreichste Land in der Europäischen Union. Die Bevölkerungsdichte ist zweimal so hoch wie im EU-Durchschnitt. Mit dem höchsten Bruttosozialprodukt nach den USA und Japan verfügt die Bundesrepublik über die drittstärkste Volkswirtschaft der Welt. Ein wesentliches Merkmal der deutschen Volkswirtschaft ist dabei der Handelsbilanzüberschuss. In diesem Zusammenhang wird Deutschland gerne auch das Prädikat des „Exportweltmeisters" verliehen. Dies macht die deutsche Volkswirtschaft aber auch besonders anfällig gegenüber externen Schocks. So hat der internationale Konjunktureinbruch nach dem 11. September 2001 Deutschland besonders stark getroffen und die Arbeitslosenquote sich auf einem zweistelligen Niveau eingependelt, wobei sie im Osten des Landes überdurchschnittlich hoch ist. Wegen der nach wie vor ungleichen Lebensverhältnisse hält die hohe Zahl an Fortzügen von Ost nach West weiter an.

Äußeres Kennzeichnen für die Phase nach dem 2. Weltkrieg ist die Westbindung des Landes. Die Bundesrepublik ist Gründungsmitglied der Europäischen Gemeinschaft, gehört seit 1955 der NATO an und zählt zur G-7 genannten Gruppe der wichtigsten Industrieländer. Mit der deutschen Vereinigung hat die Bundesrepublik die volle Souveränität erlangt, was zugleich mit der Übernahme größerer internationaler Verantwortung - etwa mittels der Beteiligung an multilateralen Militäreinsätzen - einher ging.

Das politische System Deutschlands ist mit dem Beitritt der fünf ostdeutschen Länder am 3. Oktober 1990 nicht grundlegend verändert worden. Vielmehr sind die westliche Institutionen auf den Osten übertragen worden. Das Grundgesetz vom Mai 1949 wurde keiner Totalrevision unterzogen, sondern nur auf seinen Reformbedarf hin untersucht. Zu den im September 1994 verabschiedeten Neuerungen im Rahmen des Gesetzes zur Verfassungsreform zählt, dass der Umweltschutz als Staatsziel ins Grundgesetz aufgenommen wurde[1] (Fischer Weltalmanach 2003: 183ff., Gros 1999: 92ff., Ismayr 2003: 445ff., Jänicke et al. 2002: 113f.).

Staatsform: Die Bundesrepublik Deutschland ist ein Bundesstaat mit föderativer Struktur. In der Bundesrepublik gibt es drei administrative Ebenen: Bund, Län-

---

[1] Staatsziele sind nicht einklagbar.

der und Kommunen. Deutschland verfügt über ein demokratisch-parlamentarisches System mit fünf Verfassungsorganen: Bundespräsident, Bundesregierung, Bundestag, Bundesrat und Bundesverfassungsgericht. Aufgrund der Negativ-Erfahrungen in der Weimarer Republik sind dem Bundespräsidenten im Grundgesetz kaum eigene Handlungs- und Entscheidungsmöglichkeiten eingeräumt worden. Er übernimmt vorwiegend repräsentative Aufgaben. Zugleich wird von ihm erwartet, integrierend zu wirken und den Grundkonsens zu fördern. Die Bundesregierung besteht aus dem Bundeskanzler und den von ihm ausgewählten Bundesministern, die sich auf eine etwa 25.000 Personen umfassende Ministerialverwaltung stützen können. Die starke verfassungsmäßige Stellung des Bundeskanzlers kommt nicht zuletzt in seiner Richtlinienkompetenz zum Ausdruck. Entscheidungen der Bundesregierung werden in den Kabinettssitzungen, welche in der Regel wöchentlich statt finden, getroffen. Der Bundestag ist die Volksvertretung der Bundesrepublik und das oberste Bundesorgan. Der vom Bundestagspräsidenten repräsentierte Bundestag ist mit der Bundestagswahl im September 2002 von 656 auf 598 Abgeordnete (ohne Überhangmandate) verkleinert worden, wobei die Abgeordneten nach dem personalisierten Verhältniswahlrecht ermittelt werden. Die geltende Fünf-Prozent-Hürde dürfte einer der Hauptgründe für die Entstehung eines vergleichsweise stabilen Parteiensystem gewesen sein. Durch den Bundesrat wirken die Länder an der Gesetzgebung des Bundes und in Angelegenheiten der Europäischen Union mit. Die Gesamtzahl der Mitglieder des Bundesrates beträgt 69, wobei die größten Bundesländer Bayern, Baden-Württemberg, Niedersachsen und Nordrhein-Westfalen über jeweils sechs Stimmen verfügen, während die kleinsten Länder Hamburg, Bremen und das Saarland nur die Mindeststimmenzahl von drei beanspruchen können. Der Bundesrat beeinflusst den Entscheidungsprozess in der Bundesrepublik stark. In den vergangenen Jahrzehnten hat folgendes Tauschgeschäft zwischen Bund und Ländern statt gefunden: Kompetenzen der Länderparlamente sind sukzessive in den Geschäftsbereich des Bundes verlagert worden, der im Gegenzug die Mitwirkungsrechte der Länder über den Bundesrat ausgebaut hat. Folge ist, dass inzwischen über die Hälfte aller Gesetze der Zustimmung des Bundesrates bedürfen. Da es im Bundesrat häufig andere politische Mehrheitsverhältnisse als im Bundestag gegeben hat (wie zur Zeit, Stand Juli 2004), ist der Vermittlungsausschuss, in den Bundestag und Bundesrat jeweils 16 Vertreter entsenden können, ein wichtiges Gremium des Entscheidungsprozesses geworden. Mit Blick auf das fünfte Verfassungsorgan, das Bundesverfassungsgericht (BVerfG), spricht Ismayr von einer „Justizialisierung der Politik" (ebenda: 475), weil es eine zunehmende Tendenz seitens der Opposition gibt, die Verfassungskonformität von Gesetzen überprüfen zu lassen - immerhin sind auf diesem Weg rund fünf Prozent aller Gesetze für ganz oder teilweise unvereinbar mit dem Grundgesetz erklärt worden. Das BVerfG, dessen Richter mehrheitlich Parteipolitiker sind, beschäftigt sich in der Mehrzahl seiner Verfahren (96 Prozent) mit Verfassungsbeschwerden. Die Entscheidungen des BVerfG sind für alle staatlichen Organe bindend.

Die kurze Darstellung der einzelnen Verfassungsorgane soll mit dem Resümee abgeschlossen werden, dass die Bundesrepublik Deutschland über eine insgesamt stabile Demokratie mit einer hohen Systemzufriedenheit ihrer Bürger verfügt, wenngleich das Vertrauen in das bundesdeutsche System in den neuen Bundesländern (noch) etwas schwächer ausgeprägt ist (als Hauptquelle Ismayr 2003: 445ff., siehe zudem Fischer Weltalmanach 2003: 183ff., Gros 1999: 92ff.).

Umweltsituation: Deutschland zählt zu den wenigen Industrieländern mit rückläufigen CO_2-Emissionen. Von 1990 bis 2002 nahmen die CO_2-Emissionen um 15,5 Prozent ab. Gemessen an dem Ziel der Bundesregierung, den Kohlendioxid-Ausstoß von 1990 bis zum Jahr 2005 um 25 Prozent zu senken, ist das derzeitige Emissionsniveau aber zu hoch. Zugleich ist zum deutschen Emissionsrückgang anzumerken, dass fast drei Viertel davon auf die Jahre 1990 bis 1993 entfallen, was im internationalen Diskurs gerne als „wall fall profit" bezeichnet wird. Damit wird auf den Einbruch der industriellen Produktion in den neuen Bundesländern und speziell des ostdeutschen Braunkohlebergbaus infolge des Beitritts der DDR zur Bundesrepublik angespielt. Seit 1993 hat sich das Tempo der CO_2-Reduktion deutlich abgeschwächt und in zwei Jahren - 1994 und 2000 - kam es sogar zu einem Anstieg der temperaturbereinigten Emissionen. In bezug auf das Ziel einer CO_2-Reduktion um 25 Prozent bis 2005 ist von einer deutlichen Zielverfehlung auszugehen. Realistischer könnte das Erreichen der im Rahmen des „Burden Sharings" in der EU eingegangenen Verpflichtung einer Absenkung der Kohlendioxid-Emissionen um 21 Prozent bis 2008/2012 sein (Ziesing 2002, 2003).

Neben den CO_2-Emissionen hat auch die gesamtwirtschaftliche Emissionsintensität in Deutschland sukzessive abgenommen. Je Einheit des Bruttoinlandsprodukts (in Preisen von 1995) wurde im Jahr 2001 gut 28 Prozent weniger Kohlendioxid emittiert als noch 1990. Die energiebedingten Emissionen von Schwefeldioxid nahmen in der Bundesrepublik von 1990 bis zum Jahr 2001 um 89 Prozent ab, der NO_X-Ausstoß sank um mehr als 40 Prozent (BMU 2003: 10, BMWA 2003, Ziesing 2002).

Bei einem Blick auf die Geschichte der deutschen Umweltpolitik ist zwischen West- und Ostdeutschland zu unterscheiden. Die DDR zeichnete sich durch eine im internationalen Vergleich frühzeitige Institutionalisierung von Umweltpolitik aus. Als weltweit erstes Land nahm sie 1968 einen Artikel zum Schutz der Umwelt in ihre Verfassung auf. Nach Schweden war die DDR 1970 das zweite Land in Europa mit einem umfassenden Umweltschutzgesetz. Seit 1971 (und damit 15 Jahre vor der Bundesrepublik) gab es in der DDR ein Umweltministerium. Der institutionellen Vorreiterrolle stand real eine Umweltpolitik mit einer wenig erfolgreichen Performance gegenüber. Zu nennenswerten Verbesserungen kam es in der DDR zumeist nur aufgrund ökonomischer Zwänge, etwa als 1979 Probleme mit der Öl-Versorgung aus der Sowjetunion auftraten. Die Knappheit an Rohstoffen führte zum Aufbau eines bemerkenswerten Rohstoffsystems

22

(SERO), das allerdings 1990 infolge des Beitritts der DDR beendet wurde. Die Lehre aus der Analyse der DDR-Umweltpolitik sei, bilanzieren Jänicke und Weidner (1997: 153), dass institutionelle Innovationen nicht automatisch eine erfolgreiche Umweltpolitik hervorbringen, solange sie nicht durch eine starke Umweltbewegung, kritische Medien und eine innovative Wirtschaft begleitet werden. Die größten Umweltverbesserungen traten in der DDR (wie in allen anderen osteuropäischen Ländern) infolge des Systemwechsels 1990 ein, als es zu Modernisierungen und Deindustrialisierungen kam.

Viele Initiativen in der westdeutschen Umweltpolitik gehen auf die Amtszeit der Mitte-Rechts-Regierung von 1982 bis 1998 zurück, die in der Kontinuität der sozial-liberalen Vorgänger-Regierung primär mit ordnungsrechtlichen Instrumenten agierte[2]. Die rot-grüne Koalition löste im Herbst 1998 eine Regierung ab, deren Umweltpolitik nach sechzehn Jahren insgesamt keine schlechte Bilanz aufwies. Zwar zeigte die Regierung Kohl in den letzten Jahren unübersehbare Anzeichen eines umweltpolitischen Niedergangs. Andererseits hatte sich Deutschland, vor allem in der Amtszeit von Umweltminister Klaus Töpfer (1987-1994), zumindest innerhalb der EU zu einem Vorreiter entwickelt. Dies gilt z.B. für die Luftreinhaltepolitik bei Kraftfahrzeugen und Kraftwerken, die mit der Großfeuerungsanlagenverordnung eingeleitet wurde oder für das 1994 beschlossene Kreislaufswirtschafts- und Abfallgesetz. Auch die - seit 1987 durch eine Enquête-Kommission vorbereitete - Klimaschutzpolitik der alten Bundesregierung setzte international Maßstäbe. Ebenso können Folgemaßnahmen wie die Einspeisevergütung für Strom aus Alternativenergien (1990) - auf die in 6.1. noch ausführlicher eingegangen wird - als vorbildlich angesehen werden.

Spätestens mit der Regierungsneubildung nach der Bundestagswahl 1994 war allerdings eine deutliche Rückwärtsentwicklung der deutschen Umweltpolitik zu verzeichnen. Festmachen lässt sich dies unter anderem an der Einschränkung der Bürgerbeteiligung bei Genehmigungsverfahren. Die Bundesrepublik gehörte auch zu den letzten Industrieländern, die eine formelle Strategie nachhaltiger Entwicklung im Sinne der Agenda 21 von 1992 vorlegten. Und diese war nur der „Entwurf" eines umweltpolitischen Schwerpunktprogramms, der vom Kabinett nicht verabschiedet worden war. Auch die zunehmende Opposition gegen eine CO_2-/Energiesteuer, für die es zeitweise einen parteiübergreifenden Konsens gegeben hatte, kennzeichnete diese eher rückläufige Konjunkturphase der deutschen Umweltpolitik. Hinzu traten zunehmende Widerstände bei der Umsetzung europäischer Rechtsvorgaben (etwa der Fauna-Flora-Habitat-Richtlinie von 1992) auf. Immer häufiger drohten der Bundesregierung Sanktionsmaßnahmen als Folge der Nichtumsetzung europäischer Umweltschutzregelungen.

---

[2] Die nachfolgenden Ausführungen basieren im wesentlichen auf einem Aufsatz von Martin Jänicke, Axel Volkery und mir (Jänicke/Reiche/Volkery 2002: 50ff).

In ihrer Koalitionsvereinbarung von 1998 versuchten SPD und Bündnis 90/Die Grünen, unter insgesamt verschlechterten wirtschaftlichen Rahmenbedingungen umweltpolitisch neue Zeichen zu setzen. Insgesamt kann ihnen bescheinigt werden, dass der Mitte der 1990er Jahre ins Stocken geratene Motor einer umweltpolitischen Weiterentwicklung wieder auf Touren gekommen ist. Hervorzuheben sind vor allem drei Punkte: In der Energiepolitik wurde ein Pfadwechsel (Atomausstieg) mit der Forcierung von alten Stärken (Klimaschutz, CO_2-Reduktion) verknüpft und eine internationale Vorreiterrolle eingenommen. Bei der Sektorintegration von Umweltbelangen sind Fortschritte gegenüber der vorangegangen Legislaturperiode insbesondere für die Agrarpolitik - in der es infolge der BSE-Krise zur Jahreswende 2000/2001 zu einer Neuorientierung kam - aber auch für die Bau- und Verkehrspolitik festzustellen. Im Naturschutz sind mit dem viele Jahre umkämpften Bundesnaturschutzgesetz neue Akzente gesetzt und Verbesserungen angestoßen worden.

Ebenso ist der Instrumentenkasten nationaler Umweltpolitik schrittweise erweitert worden. Mit der nationalen Nachhaltigkeitsstrategie werden die Akteure stärker an Aushandlungsprozessen beteiligt. Zugleich wird dadurch die Voraussetzung geschaffen, die Politik strategischer und zielorientierter auszugestalten. Die Ökologische Steuerreform verstärkt die Verursacherorientierung der deutschen Umweltpolitik. Zugleich wurden auch bestehende Ansätze wie das Ordnungsrecht (Beispiel Energiesparverordnung) und freiwillige Vereinbarungen (Beispiel Kraft-Wärme-Kopplung) ausgebaut. Die deutsche Umweltpolitik hat damit tendenziell sowohl in der Breite wie in der Tiefe zugenommen; allerdings verbleiben nach wie vor Defizite gegenüber der europäischen Entwicklung mit Blick auf Informations-, Partizipations- und Klagemöglichkeiten einzelner Bürger und Verbände.

Trotz der bereits angesprochenen Teilerfolge in Bereichen wie Luftreinhaltung oder Gewässerschutz: Eine kritische Evaluation ergibt den Befund, dass sich auch nach drei Jahrzehnten moderner Umweltpolitik die allgemeine Qualität der Umwelt nicht auf Dauer verbessert, in einigen Bereichen sogar substanziell verschlechtert hat. Für viele Umweltprobleme ist trotz staatlicher Maßnahmen über einen längeren Zeitraum hinweg ein anhaltend negativer Trendverlauf mit weiter zunehmenden Belastungen in der Zukunft zu beobachten. Bei diesen Umweltproblemen handelt es sich vielfach um Probleme, die weniger sichtbar sind und zum „Typus der schleichenden Umweltverschlechterung mit geringer Thematisierungschance" (Jänicke/Weidner 1997b: 15) zu zählen sind. Beispiele dafür sind Artenverlust und Flächenverbrauch[3].

---

[3] Die Siedlungs- und Verkehrsfläche hat im Laufe des Jahres 2002 um durchschnittlich 105 Hektar täglich zugenommen. Ziel der Nachhaltigkeitsstrategie der Bundesregierung ist es allerdings, die Steigerung bis zum Jahr 2020 auf 30 Hektar je Tag zu reduzieren (FAZ 8.11. 2003: 12).

24

Tabelle 1:   Zahlen, Daten, Fakten - Deutschland im Überblick (EIA 2003, Fischer
Weltalmanach 2003: 183ff., Ismayr 2003: 445ff., Website Statistisches
Bundesamt, Website CIA, eigene Berechnungen)[4]

Staatsoberhaupt	Horst Köhler
Regierungschef	Gerhard Schröder
Staatsform	Bundesstaat mit parlamentarischer Demokratie
Landessprache	Deutsch
Ethnische Gruppen	Deutsche 91,1 %, Ausländer 8,9 % (davon als größte Gruppen 26,1 % Türken; 8,3 % Italiener; 8,1 % Serben und Montenegriner; 4,9 % Griechen; 4,3 % Polen; 3,1 % Kroaten)
Hauptstadt	Berlin
Regierungssitz	Berlin
Zahl der Bundesländer	16 (davon 3 Stadtstaaten)
Zahl der kreisfreien Städte	116
Zahl der Landkreise	323
Zahl der Gemeinden	13.416 (davon 4.909 in den neuen Bundesländern, Zahlen für 2001)
Fläche	357.022,90 km² (davon 7.798 km² Wasser)
Einwohnerzahl	82.537.000
Städtische Bevölkerung	87 %
Bevölkerungsdichte	230 je km²
Höchste Erhebung	2962 m (Zugspitze)
Niedrigster Punkt	-3,5 m (Neuendorf bei Wilster)
Küste	2.389 km
Forst- und Waldland	31 % der Landesfläche
Bruttoinlandsprodukt	2129,20 Mrd. € (2003)
Bruttowertschöpfung nach Wirtschaftsbereichen	Land- und Forstwirtschaft, Fischerei 1,1 %; Produzierendes Gewerbe 24,3 %; Baugewerbe 4,5 %, Dienstleistungen 70,1 %
Wirtschaftswachstum	- 0,1 % (2003)
Außenhandel	760,98 Ex-, 670,45 Mrd. € Importe (2003)
Arbeitslosenquote	10,2 % (Juni 2004)
Erwerbstätige nach Wirtschaftsbereichen	Land- und Forstwirtschaft, Fischerei 2,4 %; Produzierendes Gewerbe 21,6 %; Baugewerbe 6,3 %, Dienstleistungen 69,7 %
Inflationsrate	1,1 % (2003)
Währung	Euro (€)
Religion	Protestanten 38 %, Katholiken 34 %, Muslime 1,7 %, andere Religionen oder konfessionslos 26,3 %

---

[4]   Soweit nicht anders angegeben, habe ich Zahlenmaterial für das Jahr 2002 verwendet.

3. Definition erneuerbarer Energie in Deutschland

In Deutschland legt das so genannte Erneuerbare-Energien-Gesetz vom 1. April 2000 (BMU 2000) fest, welche Ressourcen der Gruppe der regenerativen Energien zuzuordnen sind und eine staatliche Förderung in Form von Mindestpreisen erhalten. Im einzelnen handelt es sich dabei um

* Wasserkraft
* Windkraft (on- und offshore)
* solare Strahlungsenergie
* Geothermie
* Deponiegas
* Klärgas
* Grubengas
* Biomasse

Ausdrücklich nicht in den Anwendungsbereich des EEG - das im Abschnitt 6.1. noch ausführlicher dargestellt wird - fallen

* Strom aus Wasserkraftwerken, Deponiegas- oder Klärgasanlagen mit einer installierten elektrischen Leistung über fünf Megawatt.
* Anlagen, in denen der Strom aus Biomasse gewonnen wird, mit einer installierten elektrischen Leistung über 20 Megawatt.
* Anlagen zur Erzeugung von Strom aus solarer Strahlungsenergie mit einer installierten elektrischen Leistung über fünf Megawatt. Soweit Anlagen zur Erzeugung von Strom aus solarer Strahlungsenergie nicht an oder auf baulichen Anlagen angebracht sind, beträgt die Leistungsgrenze 100 Kilowatt.

Unabhängig von den Förderrichtlinien im EEG werden in den amtlichen Statistiken auch größere Wasserkraftanlagen (ausgenommen Pumpspeicherkraftwerke ohne natürlichen Zufluss) bei der Ermittlung des regenerativen Anteils mit berücksichtigt.

Welche Stoffe und technischen Verfahren bei der Biomasse in den Anwendungsbereich des Gesetzes fallen, sollte laut EEG eine so genannte Biomasseverordnung festlegen. Diese ist zum 28. Juni 2001 (BMU 2001) in Kraft getreten und wird wegen ihrer Komplexität (in Auszügen) in einem Extra-Kasten dokumentiert.

In der EEG-Novelle vom 2.4. 2004 (siehe ausführlicher 6.1.4.) sind einige Modifizierungen vorgenommen worden, von denen für die Definition erneuerbarer Energien fünf von Bedeutung sind: Die 100 Kilowatt-Grenze für Photovoltaik-Freianlagen wurde aufgehoben (erstens). War (zweitens) die Förderung der Wasserkraft bislang auf Anlagen bis maximal fünf Megawatt beschränkt, soll sie bei Erneuerungen oder Erweiterungen teilweise auch für Anlagen bis zu 150 MW möglich sein. Zum Begriff der Wasserkraft wird (drittens) neu ausgeführt, dass er auch Wellen-, Gezeiten- und Strömungsenergie einschließt. Viertens wird die Definition von Biomasse um den Zusatz erweitert, dass auch der biologisch abbaubare Anteil von Abfällen aus Haushalten und Industrie als erneuerbare Energie anerkannt (aber nicht nach dem EEG vergütet) wird. Schließlich (fünftens) gilt das aus einem Gasnetz entnommene Gas als Biogas, soweit die Menge des entnommenen Gases im Wärmeäquivalent der Menge von an anderer Stelle im Geltungsbereich des Gesetzes in das Gasnetz eingespeistem Biogas entspricht.

Zum EEG ist anzumerken, dass sich der Anwendungsbereich auf den Elektrizitätsmarkt beschränkt. Während es für den regenerativen Wärmemarkt weiter nur (primär auf die Solarthermie ausgerichtete) Förderprogramme (siehe 6.2.3.), aber keine eigenständige Rechtsnorm gibt, die den Anwendungsbereich klar regelt, liegt eine solche für den Kraftstoffbereich seit Anfang 2004 nunmehr vor. In dem geänderten Mineralölsteuergesetz ist die Steuerbefreiung biologischer Kraftstoffe auf den Weg gebracht worden (siehe ausführlicher 6.2.4.). Biokraft- und Bioheizstoffe sind danach Energieerzeugnisse im Sinne der Biomasseverordnung. Energieerzeugnisse, die anteilig aus Biomasse hergestellt werden, gelten in Höhe von diesem Anteil als Biokraft- oder Bioheizstoff (Bundesregierung 2004).

Exkurs: Biomasseverordnung[5]

(1) Biomasse im Sinne dieser Verordnung sind Energieträger aus Phyto- und Zoomasse. Hierzu gehören auch aus Phyto- und Zoomasse resultierende Folge- und Nebenprodukte, Rückstände und Abfälle, deren Energiegehalt aus Phyto- und Zoomasse stammt.
(2) Biomasse im Sinne des Absatzes 1 sind insbesondere:
1. Pflanzen und Pflanzenbestandteile,
2. aus Pflanzen oder Pflanzenbestandteilen hergestellte Energieträger, deren

---

[5] Die Verordnung besteht im einzelnen aus sechs Paragraphen. Dokumentiert werden an dieser Stelle nur § 2 „Anerkannte Biomasse" und § 3 „Nicht als Biomasse anerkannte Stoffe", da sie für den Abschnitt „Definition erneuerbarer Energien in Deutschland" die zentralen Aussagen enthalten. Der download der vollständigen Rechtsnorm ist unter www.bundesrecht.juris.de/bundesrecht/biomassev/index.html möglich.

sämtliche Bestandteile und Zwischenprodukte aus Biomasse im Sinne des Absatzes 1 erzeugt wurden,
3. Abfälle und Nebenprodukte pflanzlicher und tierischer Herkunft aus der Land-, Forst- und Fischwirtschaft,
4. Bioabfälle im Sinne von § 2 Nr. 1 der Bioabfallverordnung,
5. aus Biomasse im Sinne des Absatzes 1 durch Vergasung oder Pyrolyse erzeugtes Gas und daraus resultierende Folge- und Nebenprodukte,
6. aus Biomasse im Sinne des Absatzes 1 erzeugte Alkohole, deren Bestandteile, Zwischen-, Folge- und Nebenprodukte aus Biomasse erzeugt wurden.

(3) Unbeschadet von Absatz 1 gelten als Biomasse im Sinne dieser Verordnung:
1. Altholz, bestehend aus Gebrauchtholz (gebrauchte Erzeugnisse aus Holz, Holzwerkstoffe oder Verbundstoffe mit überwiegendem Holzanteil) oder Industrierestholz (in Betrieben der Holzbe- oder -verarbeitung anfallende Holzreste sowie in Betrieben der Holzwerkstoffindustrie anfallende Holzwerkstoffreste), das als Abfall anfällt, sofern nicht Satz 2 entgegensteht oder das Altholz gemäß § 3 Nr. 4 von der Anerkennung als Biomasse ausgeschlossen ist,
2. aus Altholz im Sinne von Nummer 1 erzeugtes Gas, sofern nicht Satz 3 entgegensteht oder das Altholz gemäß § 3 Nr. 4 von der Anerkennung als Biomasse ausgeschlossen ist,
3. Pflanzenölmethylester, sofern nicht Satz 4 entgegensteht,
4. Treibsel aus Gewässerpflege, Uferpflege und -reinhaltung,
5. durch anaerobe Vergärung erzeugtes Biogas, sofern zur Vergärung nicht Stoffe nach § 3 Nr. 3, 7, 9 oder mehr als 10 Gewichtsprozent Klärschlamm eingesetzt werden.

Satz 1 Nr. 1 gilt für Altholz, das Rückstände von Holzschutzmitteln enthält oder das halogen-organische Verbindungen in der Beschichtung enthält, nur sofern es in Anlagen eingesetzt wird, deren Genehmigung nach § 4 in Verbindung mit § 6 oder § 16 des Bundes-Immissionsschutzgesetzes zur Errichtung und zum Betrieb spätestens drei Jahre nach Inkraft-treten dieser Verordnung erteilt ist; als Holzschutzmittel gelten insoweit bei der Be- und Verarbeitung des Holzes eingesetzte Stoffe mit biozider Wirkung gegen Holz zerstörende Insekten oder Pilze sowie Holz verfärbende Pilze, ferner Stoffe zur Herabsetzung der Ent-flammbarkeit von Holz. Auf den Einsatz von Gas aus Altholz gemäß Satz 1 Nr. 2 findet Satz 2 entsprechende Anwendung. Satz 1 Nr. 3 gilt nur bei einem Einsatz in Anlagen, die spätes-tens drei Jahre nach Inkrafttreten dieser Verordnung in Betrieb genommen werden oder, sofern es sich um nach den Vorschriften des Bundes-Immissionsschutzgesetzes genehmi-gungsbedürftige Anlagen handelt, deren Genehmigung nach § 4 in Verbindung mit § 6 oder § 16 des Bundes-Immissionsschutzgesetzes zur Errichtung und zum Betrieb erteilt ist.

(4) Stoffe, aus denen in Altanlagen im Sinne von § 2 Abs. 3 Satz 4 des Erneuerbare-Energien-Gesetzes Strom erzeugt und vor dem 1. April 2000 bereits als Strom aus Biomasse vergütet worden ist, gelten in diesen Anlagen weiterhin als Biomasse. Dies gilt nicht für Stoffe nach § 3 Nr. 4. § 5 Abs. 2 findet keine Anwendung.

Nicht als Biomasse im Sinne dieser Verordnung gelten:
1. fossile Brennstoffe sowie daraus hergestellte Neben- und Folgeprodukte,
2. Torf,
3. gemischte Siedlungsabfälle aus privaten Haushaltungen sowie ähnliche Abfälle aus anderen Herkunftsbereichen,
4. Altholz
   a) mit einem Gehalt an polychlorierten Biphenylen (PCB) oder polychlorierten Terphenylen (PCT) in Höhe von mehr als 0,005

Gewichtsprozent entsprechend der PCB/PCT-Abfallverordnung vom 26. Juni 2000 (BGBl. I S. 932),

b) mit einem Quecksilbergehalt von mehr als 0,0001 Gewichtsprozent,

c) sonstiger Beschaffenheit, wenn dessen energetische Nutzung als Abfall zur Verwertung auf Grund des Kreislaufwirtschafts- und Abfallgesetzes ausgeschlossen worden ist,

5. Papier, Pappe, Karton,

6. Klärschlämme im Sinne der Klärschlammverordnung,

7. Hafenschlick und sonstige Gewässerschlämme und -sedimente,

8. Textilien,

9. Tierkörper, Tierkörperteile und Erzeugnisse im Sinne von § 1 Abs. 1 des Tierkörperbeseitigungsgesetzes, die nach dem Tierkörperbeseitigungsgesetz und den auf Grund dieses Gesetzes erlassenen Rechtsverordnungen in Tierkörperbeseitigungsanstalten zu beseitigen sind, sowie Stoffe, die durch deren Beseitigung hergestellt worden oder sonst entstanden sind,

10. Deponiegas,

11. Klärgas.

4. Pfadabhängigkeiten in der deutschen Energiepolitik

In diesem Untersuchungsschritt soll die Ausgangsstruktur in der deutschen Energiepolitik näher beleuchtet werden. Welche Bedeutung haben die einzelnen Energieträger in Deutschland? Wie hat sich ihre Nutzung in der jüngsten Geschichte des Landes entwickelt? Tragen einzelne Energieträger im historischen Vergleich mit einem stabilen Wert zur Energieerzeugung bei, so dass hier von der Fortschreibung eines Pfades gesprochen werden kann, der auch in Zukunft beschritten wird? Oder kann der Energiemarkt als dynamisches System betrachtet werden, das immer wieder rasche Veränderungen zugelassen hat und damit die Festlegung bzw. Vermutung von Pfaden nicht zulässt?

4.1. Energiepolitische Ausgangssituation

Deutschland steht im Ranking der größten Energiemärkte der Welt nach den USA, China, Russland und Japan an fünfter Stelle (World Energy Council 2002: 17). Auffällig an der (gesamt-)deutschen Energiestruktur ist, dass seit Anfang der 1970er Jahre ein deutlicher Strukturwandel zugunsten von Erdgas und Atom sowie zulasten von Kohle und (ab 1979) von Mineralöl statt gefunden hat. Die Entwicklung des deutschen Primärenergieverbrauchs gleicht zunächst der anderer Industrienationen. Wie Abbildung 2 zeigt, gab es bis Anfang der 1970er Jahre ein starkes Wachstum, das dann von den beiden Ölkrisen gebremst worden ist. Besonders nach der zweiten Ölkrise 1979 kam es zu einem starken Einbruch. Der Primärenergieverbrauch war für einige Jahre sogar rückläufig. Das anschließende Wachstum war nicht mehr so stark wie bis Mitte der 1970er Jahre, was mit Effizienzerfolgen und der dadurch gelungenen Entkopplung von Wirtschaftswachstum und Energieverbrauch zusammen hängt. Seit 1989 nimmt der Primärenergieverbrauch in Deutschland im Gegensatz zu vielen anderen Industrieländern sogar ab - trotz Wirtschaftswachstums und eines Anstiegs der Wohnbevölkerung. Der Hauptgrund liegt im Einbruch der industriellen Produktion in den neuen Bundesländern und speziell des ostdeutschen Braunkohlebergbaus infolge des Beitritts der DDR. Außer in den Jahren 1994 bis 1996 sowie von 2000 bis 2001 hat der Primärenergieverbrauch seither stets unter dem Vorjahreswert gelegen. Die Energieproduktivität stieg nach Angaben des Statistischen Bundesamtes von 1990 bis 2002 um jährlich 1,8 Prozent (BMU-Pressedienst 6.11. 2003).

Deutschland ist zur Deckung seines Energiebedarfs besonders stark auf Energieimporte angewiesen. Größere inländische Vorkommen bestehen nur bei Stein- und Braunkohle, deren Ausbeutung seit Jahren jedoch rückläufig ist. Im Jahr 2002 betrug der Importanteil am Primärenergieverbrauch mehr als 60 Prozent, wie Tabelle 2 zeigt. Damit liegt Deutschland auch über dem ohnehin schon hohen EU-Durchschnitt von 47,6 Prozent (1999, Website DG Energy & Transport). Wichtigster Energielieferant Deutschlands ist die Russische Föderation. Erdgas, Rohöl und Steinkohle aus Russland trugen im Jahr 2001 mit rund 18

Prozent zur gesamten Energieversorgung Deutschlands bei. Weitere wichtige Rohstofflieferanten sind Norwegen, Großbritannien und die Niederlande, deren Bedeutung aber in der Zeit von 2010 bis 2015 abnehmen dürfte, wenn die Erdölförderung in der Nordsee ihre Spitze erreicht haben wird (World Energy Council 2002: 17).

Tabelle 2: Nettoimportanteil am Primärenergieverbrauch, 1990-2002 (BMWA 2003)

Jahr	1990	1991	1992	1993	1994	1995	1996	1997	1998	1999	2000	2001	2002
%	46,0	51,2	54,3	54,9	56,2	56,7	58,5	59,1	61,4	59,7	60,3	61,3	61,0

Tabelle 3 zeigt die Struktur des deutschen Primärenergieverbrauchs im Jahr 2003[6]. Den größten Anteil haben dabei Mineralöle, vor Kohle und Erdgas (schon fast gleichauf) und mit einem gewissen Abstand Kernenergie. Größter Energieverbraucher in Deutschland waren 2002 die Haushalte mit 29,2 Prozent, bereits dicht gefolgt vom Verkehrssektor (29,0 Prozent) und der Industrie (25,3 Prozent). Gewerbe, Handel und Dienstleistungen lagen bei 16,2 Prozent. 1990 hatte die Industrie mit 31,5 Prozent noch deutlich vor Verkehr und privaten Haushalten (jeweils 25,2 Prozent) gelegen (AGEE-Stat 2004, Website AG Energiebilanzen, BMWi 2002: 12).

Tabelle 3: Struktur des Primärenergieverbrauchs, 2003 (AGEE-Stat 2004)

	%
Mineralöle	36,4
Erdgas	22,5
Steinkohle	13,7
Braunkohle	11,4
Kernenergie	12,6
Erneuerbare Energien	3,1
Sonstige	0,3

Im Strommarkt (Tabelle 4) sticht der hohe Kohleanteil hervor. Aus Braun- und Steinkohle wird etwas mehr als die Hälfte (51,1 Prozent) der Elektrizität gewonnen. Mit einem Kernenergieanteil von 27,6 Prozent liegt Deutschland nach Frankreich, Schweden, Belgien und Finnland an fünfter Stelle in der EU-15 (Website Nea). Fast die Hälfte (47,2 Prozent) des Stroms wurde 2002 in

---

[6] Bei den Daten zum deutschen Energieverbrauch ist versucht worden, jeweils Zahlen für 2003 zu nennen. Haben diese bei Redaktionsschluss dieser Arbeit noch nicht vorgelegen, sind Zahlen für 2002 aufgeführt worden. Während allgemeine Daten zum Strom- und Primärenergieverbrauch für das Jahr 2003 bereits im Februar 2004 veröffentlicht worden sind, musste bei Angaben zu weiter gehenden Details zumeist auf Datenmaterial von 2002 und in einigen Fällen von 2001 zurück gegriffen werden.

Deutschland von der Industrie verbraucht. Zweitgrößter Verbraucher waren die Haushalte (26,1 Prozent), gefolgt vom Handel und Gewerbe (13,7 Prozent), öffentlichen Einrichtungen, der Landwirtschaft (9,8 Prozent) und dem Verkehr (3,1 Prozent) (Website AG Energiebilanzen, BMWi 2002: 12, Ziesing/Wittke 2004: 83).

Tabelle 4:   Brutto-Stromerzeugung, 2003 (Ziesing/Wittke 2004: 83)

	%
Kernenergie	27,6
Braunkohle	26,6
Steinkohle	24,5
Erdgas	9,6
Wasserkraft	4,1
Windkraft	3,1
Heizöl	0,9
Müll u.Ä.	0,7
Übrige Energieträger	2,7

Während der Anteil grünen Stroms im Jahr 2003 laut der Arbeitsgruppe Erneuerbare Energien-Statistik bei 7,9 Prozent lag, trugen regenerative Energien 2003 zur Wärmebereitstellung mit 4,1 Prozent und zum Kraftstoffverbrauch mit 0,9 Prozent bei (siehe Tabelle 5). Im Gegensatz zum regenerativen Stromverbrauch, bei dem die größten Beiträge von Wasser- und Windkraft erbracht werden (laut AGEE-Stat 6,6 Prozent, die Arbeitsgemeinschaft Energiebilanzen sieht ihren Beitrag sogar bei 7,2 Prozent, wie Tabelle 4 zu entnehmen ist), wird die regenerative Wärme- und Kraftstoffproduktion von der Biomasse dominiert. Biomasse leistet die komplette regenerative Kraftstoffproduktion und steuert mit 3,8 Prozent zur regenerativ produzierten Wärme von insgesamt 4,1 Prozent bei (Solarthermie 0,2, Geothermie 0,1 Prozent) (AGEE-Stat 2004).

Tabelle 5:   Anteile erneuerbarer Energien im Strom-, Wärme- und Kraftstoffmarkt in Prozent, 2003 (AGEE-Stat 2004: 2)

	Strom	Wärme	Kraftstoff
Wasserkraft	3,5		
Windenergie	3,1		
Biomasse	1,2	3,8	0,9
Photovoltaik	0,006		
Solarthermie		0,2	
Geothermie		0,1	
Gesamt	7,9	4,1	0,9

Bezogen auf den gesamten „grünen" Primärenergieanteil von 2,9 Prozent 2002 steuerte der regenerative Stromverbrauch 1,3 Prozent, die „grüne" Wärmebereitstellung 1,4 Prozent und der Verbrauch des aus erneuerbaren Energien gewonnenen Kraftstoffs 0,14 Prozent bei. Tabelle 6 zeigt, dass über die Hälfte der gesamten Endenergie aus regenerativen Energiequellen der Biomasse zuzuordnen ist (BMU 2003: 12ff.).

Tabelle 6:   Struktur der Energiebereitstellung aus erneuerbaren Energien, 2003
(BMU 2004: 12)

	%
Biogene Brennstoffe/Wärme	49,9
Wasserkraft	17,9
Windenergie	16,3
Biodiesel	5,9
Biogene Brennstoffe/Strom	6,2
Solarthermie	2,2
Geothermie	1,3
Fotovoltaik	0,3

Abbildung 2: Energiestruktur Deutschlands (BP 2003)

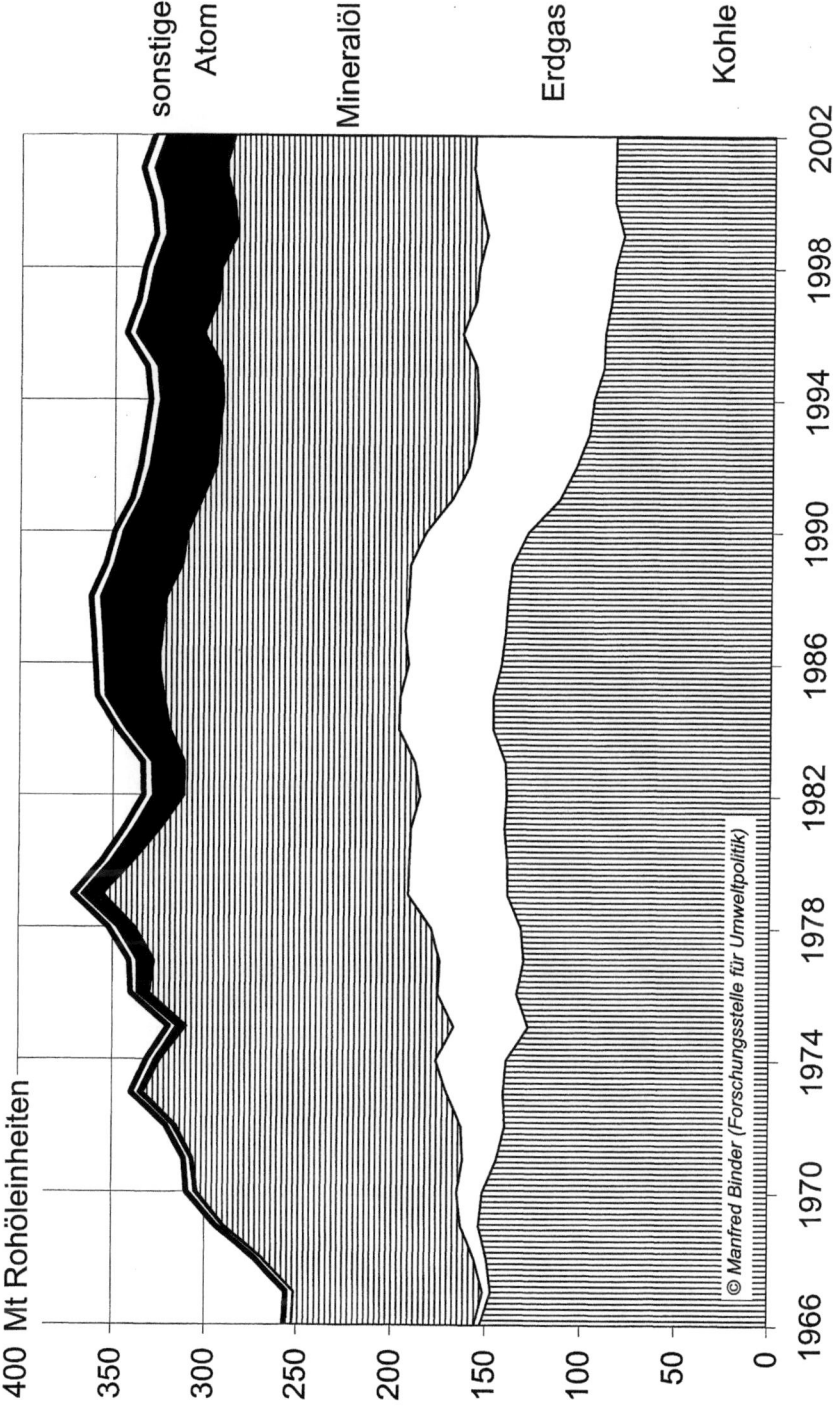

4.2. Beiträge einzelner Energieträger

4.2.1. Der Öl-Pfad

Mit einem Anteil von 36,4 Prozent am Primärenergieverbrauch im Jahr 2003 ist Mineralöl der dominierende Energieträger in Deutschland (siehe Tabelle 3). Augenfällig ist die hohe Importabhängigkeit Deutschlands beim Rohöl: 97 Prozent des Aufkommens mussten eingeführt werden, womit die Bundesrepublik drittgrößter Ölimporteur in der Welt ist. Bedeutendster Lieferant war dabei im Jahr 2003 Russland mit einem Anteil von 31,5 Prozent. Die nächst wichtigsten Herkunftsländer waren Norwegen (21 Prozent) und Großbritannien (10,9 Prozent). Aus OPEC-Ländern stammten 19,2 Prozent der Rohöleinfuhren. Die Abhängigkeit vom Nahen Osten konnte seit 1980 deutlich (etwa um den Faktor 3, gegenüber 1960 sogar um den Faktor 6) reduziert werden (Schiffer 2002: 49ff., Ziesing/Wittke 2004: 79).

Erdöl wird in Deutschland seit 1873 gewonnen. 2001 betrug die inländische Förderung 3,44 Mio. t - bis Anfang der 1970er Jahre hatte sie noch doppelt so hoch gelegen, 1950 konnte die Inlandsförderung sogar noch ein Drittel des Bedarfes abdecken, wie Tabelle 7 zeigt. Seither ist sie fast durchgängig gesunken und erst 2000 und 2001 dank weiterentwickelter Bohrtechniken wieder leicht gestiegen. Die inländische Erdölproduktion konzentriert sich im wesentlichen auf zwei Bundesländer: Schleswig-Holstein (2001: 51,86 Prozent, 2002: 58 Prozent) und Niedersachsen (2001: 43,26 Prozent, 2002: 38 Prozent). Die Förderabgaben der Erdölgewinnungsindustrie führten in beiden Bundesländern im Jahr 2001 zu Einnahmen von jeweils rund 22 Mio. €. Die beiden mit Abstand größten Felder liegen im Küstengewässer nördlich der Elbe (Mittelplate und Dieksand). Bei den meisten deutschen Erdölfeldern sind die Vorräte weitgehend erschöpft. Mittelplate im Wattenmeer vor der Schleswig-Holsteinischen Westküste ist das einzige zukunftsträchtige Erdölfeld Deutschlands mit gewinnbaren Ölreserven von rund 35 Mio. t. Im Jahresbericht 2001 des Wirtschaftsverbandes Erdöl- und Erdgasgewinnung (WEG) ist die Reichweite der Reserven beim Erdöl bei gleichbleibender Förderung, unverändertem Verbrauch und ohne Neufunde mit 14 Jahren angegeben. Allerdings wird diese Angabe als nur bedingt aussagekräftig bezeichnet, da es in der Vergangenheit trotz der laufenden Entnahmen immer gelungen sei, die Reserven auf einem stabilen Niveau zu halten oder sogar noch zu erhöhen. Die WEG-Mitgliedsunternehmen beschäftigten Ende 2001 exakt 5.902 Mitarbeiter, was einer Halbierung gegenüber der Beschäftigtenzahl Mitte der 1980er Jahre und einer Reduzierung um den Faktor 3 gegenüber Mitte der 1950er Jahre entspricht (WEG 2002, Website WEG)[7].

---

[7] In der Statistik des Verbandes wird nicht zwischen den Branchen Erdöl und Erdgas unterschieden. Es kann daher nicht angegeben werden, wie viele Beschäftigte im einzelnen in der deutschen Erdöl-Industrie angestellt sind.

Tabelle 7:   Anteil deutscher Rohölförderung an der Rohölversorgung in Deutschland, 1950-2001[8] (VIK 2003: 37)

	Anteil der deutschen an der gesamten Rohölversorgung (%)
1950	33,5
1955	30,7
1960	19,2
1965	11,8
1970	7,1
1975	6,0
1980	4,5
1985	6,0
1990	4,7
1991	3,7
1992	3,3
1993	3,0
1994	2,7
1995	2,9
1996	2,7
1997	2,7
1998	2,6
1999	2,6
2000	2,9
2001	3,2

Das Aufkommen an Mineralöl von insgesamt 151,1 Mio. t im Jahr 2001 setzte
sich im einzelnen wie folgt zusammen: 3,4 Mio. t inländische Förderung, 105
Mio. t Rohölimporte und 43,7 Mio. t Einfuhren an Mineralölprodukten. Das
Rohöl wird in Deutschland in 14 Raffinerien verarbeitet, wovon sich zwei in
Ostdeutschland befinden. Der Inlandsabsatz von Mineralölprodukten[9] belief sich
auf 122,5 Mio. t. Die Hälfte der Mineralölprodukte ist dabei im Verkehrsbe-
reich, 23 Prozent sind im Haushalts- und Kleinverbrauchssektor, 26 Prozent in
der Industrie und ein Prozent in Kraftwerken der allgemeinen Versorgung verbraucht worden. Jeweils 23 Prozent des Inlandsabsatzes von Mineralölprodukten
waren Otto- und Dieselkraftstoffe, der Anteil von leichtem und schwerem Heiz-
öl lag bei 26 bzw. sechs Prozent, Flugturbinenkraftstoff machte 5,6 Prozent des
gesamten Inlandsabsatzes aus.

Während sich der Inlandsabsatz an Mineralölprodukten von 1950 bis 1960
versiebenfacht und von 1960 bis 1970 noch einmal verfünffacht hatte, kam es
infolge der Ölpreiskrisen 1973/1974 und 1979/1980 zum verstärkten Einsatz
von Effizienzmaßnahmen und zur Substitution von Öl, so dass der heutige

---

[8] Ab 1991 einschließlich der neuen Bundesländer.

[9] Das ist der Primärenergieverbrauch an Mineralöl abzüglich dem Raffinerieeigenverbrauch
und Verarbeitungsverlusten.

Absatz von 122,5 Mio. t fast zehn Prozent unter dem von 1973 liegt (Schiffer 2002: 40ff., EIA 2003: 2).

Die IEA (2002: 58ff.) hebt in ihrem Bericht zur deutschen Energiepolitik die Schwefelpolitik sowie die Tradition der Ölbevorratung lobend hervor. Die deutschen Ölvorräte, die in fünf verschiedenen Regionen mit jeweils mindestens 15 Tagesverbrauchen gelagert werden, belaufen sich auf 110 tägliche Netto-Importeinfuhren des Jahres 2001. In der Schwefelpolitik ist es durch steuerliche Anreize im Rahmen der Ökologischen Steuerreform gelungen, dass die Anforderungen seitens der EU für einen Schwefelgehalt bei Benzin und Diesel von nur noch 50 ppm[10] bereits im Jahr 2002 von allen deutschen Raffinerien erfüllt worden sind. Viele von ihnen streben auch die Erfüllung der neuen Vorzugsregelung im Rahmen der Ökologischen Steuerreform seit Anfang 2003 an (Steuermäßigung nur noch ab 10 statt zuvor 50 ppm). Damit, so die IEA, könnten sich deutsche Raffinerien gegenüber internationalen Konkurrenten langfristig einen Wettbewerbsvorteil verschaffen.

In bezug auf den zukünftigen Mineralöl-Absatz soll auf drei verschiedene Abschätzungen hingewiesen werden. Das Institut Prognos geht in seiner Vorhersage im Jahr 1999 von einer Steigerung der Ölnachfrage um 7,5 Prozent bis 2005 und einem dann stabilen Verbrauch bis zum Jahr 2020 aus. Der Mineralölwirtschaftsverband hat in einer neueren Berechnung die fünf Stufen der Ökosteuer von 1999 bis 2003 ebenso mitberücksichtigt wie den zunehmenden Pkw-Bestand, einen abnehmenden spezifischen Energieverbrauch, eine Reduzierung der durchschnittlichen Wagen-Größe, eine Abnahme der Fahrleistung pro Auto und Jahr sowie eine Substitution von Benzin durch Diesel und geht infolgedessen von einem um 14 Prozent reduzierten Ölverbrauch von 2000 bis 2020 aus. Das amerikanische Energieministerium geht in seinem Deutschland-Bericht für die Zeit von 2005 bis 2020 von einem „moderaten Wachstum" aus, ohne dieses näher zu quantifizieren. Einigkeit besteht auf jeden Fall darin, dass Mineralöl in Deutschland in der mittelfristigen Perspektive (bis 2020) der wichtigste Energieträger bleibt (IEA 2002: 53f., EIA 2003: 3, WEC 2002: 22).

4.2.2. Der Kohle-Pfad

Kohle ist gegenwärtig die wichtigste heimische Energiequelle in der Bundesrepublik. Deutschland ist mit einem Anteil von 20 Prozent an der globalen Produktion der weltgrößte Braunkohleproduzent und fördert mehr Braunkohle als die zweit- und drittgrößten Produzenten der Welt, die USA und Australien, zusammen genommen. Bei der Steinkohle liegt Deutschland nicht auf den ersten zehn Rängen in der Welt (Platz 14)[11], hat aber in der Europäischen Union die Spitzenstellung inne, die sie - wie Tabelle 8 zeigt - in der erweiterten Gemeinschaft allerdings an Polen verliert.

---

[10] Vorher lagen die Grenzwerte bei 350 ppm (Diesel) und 150 ppm (Benzin).
[11] Die führenden Länder sind China und die USA (Steinkohlenverband 2002: 25).

Im Jahr 2003 wurde in Deutschland etwas mehr als die Hälfte (51,1 Prozent) der Elektrizität aus Stein- und Braunkohle erzeugt[12], der Anteil am Primärenergieverbrauch lag bei einem Viertel (25,1 Prozent). Während die Braunkohle im Strommarkt die Nase vorn hat (Anteil von 26,6 Prozent gegenüber 24,5 Prozent Steinkohle), liegt die Steinkohle bedingt durch erhebliche Importe beim Primärenergieverbrauch an erster Stelle (13,7 gegenüber 11,4 Prozent, siehe Tabellen 3 und 4 sowie Ziesing/Wittke 2004).

Tabelle 8: Kohleförderung in der erweiterten Europäischen Union, 2001 (in Mio. t SKE) (Steinkohlenverband 2003)

Land	Steinkohle	Braunkohle
Deutschland	**28,5**	**52,5**
Finnland	-	1,9
Frankreich	1,8	0,2
Griechenland	-	12,5
Großbritannien	27,2	-
Irland	-	0,6
Österreich	-	0,5
Spanien	9,4	**2,0**
EU-15	**66,9**	**70,2**
Bulgarien	-	**7,7**
Estland	-	3,0
Polen	82,0	15,0
Rumänien	2,5	6,9
Slowakei	0,8	0,9
Slowenien	-	0,8
Tschechien	11,0	20,7
Ungarn	0,1	4,0
EU-Beitrittsstaaten	**96,4**	**59,0**
EU-28	**163,3**	**129,2**

Bei der Darstellung des Kohle-Pfades ist es wichtig, eine Trennlinie zwischen der Stein- und Braunkohleentwicklung zu ziehen. Während die Braunkohle als „einzige subventionsfreie Energiequelle in Deutschland" (Schiffer 2002b: 6) gilt[13], ist die Steinkohle stets von massiven staatlichen Stützungsmaßnahmen abhängig gewesen. Der Steinkohleabbau ist deshalb fortlaufend ein hochpoliti-

---

[12] Damit liegt Deutschland über dem Anteil der Kohle von 38 Prozent an der Weltstromerzeugung (Steinkohlenverband 2002: 29).

[13] Allerdings soll nicht verschwiegen werden, dass eine solche Betrachtungsweise nicht unumstritten ist, ignoriert sie doch die gesellschaftlichen Kosten, die generell durch die Kohlenutzung (also auch durch die Braunkohle) entstehen, wie zum Beispiel Gesundheits- und Umweltschäden. Matthes (2000: 138) stimmt zudem in das Bild eines subventionsfreien Braunkohlebergbaus auch insofern nicht ein, als er auf die Gewährung einiger Sonderabschreibungen hinweist.

sches Thema gewesen, während sich zwar auf regionaler Ebene in Nordrhein-Westfalen, nicht aber auf nationaler Ebene eine spezifische Braunkohlepolitik herausgebildet hat (Matthes 2000: 138).

Während im Jahr 2001 erstmals mehr als die Hälfte des Steinkohleverbrauchs auf Einfuhren entfiel, betrug der Importanteil beim Braunkohleaufkommen gerade einmal ein Prozent. Die deutschen Ausfuhren von Braunkohleprodukten waren sogar noch geringer als die Einfuhren. Zur Entwicklung der Braun- und Steinkohle im Einzelnen:

Braunkohle: Braunkohle wird in Deutschland überwiegend zur Stromerzeugung eingesetzt (im Jahr 2002 93,2 Prozent, Website Bundesverband Braunkohle). Einsatzschwerpunkt der Braunkohle ist die so genannte Grundlast, d.h. die Stromerzeugung rund um die Uhr über das gesamte Jahr. Die Standorte der Kraftwerke befinden sich in der Regel in der Nähe der Abbaustätten.

Schwerpunkte der Braunkohleförderung sind das rheinische Revier im Westen von Nordrhein-Westfalen im Städtedreieck Köln, Aachen und Mönchengladbach, das das größte geschlossene Braunkohlevorkommen in Europa ist; zudem das Lausitzer Revier im Südosten des Landes Brandenburg und im Nordosten des Landes Sachsen sowie das mitteldeutsche Revier im Südosten des Landes Sachsen-Anhalt und im Nordwesten des Landes Sachsen. Neben diesen drei Haupt-Revieren wird in erheblich geringerem Umfang zudem noch Braunkohle bei Helmstedt in Niedersachsen sowie in Hessen und Bayern gewonnen. Tabelle 9 zeigt die aktuellen Anteile der einzelnen Reviere an der Braunkohleförderung in Deutschland.

Tabelle 9:   Förderung nach Revieren in Deutschland, 2002 (Website Bundesverband Braunkohle, Schiffer 2002: 107)

Revier	Anteil (in Prozent)	Beschäftigte
Rheinland	54,7	**9.619**
Lausitz	32,6	6.755
Mitteldeutschland	11,0	2.859
Sonstige	1,7	708

Während die Förderung im Rheinland im letzten Jahrzehnt weitgehend konstant geblieben ist, sank die Förderung in der Lausitz bis 2001 auf ein Viertel und in Mitteldeutschland auf ein Fünftel des Wertes von 1989. Die Anzahl der Beschäftigten im deutschen Braunkohlebergbau hat von 156.731 (1989) auf 19.941 (2001) abgenommen (zur Verteilung auf die einzelnen Reviere siehe Tabelle 9).

Die gegenwärtigen Fördermengen sollen mittel- und langfristig konstant bleiben. Mit den bekannten Vorräten kann das momentane Niveau noch jeweils rund 40 Jahre aufrechterhalten werden. Diverse Kraftwerksneubauten - allein zwischen 1997 und 2002 sind neun neue Braunkohlekraftwerke in Deutschland in Betrieb gegangen - sind ebenso ein deutliches Indiz für die Beibehaltung des (Braun-)Kohlepfades wie das neue Abbaufeld Garzweiler II, dessen Erschließung 2006 beginnen und bis zum Jahr 2044 reichen soll. Für Garzweiler II müssen insgesamt 7.600 Einwohner aus 13 Ortschaften ihre Heimat verlassen, womit seit dem Zweiten Weltkrieg in Ost- und Westdeutschland insgesamt rund 100.000 Menschen von Umsiedlungsmaßnahmen betroffen gewesen sind.

Im September 2002 ist in Niederaußem bei Köln das weltweit modernste Braunkohlekraftwerk ans Netz gegangen, das einen Wirkungsgrad von über 43 Prozent erreichen soll. Aufgrund solcher Effizienzverbesserungen könnte die Braunkohle sogar noch an Bedeutung gewinnen, was im politischen Raum auch angesichts ihres Beitrages zur Versorgungssicherheit und des Atomausstieges (auf den in 4.2.4. noch ausführlicher eingegangen wird) sowie wegen der abzubauenden Steinkohlesubventionen (siehe unten) überwiegend unterstützt wird (Schiffer 2002: 67ff., Schiffer 2002b: 6). In der ehemaligen DDR gibt es zudem die Sondersituation, dass eine Mindestmenge an Braunkohle abgenommen werden muss. Die schwedische Vattenfall Gruppe verpflichtete sich gegenüber der Bundesregierung, von 2003 bis zum Jahr 2011 jährlich 50 TWh Strom aus ostdeutscher Braunkohle zu produzieren. Bereits vor dieser Vereinbarung bestand in den neuen Bundesländern eine Verpflichtung der Verbundwirtschaft zur Braunkohleverstromung (IEA 2002: 70f., Matthes 2000: 365).

Steinkohle: Steinkohle wird in Deutschland in zwei Bundesländern - in Nordrhein-Westfalen und dem Saarland - in zehn Unter-Tage-Schachtanlagen gewonnen. Sieben Steinkohlenbergwerke liegen im Ruhrrevier und ein anderes ist ebenfalls in NRW, und zwar in Ibbenbüren bei Osnabrück, gelegen; zwei weitere sind im Saarrevier. Der Verbrauch von Steinkohle hat sich im Jahr 2001 in Deutschland wie folgt verteilt: 71 Prozent entfielen auf Kraftwerke und 26 Prozent auf die Stahlindustrie. Auf den Wärmemarkt, der in den 1960er Jahren noch den größten Anteil an der Steinkohleverwendung hatte, entfielen 2001 nur noch drei Prozent - von der absoluten Menge her gegenüber 1957 eine Verringerung um den Faktor 100 (Steinkohlenverband 2002). Hauptgrund für die hohen Förderkosten und den damit einhergehenden Subventionsbedarf sind neben den in Deutschland vergleichsweise hohen Arbeitskosten sowie unterschiedlichen Umwelt- und Sicherheitsstandards die ungünstigen geologischen Verhältnisse. In Übersee kann Steinkohle in geringeren Tiefen und vielfach auch im Tagebau (d.h. an der Erdoberfläche) gewonnen werden. So lagen die Förderkosten für Steinkohle in Deutschland deutlich über dem Weltmarktpreis - die Differenz ist durch Steuergelder ausgeglichen worden[14]. Wegen dieser ungünstigen Wirt-

---

[14] Die Bundesregierung kann für den Haushalt 2005 mit einer unvorhergesehenen Entlastung rechnen, da der Weltmarktpreis für Steinkohle insbesondere wegen der steigenden Nachfrage Chinas stark angestiegen ist und damit aus Steuermitteln eine geringere Differenz zwischen Weltmarktpreis und deutschen Förderkosten auszugleichen ist. Im März 2004 lag der Weltmarktpreis bei 64 € je Tonne, was einer Verdopplung gegenüber September

schaftlichkeit sind Fördermenge und Belegschaft kontinuierlich zurückgeführt worden. Arbeiteten Ende 1957 noch 607.349 Menschen in 173 Schachtanlagen im deutschen Steinkohlebergbau, so waren es Ende 2001 nur noch 52.576 Mitarbeiter. Davon war etwa die Hälfte unter Tage tätig. Allein zwischen 1990 und 2000 ist die deutsche Steinkohleproduktion um 51 Prozent und die Anzahl der Beschäftigten um 55 Prozent zurück gegangen. Die Reduzierung deutscher Steinkohle ist durch Importe ausgeglichen worden, die in den vergangenen Jahren deutlich zugenommen und sich von 1991 bis 2001 mehr als verdoppelt haben (Gegenüber 1950 haben die Importe sogar fast um das 22fache zugenommen.). Hintergrund des jüngsten Importbooms ist, dass die Einfuhr von Steinkohle seit 1996 keinerlei Beschränkungen mehr unterliegt und vollständig liberalisiert worden ist. Zwei Drittel der Importe kommen aus nur vier Ländern: Polen ist für die Bundesrepublik das wichtigste Einfuhrland (28 Prozent der Importe), gefolgt von Südafrika (16 Prozent), Australien (12 Prozent) und Kolumbien (9 Prozent). Die Einfuhren aus Polen und Australien haben sich von 1990 bis 2001 etwa vervierfacht (Schiffer 2002: 109ff., VIK 2003: 67).

Matthes (2000: 121ff.) unterscheidet in seinem historischen Abriss der deutschen Steinkohlepolitik zwischen fünf Phasen: Die Expansionsphase von 1945 bis 1957 war vom wirtschaftlichen Aufschwung und schnell steigenden Kohlebedarf gekennzeichnet. In der nächsten Phase der gedämpften Intervention (1958-1965) kam es aufgrund der gestiegenen Attraktivität von Mineralöl und importierter zu einem Absatzeinbruch heimischer Steinkohle. Folge war die von der Bergbauindustrie gegründete „Notgemeinschaft deutscher Steinkohlebergbau", die versuchte, mit öffentlichen Zuschüssen und Bürgschaften Kohleeinfuhrverträge abzulösen und durch deutsche Lieferungen zu ersetzen. Das Ziel der Verdrängung konkurrierender Steinkohleimporte konnte auf diesem Weg zu einem großen Teil erreicht werden. In der Konzentrationsphase (1965-1974) vergrößerte sich die Preisdifferenz zwischen Import- und Inlandskohle erneut. Mit der Gründung der Aktionsgemeinschaft Deutsche Steinkohlenreviere 1966 wurde ein erster Schritt zur Optimierung der Wirtschaftsstruktur in den Bergbaugesellschaften und zur Koordinierung von Bergwerksstillegungen unternommen. In der Phase umfassender Intervention (1974-1989) wurde ein Nutzungszwang einheimischer Steinkohle eingeführt. Mit dem Aufkommen aus einer neuen Sonderabgabe auf den Strompreis, dem so genannten Kohlepfennig, sollte ein großer Teil der Differenzkosten zwischen Import- und Inlandskohle ausgeglichen werden. Hinzu kam ein Selbstbehalt der Elektrizitätswirtschaft, der wie der Kohlepfennig faktisch auf den Strompreis umgelegt wurde. Neben der Subventionierung einheimischer Steinkohle wurden die Errichtung oder Erweiterung öl- bzw. gasbefeuerter Kraftwerke ebenso wie die Einfuhr von Steinkohle durch entsprechende Gesetze erheblich erschwert. Zugleich verpflichtete sich

---

2003 entspricht. Dem stehen Förderkosten in Deutschland von etwa 140 € gegenüber (HAZ 27.3. 2004: 10).

die Elektrizitätswirtschaft in dem so genannten Jahrhundertvertrag von 1980 zur Abnahme von mindestens 522 Mio. t. Inlandskohle bis zum Jahr 1995. Allerdings wurde bereits 1989 die Niedergangsphase der Subventionspolitik eingeleitet. Als Gründe nennt Matthes:

- Forderungen der Europäischen Gemeinschaft nach einem Abbau von Subventionen und einer in anderen Mitgliedsländern bereits erfolgten stärkeren Konzentration auf die kostengünstigeren Zechen,

- den von der Europäischen Gemeinschaft initiierten Liberalisierungsdruck auf die Stromwirtschaft,

- nachlassende Solidarität seitens der revierfernen Bundesländer,

- die Befristung des Jahrhundertvertrages bis 1995,

- die 1994 festgestellte Verfassungswidrigkeit des Kohlepfennigs und

- die beginnende Klimapolitik.

Auch für die Stahlindustrie als zweiter Säule des Steinkohlenabsatzes in Deutschland bestand von 1969 bis 1988 mit dem so genannten Hüttenvertrag eine Regelung, die eine Deckung des Kokskohlenbedarfes der westdeutschen Stahlindustrie mit deutscher Steinkohle vorsah. Danach war die zwischen deutscher Kokskohle und Importen bestehende Preisdifferenz durch staatliche Zuschüsse ausgeglichen worden. Von 1989 bis 2000 bestand eine Anschlussregelung, für die allerdings die von der Europäischen Union nur bis 1997 erteilte Genehmigung nicht verlängert worden war (Schiffer 2002: 131). Im Gegensatz zum Strommarkt und zur Stahlindustrie bestand im Wärmemarkt keine Zuschussregelung für den Einsatz deutscher Steinkohle.

Die Subventionierung des deutschen Steinkohlebergbaus ist kontinuierlich angewachsen. Machte sie im Jahr 1973 noch 747,4 Mio. € aus, betrug sie 1996 bereits 5,649 Mrd. €. Insgesamt hat der Steinkohlebergbau von 1973 bis 1996 Unterstützung in einem Umfang von mehr als 80 Mrd. € bekommen (eigene Berechnung auf der Basis von Schiffer 2002: 124). Im März 1997 haben Bundesregierung, die Landesregierungen von NRW und dem Saarland, die Bergbauindustrie und die Kohle-Gewerkschaft (IG Bergbau) eine Vereinbarung über die Zukunft des Steinkohlebergbaus bis 2005 getroffen. Tabelle 10 sind die beschlossenen Zuwendungen an die deutsche Steinkohleindustrie aus dem Bundeshaushalt zu entnehmen, die sich zwar sukzessive verringern, in dem 8-Jahres-Zeitraum aber noch einmal auf mehr als 23 Mrd. € summieren. Hinzu, so der Kompromiss der beteiligten Akteure, kommen noch insgesamt rund fünf Mrd. € aus dem nordrhein-westfälischen Landeshaushalt und ein Selbstbehalt der Ruhrkohle AG von 0,5 Mrd. €. Damit ist insofern ein Systemwechsel vollzogen worden, als die Stützung der Steinkohle fast vollständig auf Steuermittel umgestellt worden ist und keine direkte Belastung der Stromverbraucher mehr besteht. Die Elektrizitätswirtschaft kann die Steinkohle zu Weltmarktpreisen beziehen. Wegen der abnehmenden Zuwendungen soll die Anzahl der Mitarbeiter im deutschen Steinkohlenbergbau bis 2005 auf 36.000 und die Förderkapazität auf 26 Mio. Tonnen sinken (Bundesregierung 1997, Schiffer 2002: 133).

Tabelle 10: Mittel aus dem Bundeshaushalt für den deutschen Steinkohlebergbau, 1997-2005 (Bundesregierung 1997)

	Mrd. DM (Mrd. €)
1998	7,0 (3,58)
1999	7,0 (3,58)
2000	7,0 (3,58)
2001	6,3 (3,22)
2002	5,7 (2,91)
2003	5,0 (2,56)
2004	4,4 (2,25)
2005	3,8 (1,94)

Steinkohlewirtschaft und Bundesregierung möchten im Bereich der Steinkohle gerne einen „Kernbergbau" erhalten. Als Gründe angeführt werden der Beitrag zur Versorgungssicherheit, die regionalwirtschaftliche Bedeutung sowie die Absicht, „die deutsche Führungsposition in der Kohlengewinnungs- und Kohlennutzungstechnologie" zu wahren (Steinkohlenverband 2002: 12). Inwiefern eine weitere Subventionierung des deutschen Steinkohlenbergbaus von der EU genehmigt würde, war nach dem Auslaufen des Vertrages über die Gründung der Europäischen Gemeinschaft für Kohle und Stahl (EGKS) von 1951/1952 im Jahr 2002 zunächst unklar. Subventionen waren bereits nach dem EGKS verboten. Beihilfen waren nur erlaubt, wenn sie der Rückführung der Fördertätigkeit dienten oder durch sie weitere Fortschritte im Hinblick auf die Wirtschaftlichkeit der Förderung erzielt werden konnten.

Im Juni 2002 hat sich der EU-Ministerrat mit der Verordnung 1407/2002 schließlich auf eine Regelung für den Steinkohlebergbau in der Union bis zum Jahr 2010 verständigt[15]. Danach sind degressive Betriebsbeihilfen bis 2010 und

---

[15] Dem Beschluss der EU ging ein „Kuhhandel" (FAZ 4.5. 2002: 13) voraus. Die EU-Regierungen billigten gegen das negative Votum der EU-Kommission die umstrittenen Steuererleichterungen für Spediteure in Frankreich, Italien und den Niederlanden. Als Gegenleistung wurde Deutschland und Spanien eine Verlängerung ihrer Beihilferegelung für die Steinkohle ermöglicht, für welche die EU-Genehmigung im Juni 2002 ausgelaufen wäre. Österreich wiederum machte seine Zustimmung davon abhängig, dass Italien und Frankreich ihren Widerstand gegen das so genannte Ökopunktesystem für den Alpentransit aufgeben. Belgien soll angeblich Zusagen für Erleichterungen bei der Besteuerung bestimmter Versicherungen bekommen haben. Die FAZ (11.5. 2002: 12) kritisierte, dass mit der Kungelei der Mitgliedstaaten inhaltlich in keiner Weise zusammenhängende Themen miteinander verknüpft worden seien und damit „die Autorität der einst als Motor der In-

Subventionen für die Stillegung unrentabler Zechen bis 2007 erlaubt. Zugleich verlangt die EU die Umschichtung eines Teils der Betriebsbeihilfen in Beihilfen zur Rücknahme der Fördertätigkeit. Ab 2008 - so schätzt der Steinkohlenverband - wird es in Deutschland nur noch eine Förderung in der Größenordnung von 20 bis 22 Mio. t/Jahr geben, die weiter durch die öffentlichen Haushalte mit finanziert werden kann. Die geringere Fördermenge soll durch die Schließung von zwei der zur Zeit zehn deutschen Bergwerke erreicht werden.

Von deutscher Seite aus ist herausgestellt worden, dass mit der neuen EU-Verordnung der Kohlekompromiss von 1997 (siehe Tabelle 10) rechtlich abgesichert worden sei. Über die Zeit nach 2010 sollt auf europäischer Ebene im Zuge einer Revision im Jahr 2006 verhandelt werden (FAZ 4.5. 2002: 13, HAZ 8.6. 2002: 9, taz 8.6. 2002: 10, Steinkohlenverband 2002: 41).

Für die zukünftige Entwicklung in Deutschland sind im Juli 2003 allerdings bereits Vorentscheidungen getroffen worden. Nachdem das Land Nordrhein-Westfalen Anfang Juli bereits festgelegt hatte, bis zum Jahr 2012 seinen Förderbeitrag stufenweise von derzeit 511 Mio. auf 230 Mio. € zu reduzieren, verständigten sich Bundesregierung, nordrhein-westfälische Landesregierung, das Bergbauunternehmen RAG und die Industriegewerkschaft Bergbau Chemie Energie am 16. Juli 2003 auf einen Kernbergbau mit einer jährlichen Förderung von 16 Millionen Tonnen vom Jahr 2012 an (im Jahr 2003 wurden noch zehn Millionen Tonnen mehr gefördert). Die öffentlichen Zuwendungen sollen von 3,3 Mrd. € 2003 auf 1,83 Mrd. € bis 2012 sinken. Dies hat zur Folge, dass der deutsche Steinkohlebergbau auf sechs Bergwerke mit 20.000 Beschäftigten schrumpfen muss (FAZ 12.11. 2003: 13, 18.7. 2003: 11).

Im Mai 2004 beschlossen die Koalitionsfraktionen von SPD und Grünen Maßnahmen, mit denen die Zuwendungen für den Steinkohlesektor weiter reduziert werden sollen: die vereinbarten Subventionen sollen nicht mehr monatlich, sondern im Januar des Folgejahres ausgezahlt werden - dadurch spart der Bund jährlich rund 50 Mio. € Zinsen, von 2006 bis 2012 insgesamt rund 360 Mio. €. Eine Zinsentlastung von 380 Mio. € ergibt sich ferner dadurch, dass der Bund der RAG seine Schulden von 1,188 Mrd. € im Januar 2006 auf einmal und nicht wie ursprünglich geplant gestaffelt zwischen 2011 und 2020 zurück zahlt. Zudem sollen die Subventionen künftig sinken, wenn die Weltmarktpreise steigen - da Nachfrage und Preise auf dem Weltmarkt zum Zeitpunkt des Beschlusses stiegen, erhoffen sich die Koalitionäre dadurch mittelfristig eine Einsparung von mehreren hundert Millionen Euro (FAZ 19.5. 2004: 13).

---

tegration sowie Hüterin des Gemeinschaftsinteresses konzipierten und respektierten Kommission" untergraben wurde.

4.2.3. Der Erdgas-Pfad

Deutschland ist nach Großbritannien Europas zweitgrößter Erdgas-Verbraucher. Mit einem Anteil von 22,5 Prozent am Primärenergieverbrauch im Jahr 2003 liegt Erdgas nach Mineralöl und Kohle an dritter Stelle im Ranking der einzelnen Energieträger. Im Strommarkt reicht es bei einem Anteil von 9,6 Prozent für den dritten Platz (Tabellen 3 und 4). Augenfällig ist die hohe Abhängigkeit von Einfuhren beim Erdgas, wenngleich der Sockel der inländischen Förderung im Vergleich zur einheimischen Erdölgewinnung (siehe Tabelle 7) relativ hoch ist. Im Jahr 2001 lag die deutsche Importquote bei über 80 Prozent und ist damit im historischen Vergleich sukzessive gestiegen, wie Tabelle 11 zeigt. Wie beim Erdöl ist Russland für Deutschland das bedeutendste Herkunftsland von Einfuhren (2003: 32 Prozent), gefolgt von Norwegen (26 Prozent) und den Niederlanden mit 17 Prozent (Schiffer 2002: 153, Ziesing/Wittke 2004: 80).

Tabelle 11:   Anteil von Importen am Erdgasaufkommen in Deutschland, 1975-2001[16] (VIK 2003: 55, eigene Berechnung)

	Importquote (%)
1975	58,63
1980	71,60
1985	72,94
1990	76,85
1991	77,02
1995	79,29
1996	80,05
1997	79,91
1998	79,71
1999	79,32
2000	80,09
2001	80,54

Die inländische Förderung hat sich seit Anfang der 1970er Jahre auf einem jährlichen Niveau von 15 bis 20 Mrd. Kubikmetern gehalten, womit Deutschland weltweit zur Zeit an 26. Stelle in bezug auf die eigene Erdgasfördermenge liegt (Schiffer 2002: 140). Der größte Sprung in der heimischen Produktion fand zwischen 1960 (0,643 m³ Erdgasförderung) und 1970 (12,657 m³) statt. Die inländische Erdgasproduktion konzentriert sich im wesentlichen auf Niedersachsen (2003: 89 Prozent). Nur Schleswig-Holstein (7 Prozent) und Sachsen-Anhalt (3 Prozent) erreichen noch Anteile, die zumindest im einstelligen Prozentbereich liegen. Das produktionsstärkste Erdgasfeld liegt seit der Inbetriebnahme des ersten Offshore-Feldes im Oktober 2000 in der Nordsee ca. 250 Kilometer von der deutschen Küste entfernt. Vier weitere Erdgasfelder erreichten 2001 noch

---

[16]   Ab 1991 einschließlich der neuen Bundesländer.

eine Produktion von mehr als einer Milliarde Kubikmeter: Söhlingen, Visbek, Hemmelte Z und Bötersen Pool A (alle onshore) (WEG 2002, Website WEG).

Die Förderabgaben der Erdgasgewinnungsindustrie stellen für Niedersachsen eine bedeutende Einnahmequelle dar, die es allerdings zu 90 Prozent im Rahmen des Länderfinanzausgleiches an andere Länder weiterreichen muss. Das Bundesland kassierte im Jahr 2001 470,661 Mio. €. Schleswig-Holstein erhielt immerhin noch 15,5 Mio. €. Ende 2003 beschloss das Land Niedersachsen, die Förderabgabe auf Erdgas von 22 auf 28 Prozent des Marktwertes des geförderten Gases heraufzusetzen. Als Begründung nannte das Land die gestiegenen Rohölpreise, an die der Gaspreis gekoppelt ist (HAZ 10.12. 2003: 11, WEG 2002).

Die Mitgliedsunternehmen des Wirtschaftsverbandes Erdöl- und Erdgasgewinnung beschäftigten Ende 2001 exakt 5.902 Mitarbeiter, was einer Halbierung gegenüber der Beschäftigtenzahl Mitte der 1980er Jahre und einer Reduzierung um den Faktor 3 gegenüber Mitte der 1950er Jahre entspricht (WEG 2002)[17].

Der deutsche Gasmarkt wurde wie der Strommarkt durch das Gesetz zur Neuregelung des Energiewirtschaftsrechts vom 29. April 1998 vollständig geöffnet. Die EU-Richtlinie zur Liberalisierung des Gasmarktes hätte auf dem Weg zum Erdgasbinnenmarkt auch eine schrittweise Öffnung ermöglicht. Die Liberalisierung beruhte in Deutschland auf dem Prinzip des verhandelten Netzzugangs, womit Deutschland neben Österreich als einziges Land in der EU zunächst auf die Einrichtung einer Regulierungsbehörde verzichtet hatte. Der gesetzliche Regulierungsrahmen wurde statt dessen durch die so genannten Verbändevereinbarungen (VV) ausgefüllt. In diesen wurden von den beteiligten Wirtschaftsorganisationen die Einzelheiten des Netzzugangs festgelegt (Website BMWI).

Im Jahresbericht 2001 des WEG (2002: 6) ist die Reichweite der Reserven beim Erdgas bei gleichbleibender Förderung und unverändertem Verbrauch ohne Neufunde mit 16 Jahren angegeben. Allerdings wird diese Vorhersage als nur bedingt aussagekräftig bezeichnet, da es in der Vergangenheit trotz der laufenden Entnahmen immer gelungen sei, die Reserven auf einem stabilen Niveau zu halten oder sogar noch zu erhöhen. So verfügt Deutschland nach Angaben des Niedersächsischen Landesamtes für Bodenforschung über ein zusätzliches Potenzial von mindestens 300 Mrd. Kubikmeter, das mit derzeitigen Techniken und Verfahren jedoch nicht wirtschaftlich zu erschließen sei. Die Unternehmen arbeiten an der Entwicklung neuer Technologien, um diese Lagerstätten erschließen zu können (WEG 2002: 18f.).

Auch wenn die Internationale Energieagentur in ihrer Begutachtung der deutschen Energiepolitik kritisiert, dass die Bundesregierung keine klare Politik in bezug auf die zukünftige Rolle von Erdgas formuliert habe (IEA 2002: 86) - der

---

[17] In der Statistik des Verbandes wird nicht zwischen den Branchen Erdöl und Erdgas unterschieden. Es kann daher nicht angegeben werden, wie viele Beschäftigte im einzelnen in der deutschen Erdgas-Industrie angestellt sind.

Erdgas-Sektor in Deutschland steht unzweifelhaft vor einer günstigen Entwicklung. Dies liegt zum einen an der steigenden Anzahl erdgasbetriebener Heizungen[18] und dem wachsenden Anteil von Erdgas im Kraftwerkssektor, der nicht zuletzt auch im Zuge des Atomausstieges und der anstehenden Modernisierung des Kraftwerksparks weiter zunehmen dürfte. Zum anderen ist der Erdgas-Pfad in Deutschland durch eine langfristig angelegte Beschaffungspolitik festgeschrieben (Kritiker sagen „zementiert") worden. Mit den wichtigsten Lieferanten bestehen Lieferverträge, die frühestens 2011 enden und zum Teil bis ins Jahr 2030 reichen[19]. Dabei handelt es sich in der Regel um „take or pay" Verträge, das heißt die vereinbarte Menge muss definitiv abgenommen werden. Damit könnte die Entwicklung erneuerbarer Energien behindert werden, wenn sich der Energiemarkt nicht wie erwartet entwickelt und dann anstatt einer verstärkten Nutzung regenerativer Technologien zunächst das bestellte Erdgas aufgebraucht werden muss.

4.2.4. Der Kernenergie-Pfad

In bezug auf die produzierte nukleare Strommenge rangiert Deutschland an vierter Stelle in der Welt. Nur die Vereinigten Staaten von Amerika, Frankreich und Japan erzeugen (absolut) mehr Atomstrom als die Bundesrepublik. Von den Ende 2002 weltweit 440 Atomkraftwerken befanden sich 19[20] in Deutschland. Die relative Bedeutung der Kernenergie liegt in der Bundesrepublik allerdings nur im Mittelfeld der Atomstrom produzierenden Ländern. Unter den 30 Staaten mit eigenen Kernkraftwerken belegt Deutschland den 14. Platz bezogen auf den Atomstromanteil im Elektrizitätsmarkt. Litauen, Frankreich und Belgien führen dieses Ranking an, wie Tabelle 12 zeigt (Website IAEA).

Tabelle 12: Kernenergieanteil in den Elektrizitätsmärkten der Atomstrom produzierenden Länder (in %), 2002 (Website IAEA)

Litauen	80,1
Frankreich	78,0
Belgien	57,3
Slowakei	54,7
Bulgarien	47,3
Ukraine	45,7
Schweden	45,7

---

[18] Ende 2003 waren 17,5 Millionen Wohnungen mit Erdgasheizungen ausgestattet. Dies entspricht 46,6 Prozent des gesamten Bestandes. Bei den Neubauwohnungen hatten Erdgasheizungen 2003 einen Marktanteil von 75 Prozent (Ziesing/Wittke 2004: 80).

[19] Zur Länge der einzelnen Lieferverträge siehe Schiffer 2002: 153ff.

[20] Inzwischen sind es nur noch 18, wie weiter unten in diesem Abschnitt ausgeführt wird.

Slowenien	40,7
Armenien	40,5
Schweiz	39,5
Korea	38,6
Ungarn	36,1
Japan	34,5
Deutschland	**29,9 (2003: 27,6)**
Finnland	29,8
Spanien	25,8
Tschechien	24,5
Großbritannien	22,4
USA	20,3
Russland	16,0
Kanada	12,3
Rumänien	10,3
Argentinien	7,2
Südafrika	5,9
Mexiko	4,1
Niederlande	4,0
Brasilien	4,0
Indien	3,7
Pakistan	2,5
China	1,4

Im Jahr 2001 haben die 19 deutschen Kernkraftwerke nach Angaben des deutschen Atomforums einen neuen Produktionsrekord aufgestellt: Die Strommenge stieg auf einen bislang nie erreichten Wert von insgesamt 171,5 Mrd. Kilowattstunden (2003: 165 Mrd. Kilowattstunden). In der Welterzeugungsbilanz finden sich unter den zehn leistungsstärksten Kernkraftwerken acht deutsche Reaktoren. Zum fünften Mal wurde das Kernkraftwerk Isar-2 im Jahr 2003 mit 12,32 Mrd. Kilowattstunden „Weltmeister" in der Stromerzeugung (FAZ 2.3. 2004: 14, 4.3. 2002: 23).

Bevor die Aufnahme des Kernenergie-Pfades in der Bundesrepublik dargestellt wird, soll zunächst auf die Atomenergienutzung in der DDR eingegangen werden. Die Kernenergie hatte in der DDR zuletzt einen Anteil an der Stromversorgung von etwa zehn Prozent (FAZ 3.2. 2000: 10). Im Dezember 1957 - und damit zwei Monate nach Inbetriebnahme des ersten Forschungsreaktors in Westdeutschland in Garching - ging in Rossendorf bei Dresden der erste Forschungsreaktor der DDR in Betrieb. Er wurde von der Sowjetunion komplett geliefert und montiert. Im Jahr 1966 nahm in Rheinsberg die kommerzielle Nutzung der Kernenergie in der DDR ihren Anfang (Typ WWER-2, Leistung 70 Megawatt). 1967 begann die Errichtung des Kernkraftwerkes Nord in Lubmin bei Greifswald. Die vier Blöcke des sowjetischen Typs WWER-440/230 mit einer Leistung von jeweils 440 Megawatt gingen 1973, 1974, 1978 und 1979 ans Netz. Eine Besonderheit von Lubmin war, dass es dort ab 1983 auch zur nuklearen Wärmeerzeugung kam.

Weitere Kernkraftwerke wurden in Stendal und Dahlen geplant. Für die Realisierung von Stendal wurden bereits im Jahr 1974 erste Arbeiten aufgenommen, ohne dass es jemals zur Inbetriebnahme kam. Warum kam das ehrgeizige Atomprogramm der DDR ins Stocken und scheiterte letztlich? Matthes (2000: 57ff.) nennt dafür unter anderem folgende Gründe:

- Die Planungs- und Herstellungskapazitäten der DDR waren unzureichend.

- Die Herstellungskosten stiegen im Zeitverlauf deutlich an.

- Das Braunkohleprogramm band den größten Teil der Investitionsmittel der DDR-Volkswirtschaft.

- Die Exporte der DDR in die UdSSR wurden mit den zunehmend teureren Erdöllieferungen verrechnet und standen als Gegenleistung für andere Güter nicht mehr zur Verfügung.

- Nach Tschernobyl machten Untersuchungen des Ministeriums für Kohle und Energie drastische Sicherheitsdefizite in den Anlagen der DDR deutlich. Dies führte zur Aussetzung der Genehmigungsverfahren für die Blöcke 3 und 4 am Standort Stendal und für das in der Nähe von Leipzig vorgesehene vierte Kernkraftwerk der DDR.

- Schließlich machte sich auch das Ringen um internationales Ansehen seitens der DDR-Führung in der Atomfrage bemerkbar. Die Gespräche mit den atomkritischen Grünen und der seit 1986 über einen Ausstiegsbeschluss verfügenden SPD beförderten die zunehmend skeptische Haltung zur Kernenergie im Machtzentrum der DDR.

Infolge des Transformationsprozesses wurde der Betrieb in den ostdeutschen Kernkraftwerken ebenso wie die Arbeiten an neuen Anlagen eingestellt. Dazu

49

zählte auch ein fünfter Block in Greifswald, der sich 1989 bereits im Probebe-
trieb befunden hatte. Für die Errichtung der Blöcke 5, 6, 7 und 8 in Greifswald
waren bereits rund 5 Mrd. € (von geschätzten Gesamtinvestitionskosten in Höhe
von ca. 7,5 Mrd. €) ausgegeben worden. Für die beiden in Stendal in Bau befindlichen Blöcke wurde bereits etwa ein Fünftel der geschätzten Gesamtkosten
von 10,5 Mrd. € investiert. Die Abschaltungen der vier Blöcke in Greifswald
fanden zwischen November 1989 und Dezember 1990 statt - der Rückbau der
Anlagen dauert noch an[21]. Der letzte in Betrieb befindliche Block 1 konnte nicht
sofort vom Netz genommen werden, da von ihm auch die Fernwärmeversorgung
der Stadt Greifswald abhing. Daher musste zunächst ein (ölbefeuertes) Ersatz-
heizwerk gebaut werden, das Ende 1990 seinen Betrieb aufnahm (Matthes 2000:
439f.).

Das ostdeutsche Endlager Morsleben in Sachsen-Anhalt ist im Jahr 1998 durch
einen Gerichtsbeschluss endgültig still gelegt worden, nachdem es bereits von
1991 bis 1994 zu einer Unterbrechung des Betriebs gekommen war.

In der Bundesrepublik wurde der erste Atomstrom im Juni 1961 vom Versuchs-
reaktor Kahl in das Netz eingespeist. Im Oktober 1968 ging das erste kommerzielle Kernkraftwerk, der Leichtwasserreaktor in Obrigheim, ans Netz. Matthes
(2000: 141ff.) teilt die Atompolitik in der Bundesrepublik Deutschland in Anlehnung an Radkau (1983) in vier Phasen ein: Die erste Phase der bundesdeutschen Atompolitik von 1955 bis 1967 bezeichnet er als „spekulative Phase".
Diese Phase begann mit der Schaffung eines eigenständigen Ministeriums für
die Kernenergie - dem Bundesministerium für Atomfragen -, der Bildung der
deutschen Atomkommission und der Formulierung eines ersten Atompro-
gramms. Sämtliche Akteure nahmen eine pro-aktive Haltung zur Kernenergie
ein. Streit entzündete sich nur in der Frage, ob der Aufbau des Atomsektors
vornehmlich durch ein starkes Engagement des Staates (SPD) oder eher durch
privatwirtschaftliche Betätigung (CDU/CSU, FDP) vonstatten gehen sollte. Im
Januar 1960 trat das Atomgesetz, das sich zur „friedlichen Nutzung der Kernenergie" bekannte, in Kraft. Die entsprechende Grundgesetzänderung wurde
einstimmig vom Bundestag angenommen.

In der „Durchbruchphase" (1967-1975) wurde der Bau der meisten heute in
Deutschland in Betrieb befindlichen Kernkraftwerke in Auftrag gegeben. Dass
viele von ihnen erst in den 1980er Jahren ans Netz gingen (siehe Tabelle 13),
zeigt die langen Realisierungszeiträume. Die Bauzeiten der laufenden deutschen
Atomkraftwerke lag zwischen drei (Obrigheim) und zehn Jahren (Brokdorf).

Die „Stagnationsphase" (1975 bis 1986) war von einem raschen Anwachsen der
Sicherheitsdiskussion und der Etablierung der Anti-Atomkraft-Bewegung gekennzeichnet. Die Bauplatzbesetzung am Kernkraftwerk Wyhl im Februar 1975

---

[21] Bis heute arbeiten in Greifswald rund 1.100 und in Rheinsberg etwa 200 Beschäftigte am
Rückbau der beiden Kernkraftwerke. Sie sind Mitarbeiter eines eigens dafür gegründeten
Unternehmens („Energiewerke Nord") des Bundes (FASZ 12.10. 2003: 8).

war die erste bundesweite Großdemonstration gegen Kernkraftwerke. 1977 fanden gewalttätige Auseinandersetzungen an den Baustellen der Kernkraftwerke Brokdorf und Grohnde statt. Zugleich professionalisierte sich die Widerstandsbewegung etwa durch die Gründung des Öko-Institutes bzw. bekam professionelle Unterstützung. Nach einer siebenjährigen Pause wurden 1982 letztmalig in der Bundesrepublik Aufträge für neue Kernkraftwerke erteilt (Emsland, Isar 2, Neckarwestheim 2). In der Stagnationsphase gingen zwar erhebliche nukleare Stromerzeugungskapazitäten in Betrieb, die jedoch durchweg bis 1975 in Auftrag gegeben worden waren. Im vierten, von Matthes als „Niedergangsphase" bezeichneten Entwicklungsstadium deutscher Atompolitik (ab 1986) geriet die Kernenergie infolge der Reaktorkatastrophe im ukrainischen Kernkraftwerk Tschernobyl endgültig in die Defensive. Einige Akteure (SPD, Gewerkschaften) veränderten ihr Verhältnis zur Kernenergie grundlegend und forderten, die Nutzung dieser Technologie aufzugeben. Stark steigende Kosten, die geringe Akzeptanz und technische Probleme führten 1989 zur Aufgabe von zwei bedeutenden atompolitischen Projekten, der Wiederaufarbeitungsanlage in Wackersdorf und dem Thorium Hochtemperaturreaktor Hamm-Uentrop (THTR). In den Jahren 1988 und 1989 gingen mit den Kernkraftwerken Emsland, Isar 2 und Neckarwestheim 2 die vorerst letzten neuen Kernkraftwerke ans Netz. Wegen zu hoher Kosten für nötige Modernisierungen schaltete PreussenElektra 1995 das AKW Würgassen nach 24 Jahren endgültig ab. Mit einer Bruttoleistung von 670 MW ist es bis dahin die spektakulärste vorzeitige Abschaltung in Deutschland gewesen, wenn man Block A von Grundremmingen (wurde kurz nach Inbetriebnahme wieder abgeschaltet) und den Fall von Mülheim-Kärlich einmal ausklammert (darauf wird weiter unten noch eingegangen).

Nach dem Regierungswechsel 1998 und der Bildung einer Koalition aus SPD (die, wie weiter oben bereits erwähnt, seit 1986 über einen Ausstiegsbeschluss verfügte) und den aus der Anti-Atom-Bewegung hervorgegangenen Grünen ist mit der „Vereinbarung zwischen der Bundesregierung und den Energieversorgungsunternehmen vom 14. Juni 2000" eine Verständigung über ein sukzessives Auslaufen der Atomkraftnutzung in Deutschland erzielt worden. Eine Befristung der Regellaufzeit auf 32 Kalenderjahre[22], auf dieser Grundlage die anlagenbezogene Festlegung von noch maximal zu produzierenden Strommengen ab dem 1.1. 2000 (Reststrommenge) und ein Flexibilisierungsmodell, nach dem Strommengen von älteren auf jüngere Anlagen übertragen werden können (umgekehrt bedarf es der Zustimmung der Bundesregierung), sind die Eckpfeiler der Vereinbarung. Das Auslaufen bestehender Atomkraftwerke ist somit geregelt, die Novelle des Atomgesetzes sieht neben der „geordneten Beendigung der Nutzung der Kernenergie" ein „Verbot von Genehmigungen für die Errichtung und den Betrieb von neuen Kernkraftwerken" vor (Bundesregierung 2000).

---

[22] Nach Ansicht der Umweltschutzorganisation Greenpeace handelt es sich faktisch um 35 Jahre, weil bei der Festlegung der Reststrommenge besonders ertragsstarke Jahre zugrunde gelegt worden seien (Greenpeace 2001: 2).

Mit der Befristung der Regellaufzeiten auf 32 Jahre seit Inbetriebnahme laufen die deutschen Atomkraftwerke im Durchschnitt noch 13 Jahre, errechnete das Bundesumweltministerium im Jahr 2001 (BMU 2001b). Das letzte Atomkraftwerk würde nach der Vereinbarung im Jahr 2021 in Neckarwestheim vom Netz gehen - vorausgesetzt, der Betreiber (EnBW) hätte nicht andere Reaktoren vorzeitig abgeschaltet und deren Strommenge auf Neckarwestheim umgelegt.

Das erste Atomkraftwerk hätte Ende 2002 in Obrigheim schließen müssen. Allerdings beantragte der Betreiber (erfolgreich) die Ausnahmegenehmigung[23], Obrigheim länger am Netz zu belassen und dafür einen Teil der Reststrommenge eines neueren Reaktors anrechnen zu lassen. Damit hat der Atomrektor in Stade den Anfang bei den Abschaltungen gemacht. Er ist vom Betreiber (Eon) am 14. November 2003 und damit über ein halbes Jahr vor Ablauf der vereinbarten Regellaufzeit (siehe Tabelle 13) abgeschaltet worden[24] (vgl. FAZ 5.11. 2003: 1).

Ein Sonderfall bei der Festlegung der Reststrommengen war das (per Gerichtsbeschluss längst still gelegte) einzige Kernkraft in Rheinland-Pfalz, Mülheim-Kärlich. Der Betreiber RWE bekam dabei für die 1.300 MW-Anlage, die weniger als ein Jahr (1986-1987) am Netz hing, nun eine Strommenge gutgeschrieben, die einer Nutzung des Kernkraftwerkes von elf Jahren entsprochen hätte und die der Konzern nun anderswo verwenden kann. RWE hat dafür - wie im Zuge der Atomvereinbarung verabredet - den Genehmigungsantrag für das Kraftwerk und seine seit 1991 anhängige Schadenersatzklage gegen das Land Rheinland-Pfalz zurück gezogen und die bis dahin angefallenen Gerichtskosten (rund 40 Mio. €) übernommen (Bundesregierung 2000, FAZ 11.9. 2003: 4, FR 16.6. 2000: 4).

Neben der Befristung der Laufzeiten sind im Zuge der Vereinbarung zwischen der Bundesregierung und den Energieversorgungsunternehmen weitere für die Zukunft des Atomsektors relevante Absprachen getroffen worden. So müssen die Betreiber ihre Deckungsvorsorge verzehnfachen - von bis dahin 250 Mio. € auf 2,5 Mrd. €[25]. Dafür sagt die Bundesregierung zu, „keine Initiative [zu] er-

---

[23] In der Atomausstiegsvereinbarung gibt es auch zu Biblis A eine Sondervereinbarung, nach der der Reaktor ab dem 1.1. 2000 bis zu seiner Stillegung maximal 62 TWh produzieren darf und die Übertragung von Energiemengen von anderen Kraftwerken auf Biblis A nicht möglich ist. Umgekehrt können Produktionsrechte von Biblis A auf andere Kraftwerke übertragen werden.

[24] Der Rückbau von Stade wird dem Betreiber Eon zufolge rund 500 Mio. € kosten, für die der Konzern Rücklagen gebildet hat. Mit den Arbeiten soll Mitte 2005 begonnen werden. Sie sollen voraussichtlich 2015 abgeschlossen werden können. Etwa 180 der gegenwärtig 300 Mitarbeiter des Kraftwerks werden nach Unternehmensangaben dafür weiter beschäftigt (FAZ 15.11. 2003: 1).

[25] Die Energieversorgungsunternehmen umgehen mit einem „trickreichen Modell der Selbstversicherung" (Der Spiegel) höheren Prämienzahlungen, indem sie sich weiterhin nur für 250 Mio. € selbst und statt dessen für die übrigen 2,25 Mrd. € untereinander versichern. Sie verpflichteten sich untereinander, „solidarisch füreinander einzutreten", d.h. im

52

greifen, mit der die Nutzung der Kernenergie durch einseitige Maßnahmen diskriminiert wird. Dies gilt auch für das Steuerrecht" (Bundesregierung 2000: 7).

Tabelle 13: Atomkraftwerke in Deutschland und ihre Reststrommenge nach der Vereinbarung zum Atomausstieg (BMU 2001b, FAZ 3.2. 2003: 10)

Kernkraftwerk	Bruttoleistung (Megawatt)	Kommerzieller Betriebsbeginn	Ende der Regel-laufzeit[26]
Obrigheim	357	01.03. 1969	31.12. 2002
Stade	672	19.05. 1972	19.05. 2004
Biblis A	1.225	26.02. 1975	26.02. 2007
Neckarwestheim 1	840	01.12. 1976	01.12. 2008
Biblis B	1.300	31.01. 1977	31.01. 2009
Brunsbüttel	806	09.02. 1977	09.02. 2009
Isar 1	907	21.03. 1979	21.03. 2011
Unterweser	1.350	06.09. 1979	06.09. 2011
Philippsburg 1	926	26.03. 1980	26.03. 2012
Grafenrheinfeld	1.345	17.06. 1982	17.06. 2014
Krümmel	1.316	28.03. 1984	28.03. 2016
Grundremmingen B	1.344	19.04. 1984	19.07. 2016
Grundremmingen C	1.344	18.01. 1985	18.01. 2017
Grohnde	1.430	01.02. 1985	01.02. 2017
Philippsburg 2	1.424	18.04. 1985	18.04. 2017
Brokdorf	1.440	22.12. 1986	22.12. 2018
Isar 2	1.455	09.04. 1988	09.04. 2020
Emsland/Lingen	1.363	20.06. 1988	20.06. 2020
Neckarwestheim 2	1.365	15.04. 1989	15.04. 2021

Des Weiteren ist eine Verständigung darüber erzielt worden, dass Transporte zu den Wiederaufbereitungsanlagen in La Hague (Frankreich) und Sellafield (Großbritannien) nur noch bis zum 1. Juli 2005 erlaubt sind. Durch die Errichtung von Zwischenlagern an den Standorten der Atomkraftwerke sollen Transporte abgebrannter Brennelemente in die Zwischenlager Ahaus und Gorleben

---

Falle eines Unfalls in einem Kernkraftwerk würden nicht nur der Betreiber, sondern auch die anderen „Solidarpartner" gemäß ihrem Anteil am gesamten deutschen Reaktorbestand (Eon 40,6 Prozent, RWE 28,9 Prozent, EnBW 22,6 Prozent, Vattenfall 7,9 Prozent) für Sach- und Personenschäden gerade stehen. Dadurch sparen die Betreiber insgesamt rund 50 Mio. € Prämien im Jahr und zahlen weiterhin nur Gebühren von jeweils rund sechs Mio. €. Der Deutschen Kernreaktor-Versicherungsgemeinschaft entgeht dadurch die Möglichkeit zu einem Zusatzgeschäft (Der Spiegel 23/2001: 42ff.).

[26] Diese Daten des Bundesumweltministeriums sind insofern nur bedingt aussagekräftig, als aufgrund störfallbedingter Stillstände schon heute absehbar ist, dass sich das Ende der Regellaufzeit nach hinten schieben wird. Beispiele dafür sind die Kernkraftwerke Brunsbüttel und Biblis A.

vermieden werden[27]. Für das Endlager in Gorleben ist ein Moratorium vereinbart worden, die Erkundung des Salzstocks wird „für mindestens drei, längstens jedoch zehn Jahren unterbrochen" (Bundesregierung 2000: 9). Die Planfeststellungsverfahren für Schacht Konrad und die Pilotkonditionierungsanlage in Gorleben werden abgeschlossen. Allerdings hat der Bund seinen Antrag auf Sofortvollzug für Schacht Konrad zurück gezogen, damit Klagen gegen eine Genehmigung aufschiebend wirken können. Bis zu einer gerichtlichen Entscheidung sollen keine Baumaßnahmen in dem Bergwerk durchgeführt werden. Das neue Entsorgungskonzept der Bundesregierung sieht neben der Zwischenlagerung abgebrannter Brennelemente an den Kraftwerks-Standorten die Einlagerung für alle Arten und Mengen radioaktiver Abfälle in einem einzigen Endlager ab dem Jahr 2030 vor. Um Auswahlkriterien für einen geeigneten Standort festzulegen, hat das Bundesumweltministerium im Februar 1999 einen „Arbeitskreis Auswahlverfahren Endlagerstandorte" (AkEnd) eingerichtet, der am 17. Dezember 2002 Bundesumweltminister Jürgen Trittin seinen Abschlussbericht übergeben hat[28] (Bundesregierung 2000, BMU 2001b, Website AkEnd).

Die Bundesregierung hätte die Laufzeit der Atomreaktoren auch ohne eine Verständigung mit den Betreibern befristen können. Vorteile der konsensualen Entscheidungsfindung (die gleichwohl „im Schatten der Hierarchie"[29] statt fand, denn das Damoklesschwert einer gesetzlichen Festlegung schwebte stets im Raum) sind das Umgehen einer langwierigen juristischen Auseinandersetzung, die das energiepolitische Patt bis zu einer endgültigen Entscheidung konserviert hätte und deren Ausgang ungewiss gewesen wäre. Es fallen auch keine milliar-

---

[27] Am 19. Dezember 2003 sind vom Bundesamt für Strahlenschutz (BfS) die letzten drei von zwölf Genehmigungen für Zwischenlager für abgebrannte Brennelemente an den Standorten der Kernkraftwerke ausgesprochen worden. Die Genehmigungen gelten jeweils für 40 Jahre (FAZ 20.12. 2003: 4, 12).

[28] In dem Abschlussbericht heißt es, eine glaubwürdige Standortentscheidung erfordere, dass mindestens an zwei Standorten untertägige Erkundungen und Sicherheitsbewertungen durchgeführt werden. Bei der Standortsuche und -bewertung unterscheidet der AkEnd zwischen Ausschluss- und Abwägungskriterien. Im einzelnen heißt es: „Geologisch auszuschließen sind solche Gebiete, die durch verstärkte Seismizität und Tektonik, erhöhte Hebungsraten, Vulkanismus und junge Grundwässer gekennzeichnet sind. Gleiches gilt für die planungswissenschaftlichen Kriterien. Gebiete, wie beispielsweise Nationalparks, Naturschutzgebiete und Grundwassergewinnungsgebiete, sind rechtlich so stark geschützt, dass sie für die Errichtung eines Endlagers nicht zur Verfügung stehen. Allerdings können diese Gebiete einer Einzelfallprüfung unterworfen werden, in der das öffentliche Interesse an einem Endlager und den besonders geschützten Gütern bzw. vorrangigen Nutzungen abzuwägen ist." Der AkEnd betont die Notwendigkeit, mit Hilfe sozioökonomischer Potenzialanalysen „die Entwicklungschancen einer möglichen Endlagerregion aufzuzeigen". Der Arbeitskreis betont ferner, die Bevölkerung habe die Möglichkeit, die Erkundung eines Standortes zu verhindern. „Nur wenn nicht an mindestens zwei Standorten die Bevölkerung ihre Beteiligungsbereitschaft erklärt, legen Bundesregierung und Bundestag das weitere Vorgehen fest" (Website AkEnd).

[29] Diese Formulierung ist von Scharpf (1991) geprägt worden.

denschweren Entschädigungszahlungen an, mit der etwa die schwedische Regierung ihren Ausstiegswunsch erkauft hat, und ein Dauerstreit mit einem mächtigen Wirtschaftszweig konnte vermieden werden. Letzteres dürfte für die Bundesregierung besonders wichtig gewesen sein, um das politische Klima nicht zu vergiften und Erfolge in anderen Politikfeldern, insbesondere bei der Rückführung der Massenarbeitslosigkeit, nicht zu gefährden. Die Betreiber wiederum bekommen durch die Vereinbarung Planungssicherheit und ein gewissen Maß an Flexibilität in bezug auf die Abschaltzeitpunkte, ohne dass der Gesetzgeber auf den von ihm gewünschten Pfadwechsel verzichten müsste. Dieser nimmt gleichwohl keine radikale, sondern eine inkrementelle Gestalt an (Reiche 2000).

Die bürgerliche Opposition hatte im Bundestagswahlkampf angekündigt, den Atomausstieg rückgängig machen zu wollen - obwohl beispielsweise der damalige RWE-Chef Dietmar Kuhnt an die Opposition appelliert hatte, die neuen Rahmenbedingungen mitzutragen. Selbst wenn es eines Tages infolge veränderter politischer Mehrheitsverhältnisse zu Laufzeitverlängerungen kommen sollte - neue Reaktoren wären nach momentanen Kenntnisstand weder gesellschaftlich durchsetzbar noch im liberalisierten Strommarkt finanzierbar. Der Pfadwechsel könnte damit nur verlangsamt, nicht aber unterbunden werden.

Mit ihrer sukzessiven Beendigung der Atomkraftnutzung[30] liegt die Bundesrepublik im europäischen Trend. In der erweiterten EU-28 verbleiben nur fünf Staaten mit einer pro-aktiven Atompolitik: Bulgarien, Frankreich, Finnland, Großbritannien und Rumänien. Drei davon planen ihre Kapazitäten zu erweitern. In Rumänien ist ein zusätzlicher (kanadischer) Reaktor bereits im Bau, in Finnland hat das Parlament 2002 einen Neubau beschlossen, in Bulgarien hat Ministerpräsident Simeon im Mai 2004 die Wiederaufnahme des Baus eines Kernkraftwerkes bei Belene angekündigt. Auf der anderen Seite kommen bereits 13 Länder ohne Atomkraftwerke aus, von denen drei bereits Reaktoren in Betrieb (Italien) oder im Bau hatten (Polen, Österreich), diese Projekte aber jeweils aufgaben. Zwei Länder reduzieren ihre nukleare Kapazität und schließen einige Reaktoren (Bulgarien[31], Slowakei), in Spanien gilt ein Moratorium bzgl. neuer AKWs, die übrigen Länder Belgien, Deutschland, Schweden, Litauen und die Niederlande haben das Auslaufen ihrer Reaktoren beschlossen (Reiche 2003).

---

[30] Einschränkend soll allerdings angefügt werden, dass es eine gewisse In-Konsistenz im Politikstil der rot-grünen Bundesregierung gibt. Während auf der einen Seite die Vereinbarung zum Atomausstieg auf den Weg gebracht worden ist, werden andererseits im Inland weiter Forschungsmittel für die Kernfusion oder aber beispielsweise das Kernforschungszentrum Jülich bereit gestellt. Außerhalb der Landesgrenzen wird die Kernenergie beispielsweise durch die Gewährung von Hermesbürgschaften (etwa für Siemens für einen AKW-Bau in China) weiterhin gefördert.

[31] Ob dies tatsächlich zu einer Verringerung der nuklearen Kapazität des Landes führen wird, wird davon abhängen, ob die bereits angesprochene Wiederaufnahme des Baus von Belene realisiert werden kann. Angesichts des Investitionsvolumens von rund zwei Mrd. € und der anstehenden Liberalisierung des bulgarischen Strommarktes ist dies nach Auffassung des Autors zu bezweifeln.

4.2.5. Der Biomasse-Pfad

Als einzige erneuerbare Energie wird Biomasse sowohl im Strom-, Wärme- als auch Kraftstoffmarkt eingesetzt (siehe Tabelle 5). Über die Hälfte der Endenergie aus erneuerbaren Energien wird durch Biomasse bereitgestellt (siehe Tabelle 6). Der deutsche Biomasseanteil liegt etwa bei der Hälfte des EU-Durchschnitts von 3,6 Prozent. In Deutschland ist die Wärmeproduktion aus Biomasse dominierend: 3,8 Prozent der Wärme entstammte im Jahr 2003 der Biomasse-Fraktion - rund 93 Prozent des gesamten regenerativen Wärmeanteils von 4,1 Prozent. In dem von der Wasserkraft und Windenergie dominierten regenerativen Strommarkt steuerte die grundlastfähige Biomasse 2003 1,2 Prozent - rund 15 Prozent des gesamten Ökostrom-Anteils von 7,9 Prozent - bei. Im Kraftstoffmarkt lag der Biomasse-Anteil 2003 bei 0,9 Prozent (AGEE-Stat 2004: 2, BMU 2003: 12, Staiß 2003: I-29, I-263, Website BEE, eigene Berechnungen).

Die Dominanz der Biomasse unter den erneuerbaren Energien in Deutschland entspricht dem globalen Trend. Der Anteil der erneuerbaren Energien an der Welt-Primärenergieversorgung (World Total Primary Energy Supply, TPES) betrug im Jahr 2001 13,5 Prozent, wovon 79,9 Prozent (10,4 Prozent des TPES) aus Biomasse stammten. Auch die vorrangige Nutzung der Biomasse im Wärmesektor in Deutschland geht mit der globalen Entwicklung einher. Erneuerbare Energien leisteten 2001 einen Beitrag zur weltweiten Stromproduktion von 18,1 Prozent. Bei lediglich 0,9 Prozent lag dabei der Anteil der Biomasse, 16,6 Prozent war der Beitrag der Wasserkraft, 0,6 Prozent steuerten die übrigen erneuerbaren Energien bei (IEA 2003: 4).

Bei der Biomasse ist zwischen Energiepflanzen wie zum Beispiel Chinaschilf, Ernterückständen wie Stroh und Waldrestholz, organischen Nebenprodukten (beispielsweise Gülle) und organischen Abfällen wie Klärschlamm zu unterscheiden. In diesem Zusammenhang wird auch zwischen fester, flüssiger und gasförmiger Biomasse differenziert (Kaltschmitt 2003: 252ff). Zum Rechtsrahmen für Biomassekraftwerke zählen neben dem Erneuerbare-Energien-Gesetz (EEG, siehe 6.1.), der Biomasseverordnung (siehe 3.) und dem Mineralölsteuergesetz (siehe 6.2.4.) auch die Altholzverordnung und das Bundes-Immissionsschutzgesetz (BimSchV). Die Altholzverordnung vom 1.3. 2003 definiert Altholz und teilt es in vier Klassen ein (A I, A II, A III, A IV). Die BimSchV von 1990 wurde zuletzt am 20.8. 2003 geändert. Sie regelt unter anderem die Emissionsgrenzwerte für Biomassekraftwerke mit Altholz ab A III und A IV (vgl. Tauber 2004: 373).

Tabelle 14 zeigt die Dominanz fester Biomasse in Deutschland. Rund 50 Prozent der festen Biomasse wird in den rund 280.000 Anlagen mit Feuerungswärmeleistungen zwischen 15 kW und 1 MW verbraucht, etwa 15 Prozent wird in den rund 1.000 Anlagen über 1 MW eingesetzt. Bei rund einem Drittel des Aufkommens handelt es sich um die etwa sieben Millionen Kleinstfeuerungsanlagen (37,7 Prozent Kaminöfen, 36,2 Prozent Heizkamine, 26,1 Prozent Kachel-

öfen), wobei Kachel- und Kaminöfen in der Regel nur als Zusatzheizung eingebaut werden, was eine Haupterklärung für die Probleme bei der Beschaffung
von Daten zum regenerativen Wärmemarkt ist. Denn der Einsatz von Brennholz
in privaten Haushalten kann keineswegs so genau wie der regenerative Strom-
und Kraftstoffmarkt erfasst werden und lässt sich nur grob abschätzen.

Tabelle 14: Endenergiebereitstellung aus Biomasse, 2001 (in %) (Staiß 2003: I-28)

Feste Brennstoffe Wärme	83,18
Flüssige Brennstoffe Wärme	0,08
Gasförmige Brennstoffe Wärme	1,56
Feste Brennstoffe Strom	3,61
Deponiegas Strom	2,33
Klärgas Strom	1,09
Biogas Strom	0,89
Flüssige Brennstoffe Strom	0,02
Kraftstoffe	7,24

Wenn auch noch mit kaum messbaren Marktanteilen, so hat in den letzten Jahren ein Boom neuer Heizungssysteme wie Hackschnitzel- und Pelletheizungen
statt gefunden. 1999 wurden beispielsweise erst 800 Pelletheizungen in Deutschland verkauft, im Jahr 2000 waren es schon 2.400 und 2001 bereits 5.200, 2003
wurde mit 6.750 Anlagen ein neuer Rekord aufgestellt (Kaltschmitt 2003:
252ff., Neue Energie 11/2003: 8, Staiß 2003: I-26ff.).

Die Stromproduktion aus Biomasse findet in erster Linie in Deponie- und Klär-
gas-Anlagen statt. Der Vorteil von Deponiegasanlagen besteht darin, dass De-
ponien - u.a. um Geruchsbelästigungen zu verhindern - ohnehin entgast werden
müssen. Im Jahr 2000 waren nach VDEW-Angaben 268 Deponiegasanlagen mit
einer installierten elektrischen Leistung von 227 MW und einer Stromeinspeisung von 812 GWh/a sowie 217 Klärgasanlagen mit einer elektrischen Leistung
von 85 MW und einer Netzeinspeisung von knapp 61 GWh/a bekannt. Allerdings wird davon ausgegangen, dass es erheblich mehr Klärgasanlagen als die
vom VDEW Erfassten gibt (Kaltschmitt 2003: 266ff.).

Die Förderung durch das Marktanreizprogramm und insbesondere das Erneuerbare-Energien-Gesetz (EEG) - beide werden in Kapitel 6 noch ausführlicher
beschrieben - haben in jüngster Vergangenheit zu einem Boom landwirtschaftlicher Biogasanlagen geführt. Von 2000 bis 2002 hat sich der Anlagenbestand fast
verdoppelt, von 1992 bis 2002 ist er sogar um den Faktor 13,7 gestiegen, wie
Tabelle 15 zeigt. Über die Hälfte der Anlagen ist in Bayern und Baden-

Württemberg anzutreffen. Es hat sich nicht nur die Anzahl der Anlagen, sondern auch die durchschnittlich installierte Leistung von Neuanlagen erhöht, und zwar von 75 kW im Jahr 2000 über 190 kW (2001) bis hin zu 330 kW im Jahr 2002. Die Gesamtleistung ist dadurch von 70 MW auf 250 MW im Zeitraum 2000 bis 2002 angestiegen (Website FNR, eigene Berechnungen).

Tabelle 15:   Entwicklung landwirtschaftlicher Biogasanlagen, 1992-2002 (Website FNR)

Jahr	Anzahl
1992	139
1993	159
1994	186
1995	274
1996	370
1997	450
1998	617
1999	850
2000	1050
2001	1760
2002	1900

Beim aus Pflanzenölen (in Deutschland vornehmlich Raps) hergestellten Biodiesel zählt die Bundesrepublik mit ihren rund 1.700 Biodiesel-Tankstellen[32] neben Frankreich und Österreich zu den Biokraftstoff-Vorreitern in der Europäischen Union[33]. Der Marktanteil beträgt 0,9 Prozent (siehe Tabelle 5) und liegt damit deutlich über dem europäischen Durchschnitt von Biokraftstoffen in Höhe von 0,3 Prozent. Was die absolute Produktionsmenge von 715.000 Tonnen im Jahr 2003 - dies entspricht einem Zuwachs um 59 Prozent gegenüber dem Vorjahr - betrifft, so nimmt Deutschland weltweit die führende Rolle bei der Herstellung von Biodiesel ein. Durch die steuerliche Privilegierung ist Biodiesel im Jahr 2001 im Durchschnitt sieben Cent günstiger als konventioneller Diesel gewe-

---

[32]   Zu einer Auflistung sämtlicher Tankstellen siehe die Ufop-Website.
[33]   Mit der EU-Erweiterung übernimmt Tschechien die (relative) Führungsrolle in Europa. Dort verfügen die biogenen Treibstoffe bereits über einen Marktanteil von sieben Prozent (Bechberger 2003).

sen[34]. Neben der Stimulierung der Nachfrageseite durch die steuerliche Bevorzugung werden die Produzenten mit einer Prämie von pro Hektar 380 € jährlich unterstützt, sofern es sich um stillgelegte Flächen handelt. Auf stillgelegten Flächen dürfen nur nachwachsende Rohstoffe für den Nicht-Nahrungsmittel-Markt angebaut werden, andernfalls entfällt die Prämie. Mit dieser EU-Vorgabe soll zugleich ein Beitrag zur Eindämmung der Überschussproduktion in Europa geleistet werden. Von den 44 Millionen Autos in Deutschland sind 2,5 Millionen von den Herstellern als biodieseltauglich deklariert worden. VW gibt im Gegensatz zu den anderen Großserien-Herstellern seit 1995 alle Diesel-Modelle der Marken VW, Audi, Seat und Skoda frei[35], während fast alle Import-Marken die Verwendung von Biodiesel untersagen (Brocks 2001, FAZ 30.3. 2004: 21, 9.3. 2002: 63 und 16.2. 2004: 13, 13.3. 2003: 13, Website IWR).

Die Weichen für ein weiteres Wachstum des Marktes für biologische Kraftstoffe sind durch die Ausdehnung der Mineralölsteuerbefreiung für Biodiesel auf sämtliche Biokraftstoffe von Februar 2004 an gestellt worden (siehe 6.2.4.). Die Weichenstellungen in Deutschland gehen einher mit der Entwicklung eines regulativen Kontexts im Bereich der Biokraftstoffe in der EU. Die EU-Richtlinie „zur Förderung der Verwendung von Biokraftstoffen oder anderer erneuerbarer Kraftstoffe im Verkehrssektor" vom Mai 2003 dürfte eine wichtige Triebfeder für die zukünftige Entwicklung biologischer Kraftstoffe in Deutschland und Europa sein. Danach sind für die Mitgliedsstaaten Richtwerte für den Marktanteil von Biokraftstoffen festgelegt worden, und zwar zwei Prozent zum 31.12. 2005 und 5,75 Prozent zum 31.12. 2010. Dabei ist es sowohl möglich, einen eigenständigen Biokraftstoff zu erzeugen - darauf stützte sich bislang die deutsche und österreichische Entwicklung mit Biodiesel als Alleinkraftstoff - wie auch biogene den konventionellen Treibstoffen beizumischen, was in Frankreich und Polen mit der Beimischung von Bioethanol bislang die treibende Kraft bei der Herausbildung eines Marktes für biologische Kraftstoffe gewesen ist. Neben den bislang bedeutendsten biologischen Kraftstoffen Biodiesel und Bioethanol nennt die EU-Richtlinie noch acht weitere mögliche Biokraftstoffe[36]. Bei einer Beimischung zu Benzin und Diesel von mehr als fünf Prozent muss der EU-Richtlinie zufolge an Tankstellen ein (Warn-)Hinweis für Fahrer von Biokraftstoff-untauglichen Fahrzeugmodellen erfolgen. Die Deutsche BP hat im Jahr 2004 als bundesweit erste Mineralölgesellschaft die Beimischung von Biodiesel zum konventionellen Diesel in den Raffinerien in Gelsenkirchen-Horst und Lingen gestartet. Im Jahr 2004 ist auch der Bioethanol-Pfad in Deutschland

---

[34] Im August 2003 kostete Biodiesel 0,765, normales Diesel 0,867 €. Zum aktuellen Preisunterschied siehe den Biopreisindex des IWR (Website IWR).

[35] Zur IAA 2003 überraschte der VW-Konzern allerdings mit der Ankündigung, neue Modelle nicht mehr serienmäßig für Biodiesel freizugeben, sondern statt dessen kostenpflichtige Umrüstpakete anbieten zu wollen (Müller 2004).

[36] Biogas, Biomethanol, Biodimethylether, Bio-ETBE (Ethyl-Tertiär-Butylether), Bio-MTBE (Methyl-Tertiär-Butylether), Synthetische Biokraftstoffe, Biowasserstoff sowie reines Pflanzenöl.

aufgenommen worden. In Zörbig und Zeitz (beides in Sachsen-Anhalt) und in Schwedt (Brandenburg) haben die bundesweit ersten Anlagen ihren Betrieb aufgenommen[37] (Neue Energie 5/2004: 26, 44ff.).

Ähnlich wie bei der EU-Richtlinie zur Stromerzeugung aus erneuerbaren Energien sind die Zielwerte in der Richtlinie für die Mitgliedsländer nicht verbindlich, allerdings enthält die Biokraftstoff-Richtlinie (wie die Direktive zum regenerativen Strommarkt) einen Evaluierungsmechanismus. Eine Revisionsklausel eröffnet zudem die Möglichkeit, die Zielwerte von 2007 an verpflichtend vorzuschreiben (EU 2003).

Nach Angaben des Bundesumweltministeriums beträgt der Gesamtumsatz der Biomassebranche 2,850 Mrd. € - dies entspricht 28,6 Prozent des Gesamtumsatzes von zehn Mrd. € mit erneuerbaren Energien im Jahr 2003 in Deutschland. Die Anzahl der direkten und indirekten Arbeitsplätze im Biomassesektor wird mit 29.000 angegeben (BMU 2004: 20).

Für die Zukunft ist mit einer Ausdehnung des Biomasse-Pfades in bezug auf die Breite und den Umfang der Nutzung zu rechnen. Es ist von einer Beibehaltung der Biomasse-Dominanz im Wärmemarkt und einem erheblichen Wachstum des Biomasse-Einsatzes im Strom- und Kraftstoffmarkt auszugehen. Im Bereich der Stromerzeugung hat das Erneuerbare-Energien-Gesetz bereits zu einem Boom von Biogasanlagen geführt, deren Wachstum auch durch verstärkt auftretende genehmigungsrechtliche Probleme nicht gestoppt, sondern nur abgeschwächt werden dürfte. Mit der Biomasseverordnung vom Juni 2001, die regelt, welche Stoffe als Biomasse gelten, welche technischen Verfahren zur Stromerzeugung aus Biomasse in den Anwendungsbereich des EEG fallen und welche Umweltanforderungen bei der Erzeugung von Strom aus Biomasse einzuhalten sind (siehe Kapitel 3), ist der Grundstein insbesondere zur Erschließung des Altholzaufkommens und damit für einen Boom auch bei der Stromerzeugung aus fester Biomasse gelegt worden. Dabei ist vor allem von einem verstärkten Bau größerer Anlagen auszugehen. Ein klarer Vorteil der Stromerzeugung aus Biomasse ist auch deren Grundlastqualität.

Vor den günstigsten Perspektiven im Bereich der Biomasse steht der Biokraftstoffmarkt. Mit der Steuerbefreiung für sämtliche biogene Kraftstoffe, den Vorgaben seitens der Europäischen Union und der Ankündigung der Mineralölwirtschaft, zukünftig Biodiesel aus Raps nicht mehr nur als separates Produkt zu verkaufen, sondern dem herkömmlichen Diesel beimischen und damit den Absatz durch alle Diesel-Autofahrer fördern lassen zu wollen (IWR-Pressedienst 20.10. 2003), haben sich die Marktperspektiven für die Biokraftstoffbranche weiter verbessert. Auch im Wärmemarkt ist unter anderem durch einen zu erwartenden Anstieg der Strohnutzung - bisher gibt es in Deutschland erst zwei

---

[37] In Gelsenkirchen werden 55.000 und in Lingen 75.000 Tonnen Biodiesel beigemischt. In Zeitz werden 260.000, in Schwedt 230.000 und in Zörbig 100.000 Kubikmeter Bioethanol produziert.

Strohheizwerke - noch eine erhebliche Ausdehnung zu erwarten. Neue Systeme wie Hackschnitzel- und Pelletheizungen stehen zudem erst am Anfang ihrer Entwicklung.

4.2.6. Der Wasserkraft-Pfad

Bei der Wasserkraft handelt es sich wie bei der Biomasse der Terminologie der Internationalen Energieagentur zufolge um eine „alte" erneuerbare Energie, während Wind, Sonne und Erdwärme als „neue" erneuerbare Energien bezeichnet werden (IEA 2003: 3ff.). Dazu passt, dass der Wasserkraft-Pfad zur Stromerzeugung bereits vor rund 100 Jahren in Deutschland aufgenommen wurde, während die kommerzielle Nutzung der „neuen" erneuerbaren Energien noch nicht viel älter als eine Dekade ist (Reiche 2002). Die Wasserkraft ist (noch) die bedeutendste regenerative Energiequelle zur Stromerzeugung in Deutschland. Ende 2003 hatte die Wasserkraft einen Anteil von 3,5 Prozent an der Stromerzeugung - dies entspricht 44 Prozent der gesamten regenerativen Elektrizitätsproduktion (AGEE-Stat 2004: 2, BMU 2003: 12). Tabelle 6 ist zu entnehmen, dass die Wasserkraft im Jahr 2002 einen Anteil von 22,5 Prozent an der gesamten regenerativen Energiebereitstellung in Deutschland hatte. Tabelle 16 zeigt, dass die installierte Wasserkraftleistung seit 1990 weitgehend konstant geblieben ist und nur einen leichten Zuwachs verzeichnen konnte.

Tabelle 16:   Installierte Wasserkraftleistung in Deutschland, 1990-2003 (BMU 2004: 13)

	MW
1990	4.403
1991	4.403
1992	4.374
1993	4.520
1994	4.529
1995	4.521
1996	4.563
1997	4.578
1998	4.601
1999	4.547
2000	4.572
2001	4.600
2002	4.620
2003	4.625

Die jährlichen Steigerungsraten seit 1990 sind geringer als bei allen anderen erneuerbaren Energien ausgefallen, allerdings konnte sich die Wasserkraft auch auf ein anderes (deutlich höheres) Ausgangsniveau stützen. Obwohl die spezifischen Investitionskosten mit abnehmender Anlagengröße zunehmen, hat das

Wachstum in erster Linie bei kleinen Anlagen privater Betreiber statt gefunden, während die Anzahl der den Energieversorgungsunternehmen gehörenden Großwasserkraftwerke weitgehend konstant geblieben ist. Die Belebung bei den kleinen Anlagen, deren Anzahl von 3.700 auf über 5.000 im Zeitraum von 1990 bis 2002 stieg, ist auf das Stromeinspeisegesetz von 1991 und das Erneuerbare-Energien-Gesetz aus dem Jahr 2000 zurück zuführen, die Wasserkraftanlagen bis zu fünf Megawatt mit einer Einspeisevergütung fördern und damit Investoren zugleich Planungssicherheit geben (beides wird in 6.1. eingehender beschrieben). Gleichwohl stammt der größte Teil des Stroms aus Wasserkraft (67 Prozent) aus Anlagen mit einer Leistung von mehr als zehn Megawatt. Die 5.500 Kleinwasserkraftanlagen (<1 MW) steuern acht Prozent des gesamten Wasserkraft-Stromangebotes in Deutschland bei, während Anlagen zwischen einem und zehn Megawatt einen Anteil von 25 Prozent haben. Der in Deutschland produzierte Wasserkraftstrom stammt fast ausschließlich (zu 86,36 Prozent) aus Bayern und Baden-Württemberg[38] (Zahlen für 2000 nach BMU 2002: 63ff, eigene Berechnungen). In diesen beiden Bundesländern leistet die Wasserkraft mit neun (Baden-Württemberg) bzw. 19 Prozent (Bayern) einen bedeutenden Beitrag zur Stromerzeugung (Zahlen für 2001 nach Staiß 2003: I-59).

80 Prozent der Stromerzeugung aus Wasserkraft stammen aus Laufwasserkraftwerken, 14 Prozent aus Speicherwasserkraftwerken und sechs Prozent aus Pumpspeicherkraftwerken[39] (ebenda).

Mit einem Anteil von 3,5 Prozent an der Stromerzeugung im Jahr 2003 - wegen der Dürre in diesem Jahr ging die deutsche Elektrizitätsproduktion aus Wasserkraft um 15 Prozent gegenüber dem Vorjahr zurück - ist die Bedeutung der Wasserkraft unter dem internationalen Durchschnitt. Laut der Internationalen Energieagentur steuerte die Wasserkraft im Jahr 2001 16,6 Prozent zur weltweiten Stromproduktion bei, was einem Anteil von 91,7 Prozent an der weltweiten regenerativen Elektrizitätserzeugung entsprach. Zum weltweiten TPES steuerte die Wasserkraft 2,2 Prozent und damit 16,4 Prozent des regenerativen Beitrages bei (IEA 2003: 3ff.). In der EU lag der Anteil im Jahr 2000 bei 12,4 Prozent, womit die Wasserkraft 83,22 Prozent zur regenerativen Stromproduktion in der Gemeinschaft beisteuerte[40] (Website DG Energie und Verkehr). Bis in die 1980er Jahre hinein hatte die Wasserkraft in Deutschland einen ähnlich hohen Anteil an der regenerativen Stromproduktion, ehe sich durch die Aufnahme des Wind-Pfades die Gewichte verschoben (siehe 4.2.7.).

Die Anzahl der direkten und indirekten Arbeitsplätze in der Wasserkraftbranche wird vom Bundesumweltministerium mit 9.000 angegeben. Nach Angaben des

---

[38] Dabei dominiert Bayern mit einem Anteil von 61,53 Prozent, während der Anteil in Baden-Württemberg bei 24,83 Prozent liegt (BMU 2002: 66, eigene Berechnung).

[39] Bei Pumpspeicherkraftwerken ist zu berücksichtigen, dass Energie zum Pumpen eingesetzt wird.

[40] Sämtliche erneuerbare Energien leisteten Ende 2000 einen Beitrag von 14,9 Prozent zur Stromproduktion der Gemeinschaft (Website DG Energie und Verkehr).

Bundesumweltministeriums beträgt der Gesamtumsatz der Wasserkraftbranche 810 Mio. € - dies entspricht 8,1 Prozent des Gesamtumsatzes von zehn Mrd. € mit erneuerbaren Energien im Jahr 2003 in Deutschland (BMU 2004: 20).

Im Gegensatz zu den anderen erneuerbaren Energien sind bei der Anlagentechnik zur Nutzung der Wasserkraft keine Quantensprünge mehr zu erwarten (Haury 2003: 194). Doch auch wenn die Wasserkraft ihre Führungsrolle unter den regenerativen Stromerzeugungstechnologien in Kürze an die Windkraft abgeben muss und weiter an (relativer) Bedeutung verlieren wird, dürfte sie aufgrund ihrer Grundlastfähigkeit einen großen Stellenwert behalten. Das mit der heutigen Technik nutzbare Potenzial ist in Deutschland schon zu etwa 75 Prozent erschlossen. Die wesentlichen Potenziale liegen vor allem im Ersatz und in der Modernisierung vorhandener Anlagen. Die Bundesregierung verfolgt das Ziel, auf diesem Weg eine Leistungssteigerung zu erzielen und dabei zugleich die gewässerökologischen Voraussetzungen zu verbessern[41]. Das Bundesumweltministerium geht davon aus, dass durch die Modernisierung vorhandener Anlagen 20 Prozent der gegenwärtigen Strommenge aus Wasserkraft zusätzlich erzeugt werden könnten (BMU 2002: 67, BMU 2003: 7). Zugleich besteht ein gewisses Potenzial in der Reaktivierung von Altanlagen. So waren von den 3.500 Wasserkraftwerken, die bis vor 50 Jahren in den neuen Bundesländern betrieben worden waren, bis Ende 2001 erst 300 wieder in Betrieb (Staiß 2003: I-61). Insgesamt wird erwartet, dass es in den kommenden Jahren ein jährliches Wachstum bei der Wasserkraft in der Größenordnung der Zuwächse der Jahre 1999 bis 2002 (siehe Tabelle 16), also von etwa 20 bis 30 Megawatt pro Jahr, geben wird. Diese Prognose wäre jedoch zu korrigieren, wenn politische Anreize zur Modernisierung großer Anlagen geschaffen werden - was mit der EEG-Novelle geschehen ist (siehe 6.1.4.). Dann könnte es noch einmal zu gewissen Wachstumsschüben in dem beschriebenen noch möglichen Umfang kommen. Kurzfristig ist damit wegen der Länge von Genehmigungsverfahren bei großen Wasserkraftanlagen (bis zu zehn Jahre) jedoch nicht zu rechnen.

4.2.7. Der Wind-Pfad

Die Windenergie ist auf dem Weg, die historische Spitzenstellung der Wasserkraft bei der regenerativen Stromproduktion in Deutschland zu übernehmen. Ende 2003 waren laut Bundesverband Windenergie (BWE) 15.387 Windenergieanlagen mit 14.609 MW installierter Leistung in Betrieb[42]. Der Windenergieanteil bei der Stromproduktion lag 2003 erstmals über drei Prozent (3,1 Prozent laut AGEE-Stat 2004: 1, siehe auch Neue Energie 1-2/2004: 28ff.).

---

[41] Ein Vorzeige-Beispiel für eine Verbesserung der gewässerökologischen Situation durch ein Wasserkraftwerk ist das Expo-Projekt einer Fischaufstiegsanlage am Leinewehr Herrenhausen in Hannover (Stadtwerke Hannover o. J.).

[42] Im ersten Quartal 2004 wurden darüber hinaus bundesweit 330 MW neu errichtet (Neue Energie 5/2004: 30).

Tabelle 17 dokumentiert die internationale Führungsrolle Europas und speziell der Bundesrepublik bei der Windenergienutzung. Europa verfügt über 73,12 Prozent der weltweit installierten Leistung. In Deutschland befindet sich über die Hälfte (50,66 Prozent) der europäischen und 37,05 Prozent der weltweit installierten Windenergieleistung (eigene Berechnungen). Weltweit liegt die Windenergie nach Wasserkraft, Biomasse und Erdwärme nur an vierter Stelle bei der regenerativen Stromproduktion, dürfte aber wegen der - nach der Photovoltaik - höchsten Wachstumsraten unter den erneuerbaren Energien in absehbarer Zeit die Geothermie überholen (IEA 2003: 13).

Tabelle 17: Windenergienutzung weltweit, 2003 (Windpower Monthly April 2004: 70)

	Installierte Leistung in MW
USA	6.352
Kanada	326
Lateinamerika	166
Summe Amerika	**6.844**
Deutschland	**14.609**
Spanien	6.202
Dänemark	3.115
Niederlande	912
Italien	891
Großbritannien	704
Österreich	415
Schweden	399
Griechenland	398
Portugal	299
Frankreich	240
Irland	225
Norwegen	112
Belgien	68
Polen	58
Ukraine	51

Finnland	47
Lettland	24
Türkei	20
Luxemburg	16
Tschechien	10
Russland	7
Schweiz	5
Estland	5
Ungarn	2
Rumänien	1
Summe Europa	**28.835**
Indien	2.120
Japan	644
China	566
Süd-Korea	8
Taiwan	8
Sri Lanka	3
Summe Asien	**3.349**
Australien und Neuseeland	236
Afrika	149
Naher Osten	21
Summe andere Kontinente	**406**
Summe weltweit	**39.434**

Nur in zwei Ranglisten ist Deutschland nicht ganz führend: In der Reihenfolge der installierten Kapazität pro Kopf wird die Bundesrepublik von Dänemark überflügelt und muss im weltweiten Vergleich mit der zweiten Position vor den drittplatzierten Spaniern vorlieb nehmen. In Dänemark sind 546,5 Watt pro Einwohner installiert, in Deutschland sind es 146,1 und in Spanien 121,9 Watt. Auch bei der installierten Kapazität im Verhältnis zur Landesfläche ist Dänemark führend. Dort sind 64,86 kW/km² installiert, während der Wert in Deutschland bei 33,45 kW/km² liegt. An dritter Stelle stehen in diesem Ranking die Niederlande mit 20,41 kW/km² (Zahlen für 2002, Website BWE).

Tabelle 18 zeigt das Wachstum der Windenergie in Deutschland von 1990 bis 2003. Die insgesamt installierte Leistung hat in diesem Zeitraum um den Faktor 188,8 zugenommen, wobei 2002 das Rekordjahr beim Zubau neuer Anlagen war. Die Anzahl der Windenergieanlagen konnte um den Faktor 28 gesteigert werden, die Größe aller vorhandenen Anlagen hat fast um den Faktor 8 über dem Durchschnitt von 1990 gelegen. Nach der Solarenergie verfügt die Windenergie unter den erneuerbaren Energien damit seit 1990 über die höchsten Wachstumsraten. Sehr interessant in Tabelle 18 ist die Spalte zur Größe von Neuanlagen, die 2003 über eine durchschnittliche Leistung von 1.552,87 kW verfügten. Damit konnte die Leistung neu installierter Anlagen innerhalb von nur zwölf Jahren annähernd um den Faktor zehn gesteigert werden (Website BWE, eigene Berechnungen). Dies zeigt, welche technologischen Quantensprünge infolge einer wachsenden Nachfrage möglich sind, auch wenn die spezifischen Investitionskosten (Preis je Kilowatt Leistung) seit 1996 stagnieren (Staiß 2003: I-74).

Die sprunghaft gewachsene Nachfrage ist durch gezielte politische Rahmensetzungen hervorgerufen worden. Vier Programme bzw. Instrumente können für die Entwicklung der Windenergie in Deutschland als entscheidend bezeichnet werden: Am Anfang (1989) stand das Förderprogramm „100 MW Wind" des Bundes, das später auf 250 MW aufgestockt wurde. 1991 ist das so genannte Stromeinspeisegesetz eingeführt worden, das Windstrom eine Vergütung von 90 Prozent „des Durchschnittserlöses je Kilowattstunde aus der Stromabgabe von Elektrizitätsversorgungsunternehmen an alle Letztverbraucher" garantierte. 1996 wurde § 35 des Baugesetzbuches geändert und enthält seither die Aufforderung an Städte und Gemeinden, Vorrangflächen für die Windenergienutzung auszuweisen. Im April 2000 wurde das Stromeinspeisegesetz vom Erneuerbare-Energien-Gesetz abgelöst, das eine nach Standortqualität differenzierte feste (und nicht mehr prozentuale) Vergütung vorsieht (Staiß 2003: I-67ff.). Der Einführung des EEG folgten, wie Tabelle 18 zeigt, zwei Rekordjahre für die deutsche Windenergie. (Auf die angesprochenen Instrumente und Programme wird in Kapitel 6 noch ausführlicher eingegangen).

Nach Angaben des Bundesumweltministeriums beträgt der Gesamtumsatz der Windenergiebranche 4,770 Mrd. € - dies entspricht 47,9 Prozent des Gesamtumsatzes mit erneuerbaren Energien 2003 in Deutschland. Die Anzahl der direkten und indirekten Arbeitsplätze im Windsektor wird mit 53.000 angegeben, wovon rund 10.000 direkt in der Windbranche bei Herstellern, Projektentwicklern, Betreibern und Serviceunternehmen tätig sind (BMU 2004: 20).

Tabelle 18: Windenergieanlagen in Deutschland - Entwicklung von Leistung, Anzahl und Größe, 1990-2003 (Website BWE)

	Leistung kumuliert (MW)	Leistung Zubau (MW)	Anzahl Kumuliert (Stück)	Anzahl Zubau (Stück)	Größe Kumuliert (kW)	Größe Zubau (kW)
1990	68	41	548	255	123,2	160,8
1991	110	42	806	258	135,9	162,8
1992	183	74	1.211	405	151,1	181,5
1993	334	155	1.797	586	186,0	264,3
1994	643	309	2.617	834	245,7	370,6
1995	1.137	505	3.655	1.070	310,9	472,2
1996	1.546	428	4.326	806	357,5	530,6
1997	2.082	534	5.193	849	400,8	628,9
1998	2.875	793	6.205	1.010	463,3	785,6
1999	4.445	1.568	7.875	1.670	564,4	938,7
2000	6.095	1.665	9.359	1.490	651,2	1.117,6
2001	8.754	2.659	11.438	2.079	765,3	1.279,0
2002	12.001	3.247	13.766	2.328	871,8	1.394,8
2003	**14.609**	2.644,53	**15.387**	1.703	**949,44**	1.552,87

In fünf Bundesländern hat die Windenergie inzwischen einen zweistelligen
Anteil am Nettostromverbrauch. In Mecklenburg-Vorpommern, Sachsen-Anhalt
und beim Spitzenreiter Schleswig-Holstein liegt der Anteil sogar über 20 Prozent. Niedersachsen liegt in diesem Ranking zwar nur an vierter Position, ist
aber in bezug auf die Anzahl der Anlagen und die installierte Leistung führend
im Bundesländervergleich. Darüber hinaus verfügt die Windenergie noch im
Strommarkt von Brandenburg über einen weit über dem Durchschnitt liegenden
Anteil, wie Tabelle 19 zeigt.

Tabelle 18 konnte bereits entnommen werden, dass es im Jahr 2003 zu einem
gewissen Einbruch bei der Windenergie gekommen ist. Der Zuwachs lag unter
dem Vorjahreswert. Im Jahr 2002 dürfte das Maximum des Inlandsabsatzes für
Windenergieanlagen erreicht worden sein. Besonders in den Gebieten mit sehr
guten Windpotenzialen sind die ausgewiesenen Flächen bereits zu rund 95
Prozent bebaut oder verplant (Staiß 2003: I-80). In bezug auf die zukünftige
Entwicklung der Windenergiebranche bestehen gleichwohl noch erhebliche

Nutzungspotenziale im Binnenland, die größten Möglichkeiten liegen aber im Bereich der Offshore-Windenergienutzung und im so genannten Repowering.

Tabelle 19: Regionale Verteilung der Windenergie in Deutschland, 2003 (Ender 2004)[43]

Bundesland	Anzahl der Windenergieanlagen	Installierte Leistung in MW	Anteil am Nettostromverbrauch in Prozent
Schleswig-Holstein	2.612	2.007,04	31,45
Sachsen-Anhalt	1.335	1.631,81	27,40
Mecklenburg-Vorpommern	1.042	927,20	24,06
Niedersachsen	3.982	3.921,62	16,08
Brandenburg	1.556	1.806,61	17,97
Sachsen	644	614,87	6,10
Thüringen	392	426,63	6,00
Rheinland-Pfalz	634	601,78	4,86
Nordrhein-Westfalen	2.125	1.822,22	3,02
Hessen	478	348,30	1,43
Bremen	38	35,10	0,94
Saarland	38	35,20	0,75
Hamburg	56	32,18	0,32
Bayern	230	189,23	0,31
Baden-Württemberg	225	209,28	0,27
Berlin	0	0	0,00
Gesamte Bundesrepublik	**15.387**	**12.828,10**	**4,88**

---

[43] Die Zahlen in den Tabellen 17 und 18 weichen leicht voneinander ab. Dies hängt mit den unterschiedlichen Quellen (Bundesverband Windenergie bzw. Deutsches Windenergie-Institut) zusammen.

Unter Repowering wird der Austausch älterer durch neuere, leistungsstärkere Anlagen verstanden. Das Repowering wird dadurch erschwert, dass die Raumordnung Höhengrenzen vorschreibt. Ein Pionierprojekt im Bereich des Repowering ist gleichwohl Mitte 2003 im niedersächsischen Neustadt-Bevensen durchgeführt worden. Die sechs 1995 errichteten 150 kW-Turbinen sind durch 600 kW-Turbinen ersetzt worden. Damit kann der Energieertrag an dem Standort verfünffacht werden. Die abgebauten, acht Jahre alten Turbinen sind im Rahmen einer Ausschreibung im Internet nach Thailand und Tschechien verkauft worden. Ein weiteres Beispiel für ein Repowering-Projekt erfolgt in einem EU-Beitrittsstaat: in der Slowakei, etwa 40 Kilometer nördlich der Hauptstadt Bratislava in Skalite, sollen im Juni 2004 vier Maschinen mit jeweils 500 Kilowatt Leistung in Betrieb gehen, die vorher im Landkreis Cuxhaven aufgebaut waren und dort ebenfalls gegen größere Anlagen ausgetauscht wurden. Nach Angaben des Deutschen Windenergie-Instituts sind im Jahr 2003 in Deutschland insgesamt 68 Anlagen mit einer Leistung von rund 30 MW abgebaut worden, an ihre Stelle sind 46 neue Turbinen mit zusammen 81 MW getreten (HAZ 22.8. 2003: 15, Neue Energie 10/2003: 8, 12, 4/2004: 33, 06/2004: 76).

Das Bundesumweltministerium hat federführend für die Bundesregierung eine Strategie für die Entwicklung der Windenergienutzung im Meer entwickelt. Danach gelten 20.000 bis 25.000 MW installierte Leistung im Meer bis 2030 als möglich. In der Potenzialanalyse werden konfliktarme Flächen identifiziert, die als besondere Eignungsflächen für Offshore-Windenergieanlagen in Betracht kommen. Die Strategie sieht einen Stufenplan vor, nach dem zunächst 500 MW Offshore-Windleistung bis 2007 und 2.000 bis 3.000 MW bis 2010 installiert werden. Erst danach, wenn in der Pilotphase mehr Erfahrungen gesammelt worden sind, soll eine höhere Ausbaudynamik zugelassen werden.

Das Problem der Offshore-Windenergienutzung in Deutschland besteht neben generellen Nutzungskonflikten mit Fischerei, Schifffahrt, Luftfahrt, Militär und dem Abbau von Bodenschätzen in der extremen Wassertiefe von 15 bis 40 Metern, die deutlich über der bereits realisierter Offshore-Windparks etwa in Dänemark liegt, für die deshalb auch gerne der Terminus des „Nearshores" verwendet wird. Gerade in bezug auf den Fundamentbau liegen bei Bauvorhaben in großen Wassertiefen noch kaum vergleichbare Erfahrungen vor (vgl. Castro 2004). Das Bundesamt für Seeschifffahrt und Hydrographie (BSH) ist für die Genehmigung von Windenergieanlagen in Nord- und Ostsee in der ausschließlichen Wirtschaftszone (AWZ) der Bundesrepublik Deutschland zuständig. Die AWZ ist das Gebiet, das sich an das Küstenmeer seewärts der 12 sm Grenze anschließt. Derzeit liegen dem BSH hierzu 30 Anträge vor, davon 24 in der Nord- und sechs in der Ostsee. Diese Projekte umfassen zum Teil mehrere hundert einzelne Windenergieanlagen. Bislang (Stand Juni 2004) hat das BSH sechs Projekte genehmigt:

Am 9. November 2001 hat das BSH erstmals die Errichtung eines Offshore-Windparks genehmigt. In einer ersten Pilotphase darf das Energieunternehmen

Prokon Nord zwölf einzelne Windenergieanlagen (3,5-5 MW) mit einer Gesamt-leistung von rund 60 Megawatt errichten, die in der Nordsee 45 Kilometer nordwestlich von Borkum in einer Wassertiefe von ca. 30 Metern geplant sind und bis spätestens 2005 realisiert sein sollen. Am 18.12. 2002 hat das BSH den zweiten Offshore-Windpark genehmigt: Bei den Initiatoren der OSB Offshore-Bürger-Windpark Butendiek GmbH & Co. KG handelt es sich in der Mehrzahl um Mitglieder der Geschäftsführung und Beiräten von Bürgerwindparks in Nordfriesland. Sie planen die Errichtung eines Offshore-Bürger-Windparks mit 80 Vestas-Anlagen zu je 3 Megawatt Nennleistung 34 km westlich der Nordsee-insel Sylt. Auf der Website von Butendiek wurde Mitte Juni 2004 vermeldet, dass bereits 8.412 Bürger 28.432 Anteile für das 240 MW-Projekt gezeichnet haben.

Das BSH hat der Plambeck Neue Energien AG und der Energiekontor AG am 25.2. 2004 die Baugenehmigung für ihre Offshore-Windparkprojekte vor Bor-kum erteilt. Damit können bei dem Plambeck-Projekt in der ersten Bauphase, der Pilotphase, ab 2006 zunächst 77 Windenergieanlagen mit ca. 277 MW in-stallierter Leistung in der AWZ errichtet werden. Das Investitionsvolumen beträgt mehr als 500 Mio. €. Die Pilotphase des Offshore-Windparks „Borkum Riffgrund" entsteht etwa 38 Kilometer nördlich der Insel Borkum auf einer rund 35 Quadratkilometer großen Fläche. Die Wassertiefen betragen dort 23 bis 29 Meter. In einer späteren zweiten Bauphase ist die Erweiterung auf bis zu 180 Windenergieanlagen vorgesehen. Dann sollen möglichst Anlagen der 5-MW-Klasse errichtet werden. Im Endausbau wird das Investitionsvolumen des Offs-hore-Windparks Borkum Riffgrund deutlich über einer Milliarde € liegen. Die Stromproduktion der ersten Bauphase reicht aus, um damit rund 300.000 durch-schnittliche Haushalte zu versorgen. Bei Energiekontor sind für den ersten Bauabschnitt 80 Windturbinen mit einer Nennleistung von bis zu 400 MW vorgesehen. Am 9. Juni 2004 hat das BSH zeitgleich zwei weitere Offshore-Vorhaben genehmigt: Das Projekt Nordsee Ost ist 30 Kilometer westlich der Insel Amrum von Winkra - das Unternehmen gehört zum niederländischen Energieversorger Essent - geplant. In einer Pilotphase sind zunächst 80, später 170 Windenergieanlagen beabsichtigt. 36 Kilometer südwestlich von Amrum möchte die Amrumbank West - an der Eon beteiligt ist - das gleichnamige Pro-jekt realisieren. Maximal 80 Anlagen sollen dort betrieben werden. Winkra und Amrumbank West planen eine gemeinsame Kabeltrasse, um die Auswirkungen auf die Meeresumwelt möglichst gering zu halten (Website Butendiek, Website BSH, Dena Offshore-Website, Website Offshore Forum Windenergie, Website Prokon Nord, Staiß 2003: I-87, IWR-Pressedienst 25.2. 2004, Wind-News 11.6. 2004).

4.2.8. Der Solar-Pfad

Bei der Solarenergie ist zwischen der Wärmenutzung (Solarthermie) und der Stromerzeugung (Photovoltaik) zu unterscheiden, wobei die Entwicklung und Verbreitung der Solarthermie erheblich weiter fort geschritten sind als bei der

Photovoltaik. Doch in beiden Bereichen hat es in der Bundesrepublik in den vergangenen Jahren eine erhebliche Aufwärtsentwicklung gegeben: Die Stromerzeugung aus Photovoltaik hat sich von 1998 bis 2003 mehr als versiebenfacht, bei der Solarthermie hat sich die insgesamt installierte Kollektorfläche im gleichen Zeitraum mehr als verdoppelt, wie die Tabellen 20 und 21 zeigen. 2003 kam die Photovoltaik im Strommarkt gleichwohl auf einen Anteil von gerade einmal 0,06 Prozent, die Solarthermie im Wärmemarkt hatte mit 0,2 Prozent eine etwas größere Bedeutung (AGEE-Stat 2004: 2). Damit wird - wie Tabelle 6 zeigt - gerade einmal 1,9 Prozent (Photovoltaik 0,1; Solarthermie 1,8) der Energie aus erneuerbaren Energien durch Solarenergie bereit gestellt. Die regionalen Schwerpunkte liegen dabei im Süden des Landes in Baden-Württemberg und Bayern.

Tabelle 20: Entwicklung der Solarthermie in Deutschland, 1990-2003 (in Mio. m²)
(AGEE-Stat 2004: 1, BMU 2003: 13)

1990	0,338
1991	0,466
1992	0,582
1993	0,749
1994	0,940
1995	1,156
1996	1,453
1997	1,817
1998	2,191
1999	2,638
2000	3,283
2001	4,207
2002	4,754
2003	5,500

Im internationalen Vergleich zählt die Bundesrepublik zu den Vorreitern bei der Nutzung der Solarenergie. Ende 2001 waren 35,16 Prozent der Solarthermie-Fläche und 69 Prozent der Photovoltaik-Leistung in der Europäischen Union in Deutschland installiert (BMU 2003: 23, eigene Berechnungen). Die Internationale Energie-Agentur hebt hervor, dass Deutschland von 1990 bis 2001 die höchste durchschnittliche jährliche Wachstumsrate bei der Photovoltaik innerhalb der OECD hatte. Während die OECD-Wachstumsrate im Mittel in dem entsprechenden Zeitraum bei jährlich 32 Prozent lag, betrug sie in Deutschland im Jahresdurchschnitt 57,7 Prozent. Die Wachstumsrate lag damit in Deutschland wie OECD-weit bei der Photovoltaik höher als bei allen anderen erneuerbaren Energien, der tatsächliche Beitrag der Photovoltaik zur Stromproduktion war allerdings sowohl welt-, OECD- als auch Deutschland-weit am geringsten im Vergleich zu den übrigen erneuerbaren Energien (IEA 2003: 14).

Tabelle 21: Entwicklung der Photovoltaik in Deutschland, 1990-2003[44] (Website BSI)

	Netzgekoppelte Anlagen		Inselanlagen		Summe	
	Jährlich installiert	Gesamter Bestand am Jahresende	Jährlich installiert	Gesamter Bestand	Jährlich installiert	Gesamter Bestand
	in MWp	in MWp	in MWp	in MWp	in MWp	in MWp
1990	0,55	1,4	0,05	0,1	0,6	1,5
1991	0,95	2,4	0,05	0,2	1	2,5
1992	3,02	5,4	0,08	0,2	3,1	5,6
1993	3,21	8,6	0,07	0,3	3,28	8,9
1994	3,1	11,7	0,4	0,7	3,54	12,4
1995	4,45	16,1	0,9	1,6	5,35	17,8
1996	8,1	24,2	2,0	3,6	10,1	27,9
1997	11,0	35,2	3,0	6,6	14,0	41,9
1998	9,5	44,7	2,5	9,1	12,0	53,9
1999	13,3	58,0	2,3	11,4	15,6	69,5
2000	42,0	100,0	2,3	13,7	44,3	113,8
2001	78,0	178,0	2,9	16,6	80,9	194,7
2002	80	258,0	3,0	19,6	83,0	277,7
2003	100	358,0	3,0	22,6	103,0	380,7

---

[44] Bei den Angaben für 2003 handelt es sich um eine Schätzung. Die Unternehmensvereinigung Solarwirtschaft (UVS) geht für Ende 2003 von einem etwas höheren Bestand von 403 MW aus (Neue Energie 06/2004: 38).

Bei der Solarthermie gibt es in Deutschland den weltweit viertgrößten Markt nach China, Indien und Japan. Deutschland ist in der EU nur in absoluten Zahlen führend, pro Einwohner haben Griechenland, Österreich und Dänemark mehr Anlagen installiert. Pro Einwohner verfügt Israel über die meisten thermischen Solaranlagen weltweit (Staiß 2003: I-274).

Die Solarthermie wird vorwiegend zur Warmwasserbereitung und in kleinerem Maße auch zu Heizzwecken verwendet. Solarthermische Kraftwerke zur Erzeugung von Elektrizität gibt es in Deutschland keine[45]. Die Solarthermie ist in der Bundesrepublik längst der Nischenrolle entwachsen. Die Technik ist ausgereift und es ist inzwischen eine beträchtliche gesellschaftliche Kapazität vorhanden, wozu neben einer großen Bereitschaft, solche Kollektoren zu verwenden (im Jahr 2003 haben sich allein 150.000 Haushalte für die Installation einer Anlage entschieden), auch entsprechend qualifizierte Handwerker, Architekten und Bauingenieure zählen. Trotz eines gewissen Einbruchs im Jahr 2002[46] konnte die gesamte Kollektorfläche um den Faktor 16 im Zeitraum 1990 bis 2003 (siehe Tabelle 20) gesteigert werden, wobei das Potenzial in Deutschland immer noch erst zu einem sehr geringen Teil erschlossen ist. Allein bei der Beckenwassererwärmung von Freibädern verfügen Solaranlagen mit einem Marktanteil von 20 Prozent bereits über einen bemerkenswerten Stellenwert. Doch wenn die Preise für Solarthermie-Anlagen weiter fallen werden, ist zu erwarten, dass diese Technik in absehbarer Zeit auch ohne Subventionen wirtschaftlich und nicht nur in solchen Nischenanwendungen konkurrenzfähig sein wird. Die Herausforderung besteht dabei darin, neben der Erwärmung von Wasser auch den Raumwärmebedarf - der ca. 90 Prozent des Wärmebedarfs im Gebäudebereich ausmacht - solar befriedigen zu können. Immerhin 20 Prozent aller Neuinstallationen in Deutschland sind inzwischen Kombi-Anlagen, die neben der Warmwasserbereitung auch der Heizungsunterstützung dienen. Solche Kombi-Anlagen können den solaren Anteil am Gesamtwärmebedarf eines Gebäudes auf 25 bis 30 Prozent steigern, während der Anteil von Anlagen zur Brauchwassererwärmung bei nur etwa 15 Prozent liegt. Bei einigen Projekten mit Langzeitwärmespeichern konnten solare Deckungsanteile von bis zu 60 Prozent erreicht werden.

Während das Wachstum bei der Solarthermie weitgehend ohne ein ausgefeiltes Förderinstrumentarium statt gefunden hat und erst seit dem Jahr 2000 durch das aus der Ökologischen Steuerreform hervorgegangene Marktanreizprogramm

---

[45] Solarthermische Stromproduktion findet in einem Umfang von 559 GWh (2001) in der OECD statt, wovon 94,1 Prozent (526 GWh) in den USA erzeugt worden sind sowie 30 GWh in Australien und 3 GWh in Kanada (IEA 2003: 14). Spanien hat eine Vergütung für solarthermische Kraftwerke eingeführt, so dass dort ebenfalls eine Aufwärtsentwicklung in diesem Bereich zu erwarten ist - noch sind dort aber keine Kapazitäten geschaffen worden (BMU 2002: 47).

[46] Der Grund ist vor allem in einer Modifizierung des Marktanreizprogramms zu sehen, auf das in 6.2.3. ausführlicher eingegangen wird.

eine größere Unterstützung von der Bundesebene aus erfolgt, ist der jüngste Boom bei der Photovoltaik hauptsächlich mit der Förderung durch das Erneuerbare-Energien-Gesetz vom April 2000 zu erklären. Das EEG hat zu einer Versechsfachung der Vergütungssätze für die Photovoltaik geführt und in Verbindung mit dem 100.000-Dächer-Solarstrom-Programm vom Jahr 2000 den Aufbau einer leistungsfähigen Industrie befördert[47]. Inzwischen wird nur noch in Japan mehr Strom aus Solarzellen als in Deutschland gewonnen, wobei in der Pro-Kopf-Statistik auch die Schweiz noch vor dem drittplatzierten Deutschland liegt. Ungeachtet des Booms zählt die Photovoltaik - von einigen netzunabhängigen Anwendungen abgesehen - neben der Geothermie zur teuersten Möglichkeit, Elektrizität mittels erneuerbarer Energien zu erzeugen und wird im Gegensatz zur Solarthermie nicht nur kurz-, sondern zumindest auch mittelfristig von öffentlichen Zuwendungen abhängig bleiben. Die Preise sind in den letzten Jahren nicht nennenswert gesunken. Immerhin kommen - in bezug auf die spezifischen Investitionskosten - kostengünstigere größere Projekte, oftmals in Form von Beteiligungsgesellschaften, verstärkt zur Anwendung. Es ist zu erwarten, dass durch den Einstieg in die Massenproduktion die Preise sukzessive abnehmen werden. Was die Photovoltaik der Solarthermie im Gegensatz zur Kostenseite voraus hat, ist ihr Potenzial, das deutlich über dem der Solarthermie liegt. Denn auch auf Dächern, Fassaden und anderen verbauten Flächen, in deren unmittelbarer Umgebung keine Wärme benötigt wird, kann Elektrizität erzeugt und ins allgemeine Stromnetz eingespeist werden (BMU 2002: 43ff., Staiß 2003: I-88ff.).

Nach Angaben des Bundesumweltministeriums beträgt der Gesamtumsatz der Solar-Branche 1,4 Mrd. € - dies entspricht 14,1 Prozent des Gesamtumsatzes von zehn Mrd. € mit erneuerbaren Energien im Jahr 2003 in Deutschland. Die Anzahl der direkten und indirekten Arbeitsplätze in der Solar-Branche wird mit ca. 12.000 (jeweils etwa die Hälfte davon in den Bereichen Solarthermie und Photovoltaik) angegeben (BMU 2004: 20) Nach Verabschiedung des Photovoltaik-Vorschaltgesetzes (siehe 6.1.3.) wird speziell für dieses Segment der Solarenergie ein weiterer Boom erwartet. Der Bundesverband Solarindustrie geht für 2004 von einem Wachstum für die Solarstrombranche von mindestens 50 Prozent und für 2005 von einem Zuwachs von 25 Prozent aus (HAZ 22.6. 2004: 9).

4.2.9. Der Geothermie-Pfad

Die direkte Nutzung geothermischer Energie verfügt über eine erheblich längere Geschichte als die geothermische Stromerzeugung. Auch in Deutschland erzeugten die vorhandenen geothermischen Kraftwerke bislang ausschließlich Wärmeenergie, ehe Ende 2003 mit einer ersten Anlage auch der Pfad im Bereich der geothermischen Stromerzeugung aufgenommen worden ist. Damit ist

---

[47] 1991 hatte es schon einmal ein kleineres 1.000-Dächer-Programm gegeben - ausführlichere Informationen dazu und zu allen in diesem Abschnitt angesprochenen Programmen und Instrumenten in Kapitel 6.

Deutschland weltweit das 22. Land, das die Geothermie nunmehr auch zur Stromerzeugung nutzt. Tabelle 22 zeigt, dass von den übrigen Ländern acht Staaten mehr als fünf Prozent ihrer Elektrizität aus Erdwärme gewinnen können. Die geothermische Wärmenutzung erfolgt in 58 Ländern[48], von denen Deutschland eines ist. Tabelle 23 zeigt, dass die Nutzung in Deutschland deutlich hinter der in Vorreiterländern wie China, Island, Japan oder den USA zurück bleibt (Lund 2000, Website WEC). Zum weltweiten TPES steuerte die Geothermie im Jahr 2001 3,2 Prozent des regenerativen Beitrages von insgesamt 13,5 Prozent bei und lag damit nach Biomasse (79,9 Prozent) und Wasserkraft (16,4 Prozent) an dritter Stelle unter den erneuerbaren Energien (IEA 2003: 3).

Tabelle 22: Weltweit installierte Leistung für geothermische Stromerzeugung im Jahr 2000 (Lund 2000)

Land	MWe installiert	erzeugte GWh	% der nat. Leistung	% der nat. Erzeugung
Äthiopien	8,52	30,05	1,93	1,85
Australien	0,17	0,9	n/a	n/a
China	29,17	100	n/a	n/a
Costa Rica	142,5	592	7,77	10,21
El Salvador	161	800	15,39	20
Frankreich	4,2	24,6	n/a	2[49]
Guatemala	33,4	215,9	3,68	3,69
Indonesien	589,5	4.575	3,04	5,12
Island	170	1.138	13,04	14,73
Italien	785	4.403	1,03	1,68
Japan	546,9	3.532	0,23	0,36
Kenia	45	366,47	5,29	8,41
Mexiko	755	5.681	2,11	3,16
Neuseeland	437	2.268	5,11	6,08
Nicaragua	70	583	16,99	17,22

[48] Die Angaben beziehen sich auf Meldungen zum World Geothermal Congress 2000. Lund geht davon aus, dass fünf weitere Länder (Äthiopien, Malaysia, Mosambik, Sambia und Südafrika) über direkte geothermische Nutzungen verfügen (Lund 2000).

[49] Die Angabe für Frankreich zweifelt der Autor an. Laut der EU liegt der Geothermie-Anteil in Frankreich bei 0,0 Prozent (Reiche 2002c: 14).

Philippinen	1.909	9.181	n/a	21,52
Portugal	16	94	0,21	n/a
Russland	23	85	0,01	0,01
Thailand	0,3	1,8	n/a	n/a
Türkei	20,4	119,73	n/a	n/a
USA	2.300	15.470	0,25	0,4
gesamt	8046,06	49261,45		

Tabelle 23: Weltweite direkte Nutzung geothermischer Energie im Jahr 2000 (Lund 2000)

Land	Durchfluss kg/s	MWt	TJ/a	GWh/a
Ägypten		1	15	4,17
Algerien	516	100	1.586	440,59
Argentinien	2.515	25,71	449,24	124,80
Armenien		1	15	4,17
Australien	90	34,4	351,4	97,62
Belgien	58	3,89	107,1	29,75
Bulgarien	1.690	107,2	1.637,2	454,81
Chile		0,4	7	1,94
China	12.677	2.282	37.908	10.530,84
Dänemark	44	7,36	74,7	20,75
Deutschland	**371**	**397**	**1.568**	**435,59**
Finnland		80,5	484	134,46
Frankreich	2.793	326	4.895	1.359,83
Georgien	894	250	6.307	1.752,08
Griechenland	258	57,1	385,4	107,06
Großbritannien	25	2,91	20,72	5,76
Guatemala	4,2	117,15	32,54	0,88
Honduras	12	0,71	17,02	4,73

Island	7.619	1.469	20.170	5.603,23
Indien	316	80	2.517	699,22
Indonesien		2,3	42,6	11,83
Israel	1.672	63,3	1.713	475,87
Italien	1.656	325,84	3.773,84	1.048,37
Japan	1.670	1.167	27.581	7.662,00
Jordanien	574	153,3	1.540	427,81
Kanada		377,6	1.023	284,19
Karibische Inseln		0,05	0,97	0,27
Kenia		1,28	10	2,78
Kolumbien	222	13,3	266	73,89
Korea	1.054	35,8	753	209,18
Kroatien	927	113,9	554,75	154,11
Litauen	13	21	598,8	166,35
Mazedonien	761	81,2	509,64	141,58
Mexiko	4.367	164,23	3.919,48	1.088,83
Nepal	25	1,06	22,2	6,17
Neuseeland	132	307,9	7.081	1.967,10
Niederlande		10,8	57,4	15,95
Norwegen		6	31,9	8,86
Österreich	210	255,3	1.609,1	447,01
Peru		2,4	49	13,61
Philippinen		1	25	6,95
Polen	242	68,5	274,7	76,31
Portugal	49	5,47	35,1	9,75
Rumänien	890	152,4	2.870,7	797,48
Russland	1466	308,2	6.143,5	1.706,66
Serbien	827	80	2.375	659,78
Slowakei	623	132,3	2.118,3	588,46
Slowenien	656	42	704,6	195,74

Schweden	455	377	4.128	1.146,76
Schweiz	120	547,3	2.386,3	662,91
Thailand		0,7	15	4,17
Tschechische Republik		12,45	128,2	35,61
Tunesien		23,1	201	55,84
Türkei	700	820	15.756	4.377,02
Ungarn	677	472,7	40.85,5	1.134,95
USA	4.550	3.766	20.302	5.639,90
Venezuela		0,7	14	3,89
Jemen		1	15	4,17
Gesamt	**54.416**	**15.145**	**191.347**	**53.156**

Während weltweit die Zuwachsraten bei der Geothermie abgenommen haben - das jährliche Wachstum betrug in den letzten zehn Jahren unter fünf Prozent, nachdem es in den 20 Jahren zuvor in einer jährlichen Größenordnung von 15 Prozent gelegen hatte (Lund 2000) - ist in Deutschland in jüngster Zeit eine gewisse Aufwärtsentwicklung festzustellen. 0,1 Prozent der Wärme - 2,4 Prozent der gesamten regenerativen Wärme - entstammte 2003 geothermischen Anlagen. Damit wird - wie Tabelle 6 zeigt - gerade einmal ein Prozent der Energie aus erneuerbaren Energien durch Erdwärme bereit gestellt, wobei von 1998 bis 2002 eine Steigerung von 820 auf 1.050 GWh erfolgt ist.

Nach Angaben des Bundesumweltministeriums beträgt der Gesamtumsatz der Geothermie-Branche 120 Mio. € - dies entspricht 1,2 Prozent des Gesamtumsatzes von zehn Mrd. € mit erneuerbaren Energien im Jahr 2003 in Deutschland. Die Anzahl der direkten und indirekten Arbeitsplätze in der Geothermie-Branche wird mit 2.000 bis 2.500 angegeben (BMU 2004: 20, BMU 2003: 19).

Bei der Wärmeerzeugung mittels Erdwärme ist zwischen der Tiefengeothermie und der oberflächennahen Geothermie zu unterscheiden. Die Nutzung der Tiefengeothermie ist im süddeutschen Molassebecken, im Oberrheingraben und in Teilen der norddeutsche Tiefebene möglich, wo niedrigthermale Tiefengewässer zwischen 40°C und 100°C vorkommen (BMU 2002: 55). Gegenwärtig werden 30 größere Anlagen mit Leistungen zwischen 100 kW und 20 MW betrieben, die zur Wärmeversorgung von größeren Einheiten wie Thermalbädern, Siedlungen und Gewerbegebieten genutzt werden. Erheblich mehr zur Anwendung als die Tiefen- kommt die oberflächennahe Geothermie. Die Nutzung erfolgt in Form von Wärmepumpen, die Wärme bei niedriger Temperatur aufnehmen und bei höherer Temperatur wieder abgeben. Die Zuordnung von Wärmepumpen zur Gruppe der regenerativen Energien ist nicht unumstritten, weil die zu ihrem Betrieb notwendige Elektrizität dem bestehenden Kraftwerkspark entstammt, d.h. mehrheitlich fossil-atomaren Ursprungs ist - es sei denn, der Betreiber bezieht Ökostrom.

Die Anzahl der im Einsatz befindlichen Wärmepumpen in Deutschland liegt zwischen 70.000 und 80.000. Der Marktanteil von Wärmepumpensystemen in Neubauten liegt gegenwärtig bei vier Prozent. Im Jahr 2001 hat es ein Absatzwachstum von 40 Prozent gegeben. Die Hälfte aller neuen Wärmepumpensysteme ist dabei in Nordrhein-Westfalen vorzufinden, das neben Brandenburg zu den beiden einzigen Bundesländern mit ambitionierten Zuschussprogrammen zählt. In den anderen Bundesländern dürfte - wenn es auch keine kommunalen Förderprogramme gibt - die Entwicklung einen weniger dynamischen Verlauf nehmen, da die Investitionskosten von Wärmepumpensystemen 20 bis 30 Prozent über konventionellen Heizsystemen liegen (Staiß 2003: I-105ff.).

Eine Erfolgsbedingung bei der Nutzung der Tiefengeothermie könnte die Erschließung vorhandener Bohrungen zur Erkundung von Erdgas, Öl und Kohle sein, von denen in Deutschland zwischen 5.000 und 7.000 existieren sollen. Dadurch ließen sich Kosten für die teuren Bohrungen sparen und das Risiko, bei Bohrungen nicht fündig zu werden, würde entfallen (Staiß 2003: I-106ff).

In Deutschland wurde bislang keine Stromerzeugung aus Geothermie vorgenommen. Damit liegt die Bundesrepublik im europäischen Trend. Eurostat gibt für alle Länder der Europäischen Union außer für Italien (1,7) und Portugal (0,2) einen Anteil an der Elektrizitätsproduktion von 0,0 Prozent an (Website DG Energie und Verkehr). Weltweit liegt die Geothermie hingegen an dritter Stelle bei der regenerativen Stromproduktion, wird diesen Rang aber schon bald an die noch viertplazierte Windenergie abgeben müssen (IEA 2003: 13). Bei der geothermischen Stromerzeugung sind höhere Temperaturen als bei der Wärmenutzung von mehr als 100°C nötig. Oberflächennahe Wärmepotenziale in dieser Größenordnung gibt es in Deutschland nicht, so dass in Tiefen von mehreren tausend Metern gebohrt werden muss.

In Deutschland ist mit der Stromerzeugung aus Erdwärme erst im November 2003 begonnen worden. Das erste Geothermie-Elektrizitäts-Kraftwerk ist in Neustadt-Glewe in Mecklenburg-Vorpommern in Betrieb gegangen. Bereits acht Jahre vorher wurde dort mit der geothermischen Wärmeerzeugung begonnen, die rund 95 Prozent des Heizwärmebedarfes der 1.300 Haushalte und 20 Gewerbebetriebe befriedigen kann. Die so genannte ORC-Anlage (Organic Rankine Cycle) zur Stromerzeugung hat eine Leistungsstärke von 210 Kilowatt und ist in die vorhandene Gesamtanlage eingefügt worden. Der Wirkungsgrad der Anlage ist mit fünf bis sechs Prozent sehr gering. Neustadt-Glewe soll ein Beispiel für eine erfolgreiche Realisierung der Kraft-Wärme-Kopplung aus geothermischer Energie werden. Zugleich könnte das Pionier-Beispiel Neustadt-Glewe diffundieren und der kommerziellen geothermischen Stromerzeugung in Deutschland den Weg ebnen. Weitere Projekte stehen in der Bundesrepublik vor der Umsetzung und dürften 2004/2005 realisiert werden: in Unterhaching bei München soll eine Turbine von drei Megawatt Leistung entstehen, in Bad Urach auf der Schwäbischen Alb ist eine Turbine knapp unter der Fünf-MW-Grenze[50], in Speyer eine Anlage mit einer elektrischen Leistung von 5,4 MW geplant. Weitere Projekte zur geothermischen Stromerzeugung sollen in Groß-Schönebeck, Bremerhaven, Berlin und Offenbach auf den Weg gebracht werden[51]. Das Erneuerbare-Energien-Gesetz, das auch Strom aus Erdwärme vergütet, hat sich hierbei als eine gewisse Triebfeder für die Entwicklung erwiesen, auch wenn die festgelegten Vergütungssätze einen kostendeckenden Betrieb (bislang) kaum möglich machten (Kaltschmitt et al. 2003, Küffner 2003, Neue Energie 11/2003: 6, 1-2/2004: 49).

Im Hinblick auf die zukünftige Entwicklung der geothermischen Stromerzeugung zählt zu den Nachteilen die Tatsache, dass diese Form der Elektrizitätserzeugung neben der Photovoltaik die höchsten Kosten je Kilowattstunde aufweist. Die hohen Investitionskosten sind ohne öffentliche Zuschüsse kaum aufzubringen. Allein die Bohrungen kosten pro Kilometer rund eine Million € - und es besteht das Risiko von Fehlbohrungen. In diesem Zusammenhang sind das Zukunftsinvestitions- und das Marktanreizprogramm eine wichtige Unterstützung seitens der Bundesregierung. Wie bei der Photovoltaik besteht die Herausforderung darin, die Wirkungsgrade zu erhöhen. Solche technologischen Quantensprünge wären die Voraussetzung für einen Durchbruch. Auch wenn das Büro für Technikfolgen-Abschätzung in einem Bericht für den Deutschen Bundestag das Potenzial der Geothermie in KWK-Anlagen bei nur maximal zwei Prozent der deutschen Bruttostromerzeugung sieht, bezeichnet es geothermische Energie als eine grundsätzlich ernst zu nehmende Option für die künftige Energieversorgung: Ihr Vorteil ist ihre Grundlastfähigkeit, das heißt sie steht im Gegensatz zur Solar- und Windenergie unabhängig von Jahres-, Tages- bzw. Nachtzeit oder Witterung zur Verfügung. Zugleich kann sie zur Strom- und Wärmeproduktion genutzt werden (TAB 2004).

4.3. Pfadabhängigkeiten in der deutschen Energiepolitik - ein Resümee

Dem Ansatz der Pfadabhängigkeit zufolge ist Politik besonders durch historisch tradierte Strukturen geprägt, die auch für die zukünftige Entwicklung maßgeblich sind. Eine solche Pfadabhängigkeit ist in der deutschen Energiepolitik zuallererst bei der Nutzung von Mineralöl zu konstatieren, dessen Dominanz

---

[50] Im Juni 2004 meldete die Fachzeitschrift Neue Energie (06/2004: 25), dass dem Projektträger in Bad Urach das Geld ausgegangen und die weitere Finanzierung unklar sei. Die Arbeiten würden bis auf weiteres eingestellt, die unfertige Bohrung versiegelt und der Bohrturm abgebaut. Allerdings ist es seit Beginn der Bohrungen in Bad Urach im Jahr 1978 immer wieder zu Unterbrechungen infolge von Geldmangel gekommen - insofern sollte (noch) nicht unbedingt von einer Aufgabe des Projektes ausgegangen werden.

[51] Die Bohrtiefen liegen bei bis zu 5.000 Metern (Neue Energie 1-2/2004: 48ff.).

unverkennbar ist. Der Grad der Nutzung ist in den letzten drei Jahrzehnten weitgehend konstant geblieben und liegt zur Zeit - trotz der infolge der beiden Ölpreiskrisen in den 1970er Jahren eingeleiteten Effizienzmaßnahmen und Substitutionsprozesse - nur etwa zehn Prozent unter dem Niveau von 1973. Mit einem Anteil von 36,4 Prozent am Primärenergieverbrauch im Jahr 2003 ist es der mit Abstand wichtigste Energieträger in Deutschland, wobei die hohe Importabhängigkeit in einer Größenordnung von 97 Prozent hervorsticht. In bezug auf den zukünftigen Mineralöl-Absatz liegen verschiedene Abschätzungen vor, deren Spannbreite von einer leichten Abnahme über eine Stagnation bis hin zu einer moderaten Zunahme des Verbrauchs reicht. Einigkeit besteht auf jeden Fall darin, dass Mineralöl in Deutschland in der mittelfristigen Perspektive (bis 2020) der wichtigste Energieträger bleiben wird.

Kohle ist und bleibt - solange es keine Quantensprünge im Bereich der erneuerbaren Energien geben wird - die wichtigste einheimische Energiequelle in der Bundesrepublik. Bei der weitgehend subventionsfreien Braunkohle soll die gegenwärtige Fördermenge mittel- und langfristig konstant bleiben. Mit den bekannten Vorräten kann das momentane Niveau noch rund 40 Jahre aufrechterhalten werden. Diverse Kraftwerksneubauten sind ebenso wie neue Abbaufelder ein deutliches Indiz für die Beibehaltung des historisch eingefahrenen (Braun-)Kohlepfades. Bei der (von starken öffentlichen Zuwendungen abhängigen) Steinkohle ist hingegen ein sukzessives Auslaufen des Pfades möglich, auch wenn (wegen der starken Nachfrage aus Asien) der Weltmarktpreis derzeit steigt und deutsche Steinkohle damit konkurrenzfähiger wird. Es bleibt abzuwarten, ob das Ende der (Steinkohle-)Geschichte eingeleitet wird oder zumindest ein „Kernbergbau" - wie von Steinkohlewirtschaft und Bundesregierung gewünscht - erhalten bleibt.

Der Erdgas-Sektor steht in Deutschland vor einer günstigen Entwicklung - ungeachtet der hohen, wenn auch im Vergleich zum Erdöl etwas niedrigeren Abhängigkeit von Einfuhren. Dies liegt zum einen an der steigenden Anzahl erdgasbeheizter Heizungen und dem wachsenden Anteil von Erdgas im Kraftwerkssektor. Zum anderen ist der Erdgas-Pfad in Deutschland durch eine langfristig angelegte Beschaffungspolitik festgeschrieben worden. Mit den wichtigsten Lieferanten bestehen Lieferverträge, die frühestens 2011 enden und zum Teil bis ins Jahr 2030 reichen. Dabei handelt es sich in der Regel um „take or pay" Verträge, das heißt die vereinbarte Menge muss definitiv abgenommen werden. Damit könnte die Entwicklung erneuerbarer Energien behindert werden, wenn sich der Energiemarkt nicht wie erwartet entwickelt und dann anstatt eines weiteren Ausbaus des regenerativen Marktes zunächst das bestellte Erdgas aufgebraucht werden muss.

Während die Wasserkraft noch nicht ganz, aber überwiegend erschlossen ist, stehen alle anderen regenerativen Energien erst am Anfang ihrer Entwicklung. Bei den erneuerbaren Energien scheint die Frage nicht das Ob, sondern der Umfang des Wachstums in der Zukunft zu sein. Dies dürfte auch davon abhängen, ob neu aufgenommene regenerative Pfade wie zuletzt die geothermische Stromproduktion oder in Bälde die Offshore-Windenergie die in sie gesetzten Erwartungen erfüllen können. Während im Strommarkt die historisch eingefahrene Dominanz der Wasserkraft bei der regenerativen Elektrizitätsproduktion schon 2004/2005 von der Windenergie übernommen werden dürfte und die Schere zwischen diesen beiden Hauptlieferanten grünen Stroms kurz- und mittelfristig u.a. durch das so genannte Repowering noch weiter auseinandergehen dürfte, bleibt die Biomasse vor allem aufgrund ihres (unter den erneuerbaren Energien) dominierenden und weiter wachsenden Beitrages im Kraftstoff- und Wärmemarkt in der Zukunft die wichtigste erneuerbare Energie zur Primärenergieproduktion.

Zusammenfassend: Mineralöl bleibt in der mittelfristigen Perspektive (bis 2020) der wichtigste Energieträger in Deutschland. Während bei Kernenergie und Steinkohle die getroffenen Weichenstellungen ein sukzessives Auslaufen der Pfade wahrscheinlich machen (wenngleich bei der Steinkohle zumindest der Erhalt eines kleineren Sockels möglich scheint), ist bei der Braunkohle mit einer Aufrechterhaltung des bestehenden Niveaus auch längerfristig (in der Größenordnung von 40 Jahren) zu rechnen. Erdgas steht am Beginn eines lang anhaltenden Wachstumsprozesses. Erneuerbare Energien befinden sich ebenfalls am Beginn einer deutlichen Aufwärtsentwicklung - von der Wasserkraft abgesehen sind noch erhebliche Leistungssteigerungen in allen regenerativen Segmenten zu erwarten.

4.3.1. Prognosen zum Energieverbrauch

Zu den möglichen zukünftigen Entwicklungspfaden beim Energieverbrauch in Deutschland liegen zwei umfassende Untersuchungen vor: Die Eine wurde im Herbst 1999 von PROGNOS in Zusammenarbeit mit dem Energiewirtschaftlichen Institut an der Universität zu Köln vorgelegt (PROGNOS 2000), bei der Anderen handelt es sich um die ESSO- Energieprognose vom September 2001 (ESSO 2001). Beide Studien prognostizieren auf der Grundlage von Variablen wie der voraussichtlichen Bevölkerungs- und Wirtschaftsentwicklung oder aber den vermuteten Weltmarktpreisen für fossile Energien den deutschen Energieverbrauch bis zum Jahr 2020. Daneben liegen noch einige Szenarien für den deutschen Energieverbrauch vor, die zum Teil noch weiter in die Zukunft blicken und bis ins Jahr 2050 reichen. Auf solche Szenarien soll an dieser Stelle nicht weiter eingegangen werden. Während mit einer Prognose die wahrscheinlichste Entwicklung untersucht wird, gehen Szenarien umgekehrt vor und führen ihre Modellrechnungen auf der Basis bestimmter Vorgaben wie der einer 40prozentigen CO_2-Reduktion bis zum Jahr 2020 (DIW et al. 2001) oder einer 80prozentigen CO_2-Reduktion bis zum Jahr 2050 (Enquete-Kommission 2002, UBA 2002) durch. Inwiefern solche Vorgaben tatsächlich in politischen Zielvorgaben mitsamt den entsprechend notwendigen instrumentellen Implementierungen münden, ist allerdings offen. Gleichwohl soll auch zur Aussagekraft von Prognosen angemerkt werden, dass deren Einschätzungen in der Vergangenheit oftmals von der Wirklichkeit überholt worden sind, etwa wenn unerwartete externe Schocks wie die Ölpreiskrisen in den 1970er Jahren eingetreten sind.

Beide Prognosen (Darstellung nach Schiffer 2003: 351ff.) gehen von einer weiteren Entkopplung von Wirtschaftswachstum und Energieverbrauch und einem Rückgang des Primärenergieverbrauchs aus, wie Tabelle 24 zeigt. Die Ergebnisse der beiden vorliegenden Prognosen decken sich in bezug auf die zukünftige Rolle der einzelnen Energieträger weitgehend mit dem Resümee der Pfadabhängigkeiten in der deutschen Energiepolitik (4.3.). Ein Unterschied tritt nur in bezug auf die zukünftige Rolle der Steinkohle zu Tage. Die beiden Untersuchungen gehen davon aus, dass deren Rolle im deutschen Energiemarkt in einer weitgehend unveränderten Größenordnung liegen wird. Zwar wird, wie dargestellt (4.2.2.), die inländische Steinkohleförderung deutlich zurück gehen. Dieser Rückgang wird aber durch eine Zunahme der Steinkohleimporte kompensiert. Insofern ist die Aussage eines Auslaufens des Steinkohle-Pfades zu präzisieren und kann nur auf die inländische Fördertätigkeit bezogen werden. Im Prinzip gilt diese Aussage auch für die Kernenergie, weil es - wenn auch wegen begrenzter Übertragungskapazitäten nur in einem gewissen Umfang (dazu ausführlicher Matthes/Cames 2000: 24ff.) - zu (Atom-)Stromimporten kommen kann. Ansonsten wird aber, wie in 4.3. dargestellt, von einer weiteren Dominanz des Mineralöls, von einem deutlichen Anstieg der Gas-Nutzung, einem stabilen Einsatz der Braunkohle, einem deutlichen Rückgang der Kernenergie und einem Anstieg bei den erneuerbaren Energien ausgegangen. Die prognostizierten Werte für 2020 im Einzelnen können Tabelle 24 entnommen werden.

Tabelle 24: Ergebnisse von Prognosen zum Energieverbrauch in Deutschland bis 2020, in % (BMU 2003, Schiffer 2003: 369)

	2003	2010 PROGNOS	2010 ESSO	2020 PROGNOS	2020 ESSO
Mineralöle	36,4	40,0	37,3	40,7	36,2
Erdgas	22,5	24,0	24,2	27,6	29,9
Steinkohle	13,7	11,6	12,7	12,4	14,9
Braunkohle	11,4	9,5	10,1	10,4	10,4
Kernenergie	12,6	11,2	11,5	4,2	3,0
Erneuerbare Energien und Sonstige	3,1	3,7	4,2	4,7	5,6
Primärenergieverbrauch (in Mio. t SKE)	494,8 (2001)	500,7	496	471,1	462

Beide Untersuchungen kommen zu dem Ergebnis, dass der Beitrag fossiler Energien zur Deckung des Primärenergieverbrauches bis 2020 von 84 Prozent (2003) auf über 90 Prozent im Jahr 2020 ansteigen wird. Hauptunterschiede zwischen den beiden Prognosen bestehen in der erwarteten Entwicklung beim Mineralöl, wo PROGNOS von einem (noch) größeren Gewicht ausgeht, während ESSO höhere Anteile für Gas, Steinkohle und erneuerbare Energien vorhersagt. Bei der Braunkohle stimmen die Prognosen der beiden Institute überein. Die Abweichung bei der Kernenergie lässt sich damit erklären, dass PROGNOS die Atomausstiegsvereinbarung noch nicht bekannt war und daher von einer etwas längeren Reaktorlaufzeit von jeweils 35 Jahren ausging. Bei den erneuerbaren Energien geht ESSO von einer stärkeren Zunahme als PROGNOS aus. Die Möglichkeit, einzuschätzen, ob deren Bedeutung im Jahr 2020 tatsächlich den erwarteten Umfang haben wird, hängt aus politikwissenschaftlicher Sicht von den in den nächsten Kapiteln (5., 6., 7.) analysierten Kategorien ab: den Akteurskonstellationen und der Frage, welche Akteure sich wie vernetzen und welches Belief System bei der dominierenden Akteursgruppe vorherrschend ist, davon ausgehend die Frage, welches Regulierungsmuster zur Anwendung kommt, welche (u.a. ökonomischen, technischen, politischen oder aber kognitiven) Restriktionen für eine Zunahme der Nutzung erneuerbarer Energien bestehen und welche Möglichkeiten vorliegen, diese zu überwinden bzw. inwiefern bereits realisierte Bedingungen einer (weiterhin) erfolgreichen Entwicklung identifiziert werden können. (Un-)Günstige Konstellationen in den angesprochenen Kategorien in Verbindung mit externen Schocks wie zum Beispiel Ölpreissteigerungen können zu einer Unterschreitung bzw. einem Übertreffen der prognostizierten Entwicklung führen.

5. Akteure im Politikfeld erneuerbare Energien in Deutschland

5.1. Staatliche Akteure

Auf nationalstaatlicher Ebene sind insgesamt acht Ministerien und diverse nachgelagerte Behörden mit dem Thema erneuerbare Energien befasst. Wichtigster Akteur ist dabei das *Bundesministerium für Umwelt, Naturschutz und Reaktorsicherheit (BMU)*[52], dem seit der Bundestagswahl im September 2002 die Hauptzuständigkeit für den Themenbereich obliegt. Hintergrund für den Transfer der administrativen Verantwortung vom Bundeswirtschafts- zum Bundesumweltministerium ist die Tatsache, dass die Partei Bündnis 90/Die Grünen aus den Bundestagswahlen 2002 gestärkt hervor gegangen war, während der Koalitionspartner, die SPD, leichte Verluste hinnehmen musste[53]. Daraus leiteten die Grünen die Forderung nach einem zusätzlichen Ministerium oder einer Stärkung der (drei) bereits bisher von ihnen geleiteten Ministerien ab. Letzteres setzte sich dabei als Verhandlungslinie durch. In den Koalitionsverhandlungen gelang es den Grünen dann, dem von ihrem Abgeordneten Jürgen Trittin geleiteten BMU die Zuständigkeit für erneuerbare Energien zu übertragen. Alle anderen Bereiche der Energiepolitik verblieben jedoch im Wirtschaftsministerium, das seit den Bundeswahlen 2002 durch die Zusammenlegung zweier Ministerien ebenfalls einen veränderten Zuschnitt hat und nun „Bundesministerium für Wirtschaft und Arbeit" (BMWA) heißt. Die Verständigung, die Verantwortung für die erneuerbaren Energien vom BMWA zum BMU zu übertragen, wurde öffentlich verkündet, nicht aber im Koalitionsvertrag nieder geschrieben. Auch deshalb verlief der Transfer der Zuständigkeiten vom BMWA zum BMU nicht ganz reibungslos. Das BMWA stellte sich zunächst auf den Standpunkt, eine Verlagerung der Kompetenzen, nicht aber der administrativen Kapazitäten sei vereinbart worden. Mit diesem Standpunkt konnte sich das BMWA nicht durchsetzen, aber immerhin erfolgreich ein Störfeuer in Richtung BMU senden, das im regierungsinternen Aushandlungsprozess als ein Hauptkonkurrent betrachtet wird (umgekehrt gilt das Gleiche). So dauerte es trotz eines entsprechenden Organisationserlasses vom November 2002 ein Dreiviertel Jahr bis Mitte 2003, ehe der Aufbau der administrativen Kapazität im BMU abgeschlossen war.

Knapp vier Prozent (32) der 830 BMU-Mitarbeiter sind für erneuerbare Energien zuständig. Die Mehrzahl der für erneuerbare Energien zuständigen Mitarbeiter wurde neu eingestellt (oder hatte vorher andere Aufgaben), nur etwa ein

---

[52] Wichtige Hinweise zum besseren Verständnis der fragmentierten administrativen Zuständigkeiten und zur Strukturierung von diesem Abschnitt verdanke ich einem Interview mit Markus Kurdziel, Bereichsleiter für erneuerbare Energien bei der Deutschen Energie-Agentur, der einen Entwurf von diesem Kapitel auch gegen gelesen hat (dena).

[53] Während die Grünen um 1,9 Prozentpunkte auf 8,6 Prozent zulegen konnten, verschlechterten sich die Sozialdemokraten um 2,4 Prozentpunkte auf 38,5 Prozent. Die Grünen haben damit acht Sitze mehr als in der Legislaturperiode 1998-2002 inne, während sich die SPD-Bundestagsfraktion um 47 Sitze verkleinert hat (Website Bundeswahlleiter).

Drittel war bereits im BMWA oder BMU mit dem Thema befasst[54]. Sie sind der Abteilung Z (Zentralabteilung) zugeordnet - der ersten von sechs Abteilungen des BMU. Die Abteilung Z wird von einem Mitglied der Partei Bündnis 90/Die Grünen und langjährigen Vertrauten Trittins geleitet (Rainer Hinrichs-Rahlwes). Sie ist für Verwaltung, Finanzierungsinstrumente, Forschung und Koordinierung, Klimaschutz und erneuerbare Energien zuständig. Dabei gibt es drei Unterabteilungen (Z I, Z II, Z III), wobei Z III für Klimaschutz und erneuerbare Energien zuständig ist. Fünf der sechs Referate in der Unterabteilung Z III haben Zuständigkeiten für erneuerbare Energien[55]. Im Einzelnen handelt es sich dabei um die folgenden Referate:

- Allgemeine und grundsätzliche Angelegenheiten der Erneuerbaren Energien (Z III 1)

- Solarenergie, Biomasse, Geothermie, Markteinführungsprogramm für Erneuerbare Energien (Z III 2)

- Wasserkraft und Windenergie (Z III 3)

- Internationale und EU-Angelegenheiten im Bereich der Erneuerbaren Energien (Z III 4)

- Forschung im Bereich der Erneuerbaren Energien (Z III 5) (Websites BMU, Erneuerbare Energien)

Zu den wichtigsten Aufgaben des BMU zählen das Markteinführungsprogramm (MAP), das Erneuerbare-Energien-Gesetz (EEG), die Biomasseverordnung, die regenerative Energieforschung inklusive des Zukunftsinvestitionsprogramms (ZIP)[56] und die Vorbereitung der internationalen Konferenz für erneuerbare Energien im Jahr 2004 in Bonn (Renewables2004)[57].

Zwei der drei zum Geschäftsbereich des BMU zählenden Bundesbehörden beschäftigen sich auch mit Fragen rund um das Thema erneuerbare Energien: das *Umweltbundesamt (UBA)* und das *Bundesamt für Naturschutz (BfN)*[58]. Das UBA besteht aus einer Zentralabteilung und vier Fachbereichen. Die Zuständig-

---

[54] Dabei handelt es sich vorwiegend um Mitarbeiter des BMU. Es gibt nur zwei Sachbearbeiter, deren Arbeitsplätze aus dem BMWA ins BMU verlagert wurden (Interview Kurdziel).

[55] Das sechste Referat hat formal nur den Status einer Arbeitsgruppe (Z III 6 Klimaschutzprogramm der Bundesregierung, Umwelt und Energie).

[56] Das ZIP stellt die einzige schon vor den Bundestagswahlen 2002 dem BMU zugeordnete Kompetenz im Bereich der erneuerbaren Energien dar.

[57] Die in diesem Abschnitt angesprochenen Programme werden in Kapitel 6 eingehender beschrieben.

[58] Die dritte, für den Untersuchungsbereich nicht relevante Behörde ist das Bundesamt für Strahlenschutz (BfS).

keit für erneuerbare Energien liegt im Fachbereich I („Umweltplanung und Umweltstrategien") in einer von drei Abteilungen („Rechts-, wirtschafts- und sozialwissenschaftliche Umweltfragen, Energie und Klimaschutz") und dort wiederum in einer der sieben Fachgruppen („Umwelt und Energie, neue Energietechnologien"). Das UBA tritt darüber hinaus als Auftraggeber von Studien in Erscheinung, die für das Betrachtungsfeld von Belang sind, wie zum Beispiel Mitte 2003 die Studie „Anforderungen an die zukünftige Energieversorgung. Analyse des Bedarfs zukünftiger Kraftwerkskapazitäten und Strategien für eine nachhaltige Stromnutzung in Deutschland" oder im Jahr davor die Untersuchung „Langfristszenarien für eine nachhaltige Energienutzung in Deutschland" (UBA 2002, UBA 2003). Das UBA übt zugleich auch die Dienstaufsicht über den Sachverständigenrat für Umweltfragen (SRU) aus, hat dabei jedoch die Unabhängigkeit des SRU zu beachten. Der SRU besteht seit 1972 und hat die Beratung der Bundesregierung zur Aufgabe[59]. Er setzt sich aus sieben Räten verschiedener Disziplinen - darunter mit Martin Jänicke auch ein Politologe - zusammen, die für vier Jahre benannt werden (Verlängerung möglich) und sich einmal im Monat für zwei Tage treffen. In der Geschäftsstelle arbeiten acht wissenschaftliche Mitarbeiter, von denen einer den Aufgabenbereich „Klimaschutz und Energie" hat. Hauptaktivität des SRU ist die Herausgabe des alle zwei Jahre erscheinenden Umweltgutachtens. Ein Schwerpunkt im 2000er Report war dabei das Thema „Umwelt und energiewirtschaftliche Fragen", quantitativ messbar daran, dass dieser Abschnitt ca. 200 von insgesamt 900 Seiten ausmachte (SRU 2000: 722-913). Dabei hat sich der SRU mit Fragestellungen wie „Umweltauswirkungen bei der Nutzung regenerativer Energien" und „Beitrag der regenerativen Energien zur Deckung des zukünftigen Energiebedarfs" auseinandergesetzt. Aber auch in einem Bericht mit anderen Schwerpunktsetzungen wie dem von 2002 wird die aktuelle Klimaschutzpolitik auf immerhin rund 50 Seiten analysiert. Im April 2003 veröffentlichte der SRU eine separate Stellungnahme zur Windenergienutzung auf See, in der er sich für „das Gebot einer nachprüfbaren umfassenden Abwägung aller betroffenen Belange" aussprach. Im Umweltgutachten 2004 kritisierte der SRU - wie in 7.1.1. noch ausgeführt wird - u.a. die Ausgestaltung des Emissionshandels, durch die die Chance eines Strukturwandels im deutschen Kraftwerkspark vertan worden sei (SRU 2003, SRU 2002: 210-255, Websites SRU, UBA).

Das BfN ist mit dem Thema erneuerbare Energien durch Zielkonflikte zwischen Umwelt- und Naturschutz bei den Themen Offshore-Windenergienutzung und kleine Wasserkraft konfrontiert. Für das BfN arbeiten 290 Mitarbeiter in der Zentralabteilung und zwei Fachbereichen. Die Zuständigkeit für erneuerbare Energien liegt im Fachbereich II („Naturschutz und Entwicklung") in einer der

---

[59] Neben dem SRU gibt es noch zwei weitere Gremien zur umweltpolitischen Beratung der Bundesregierung: den Nachhaltigkeitsrat und den WBGU (Wissenschaftlicher Beirat der Bundesregierung Globale Umweltveränderungen). Der WBGU hat sich in seinem 2003er Gutachten explizit mit dem Thema Energie beschäftigt (WBGU 2003).

drei Unterabteilungen („Landschaftsplanung und Gestaltung") und dort wiederum in einem der drei Referate („Erneuerbare Energien, Berg- und Bodenabbau"). Im BfN befindet sich zudem die Geschäftsstelle des Kompetenzzentrums „Erneuerbare Energien und Naturschutz" (Website BfN).

Neben dem BfN und dem UBA sind noch drei weitere Institutionen für die Durchführung der Politik des BMU im Bereich der erneuerbaren Energien von Bedeutung: das *Bundesamt für Wirtschaft und Ausfuhrkontrolle (BAFA)*, die *Kreditanstalt für Wiederaufbau (KfW)* und der *Projektträger Jülich (PTJ)*. Das BAFA ist für die Gewährung von Zuschüssen, die KfW für die Gewährung von Darlehen im Rahmen des Marktanreizprogramms für erneuerbare Energien (MAP) zuständig. Die KfW führt darüber hinaus weitere Programme mit Belang für das Untersuchungsfeld durch: Im Rahmen des KfW-Programms zur CO_2-Minderung werden zinsverbilligte Darlehen für Maßnahmen zur Nutzung von erneuerbaren Energien an bestehenden oder neuen Wohngebäuden vergeben. Auf vor 1979 errichtete Gebäude bezieht sich das KfW-CO_2-Gebäudesanierungsprogramm, das ebenfalls regenerative Technologien in sein Förderprofil aufgenommen hat. Die Deutsche Ausgleichsbank (DtA) ist für das ERP-Umwelt- und Energiesparprogramm sowie das DtA-Umweltprogramm zuständig, in deren Rahmen an Unternehmen mit einem Jahresumsatz von bis zu 250 Mio. € für Maßnahmen zur Energieeinsparung und zur Nutzung erneuerbarer Energien langfristige Darlehen (ERP-Umwelt- und Energiesparprogramm) bzw. Investitionsbeihilfen (DtA-Umweltprogramm) vergeben werden. Die DtA ist im Jahr 2003 mit der KfW fusioniert und in der KfW-Mittelstandsbank als Teil der KfW-Bankengruppe aufgegangen. Der PTJ führt für das BMU (sowie das BMWA und BMBF) das Zukunftsinvestitionsprogramm (ZIP) durch (BMU 2002b, FAZ 9.12. 2003: 15, Websites BAFA, KfW, PTJ).

Das BMU ist schließlich (wie das BMWA und das Bundesministerium für Verkehr, Bau- und Wohnungswesen, BMVBW) auch noch Gesellschafter der *Deutschen Energie-Agentur GmbH* (dena). Gesellschafter der dena sind zu jeweils 50 Prozent die Bundesrepublik Deutschland - vertreten durch die drei genannten Ministerien - und die KfW. Die dena besteht aus fünf Abteilungen, wovon eine für erneuerbare Energien zuständig ist. In dieser Abteilung für Regenerative Energien sind acht Mitarbeiter beschäftigt. Neben dem Bereichsleiter zählen dazu vier (im Auftrag des BMWA) für die Exportinitiative der dena zuständige Experten sowie jeweils ein Mitarbeiter für die Fachgebiete Offshore Wind-Energie, Solarkampagne (beides im Auftrag des BMU) und die internationale Konferenz für erneuerbare Energien 2004 in Bonn (im Auftrag des BMZ, siehe unten). Der Schwerpunkt der dena im Untersuchungsfeld liegt personell und inhaltlich darin, deutsche Unternehmen im Bereich der erneuerbaren Energien bei der Erschließung ausländischer Märkte zu unterstützen. Dies geschieht durch die Darstellung deutscher Unternehmen etwa in Form von Marketing seitens der dena auf Messen und Konferenzen im Ausland, ein Internet-Portal mit Informationen zu ausgewählten Auslandsmärkten, eine Schriftenreihe,

Workshops und einen Förderleitfaden für den Export (Interview Kurdziel, Websites dena, Exportinitiative).

Das nach dem BMU zweit wichtigste Ministerium für die Entwicklung und Verbreitung erneuerbarer Energien[60] ist das *Bundesministerium für wirtschaftliche Zusammenarbeit (BMZ)*. Das BMZ ist für die Planung und Umsetzung der Entwicklungspolitik der Bundesregierung zuständig. Die wichtige Rolle des BMZ für die Nutzung erneuerbarer Energien leitet sich nicht zuletzt aus einer Ankündigung von Bundeskanzler Gerhard Schröder beim Erdgipfel der Vereinten Nationen 2002 in Johannesburg (Südafrika) ab, die auch im Koalitionsvertrag von SPD und Grünen nach den Bundestagswahlen 2002 nieder geschrieben worden ist. Darin heißt es: *„Zur Bekämpfung von Armut ist der Zugang zu Energie eine Voraussetzung. Hierbei spielen Erneuerbare Energien und Energieeffizienz eine Schlüsselrolle. Die Bundesregierung wird in den nächsten 5 Jahren den Entwicklungsländern 500 Millionen Euro zum Ausbau der Erneuerbaren Energien und weitere 500 Millionen Euro zur Steigerung der Energieeffizienz bereitstellen. Deutschland wird im Jahr 2003 zu einer internationalen Konferenz für Erneuerbare Energien einladen und an der Schaffung einer Internationalen Agentur für Erneuerbare Energien arbeiten“* (Website SPD).

Im BMZ arbeiten rund 600 Mitarbeiter in drei Abteilungen. Das Thema erneuerbare Energien ist in der Unterabteilung 31 für globale und sektorale Aufgaben als einer von drei Unterabteilungen in der Abteilung 3 („Globale und sektorale Aufgaben; Europaweite und multilaterale Entwicklungspolitik; Afrika, Naher Osten") verortet. Die Unterabteilung 31 besteht aus sechs (und die Abteilung 3 aus 18) Referaten, von denen zwei Zuständigkeiten für erneuerbare Energien haben:

- Die Unterabteilung 312 für Umwelt und nachhaltige Ressourcennutzung und

- die Unterabteilung 313 für Wasser, Energie, Stadtentwicklung (Website BMZ).

Das BMZ führt Projekte nicht selbst durch. Dies machen im Auftrag des BMZ eigenständige Organisationen wie beim Thema erneuerbare Energien die *Kreditanstalt für Wiederaufbau (KfW)* und die *Deutsche Gesellschaft für Technische Zusammenarbeit (GTZ)*. Die GTZ ist ein weltweit tätiges Bundesunternehmen für internationale Zusammenarbeit. Die GTZ organisierte die internationale Konferenz für erneuerbare Energien „Renewables2004" vom 1. bis 4. Juni 2004 in Bonn, wobei sie von der Deutschen Energie-Agentur unterstützt wurde (Website Renewables2004). Die GTZ führt für das BMZ Projekte wie „Kochen mit

---

[60] Diese Aussage kann allerdings nur aufrecht erhalten werden, wenn die Nutzung erneuerbarer Energien insgesamt betrachtet wird und nicht - wie in dieser Studie ansonsten geschehen - der Fokus alleine auf Deutschland liegt.

der Sonne - Solarkocher im südlichen Afrika" durch[61]. Im Rahmen des überregionalen Projektes Windenergieprogramm TERNA ist im Jahr 2002 die Erarbeitung der Studie „Stromproduktion aus erneuerbaren Energien: Energiewirtschaftliche Rahmenbedingungen in 15 Entwicklungs- und Schwellenländern" (GTZ 2002) entstanden, die Anfang 2004 überarbeitet und erweitert worden ist[62] (GTZ 2004). Diese Untersuchung soll Investoren bei der Planung und Entwicklung von Windenergieprojekten unterstützen. Ein Hauptziel der GTZ ist die ländliche Energieversorgung in Entwicklungsländern. Dazu werden Projekte wie „Photovoltaische Pumpsysteme zur ressourcenschonenden Bewässerung" durchgeführt. Im Auftrag des BMZ bereitet die GTZ CDM-Aktivitäten[63] der Bundesregierung vor. Dafür führt sie Untersuchungen zu den Kriterien für die Umsetzung solcher Projekte ebenso wie konkrete Fallstudien durch (Website GTZ, GTZ 2002).

Die KfW verwaltet im Auftrag des Bundes öffentliche Finanzierungshilfen zur Export- und Projektfinanzierung. Zum 1. Januar 2004 hat die KfW ihre Export- und Projektfinanzierung in die neue KfW Ipex-Bank ausgegliedert. Daneben gibt es in der KfW-Bankengruppe die KfW-Förderbank, die KfW-Mittelstandsbank, die DEG und die KfW-Entwicklungsbank. Auf der KfW-Website werden verschiedenste Beispiele für von der KfW-Entwicklungsbank geförderte Projekte im Bereich der regenerativen Stromproduktion aufgeführt[64]. Zugleich werden Photovoltaik-Anwendungen in anderen Sektoren wie solare Pumpen zur Wasserversorgung oder aber solare Kühlung und Beleuchtung für Gesundheitsstationen und Schulen gefördert (Website KfW).

Neben dem BMZ befasst sich das *Auswärtige Amt (AA)* mit der Verbreitung erneuerbarer Energien außerhalb Deutschlands. Das AA ist die zentrale Schnittstelle der deutschen Diplomatie. Es besteht aus zwölf Abteilungen, wobei das Untersuchungsfeld in der Abteilung für Wirtschaft und nachhaltige Entwicklung (eine von zwölf Abteilungen im AA) in dem Referat Energiepolitik einschließlich erneuerbare Energien, Internationale Rohstoffpolitik (eines von 14 Referaten in der Abteilung) angesiedelt ist (Website AA).

---

[61] Ausführlichere Projektbeschreibung unter www.bmz.de/themen/projekte/pr13.html.

[62] Daran ist der Autor dieser Schrift beteiligt gewesen.

[63] Der *Clean Development Mechanism* (CDM) des Kyoto-Protokolls bedeutet, dass Industrie- in Entwicklungsländern Klimaschutzprojekte durchführen und sich die erreichten Emissionsreduktionen auf ihre eigenen Klimaschutzverpflichtungen anrechnen lassen können. Dadurch soll ein Technologietransfer von Nord nach Süd herbeigeführt und den Ländern des Nordens die Möglichkeit gegeben werden, ihren Verpflichtungen auf kostengünstige Weise nachzukommen.

[64] Folgende Beispiele werden auf der Website genannt: Windparks in China, Ägypten und Marokko; Solarthermisches Kraftwerk in Mathania (Indien); Geothermisches Kraftwerk Olkaria II (Kenia); Photovoltaische Heimsysteme (SHS) in Marokko und geplant in Südafrika, Bolivien und Brasilien; Biogasanlagen in Nepal; Biogaskraftwerk in Ankara (Türkei); Kreditlinie für Windkraft, Photovoltaik und Bagasse in Indien (Website KfW).

Das *Bundesministerium für Wirtschaft und Arbeit (BMWA)* hat durch die (bereits eingangs dargestellte) Kompetenzverlagerung des Bereiches erneuerbare Energien ins BMU nach der Bundestagswahl 2002 keine formale Zuständigkeit mehr im Bereich der erneuerbaren Energien, kann aber durch seine Verantwortung für die anderen Bereich der Energiepolitik maßgeblich die allgemeinen energiepolitischen Rahmenbedingungen und damit indirekt auch den Grad der Nutzung erneuerbarer Energien beeinflussen. Denn in welchem Umfang erneuerbare Energien genutzt werden, hängt nicht nur davon ab, in welchem Umfang sie (vom BMU) gefördert werden, sondern auch vom Ausmaß der Förderung der mit ihr konkurrierenden Energieträger. Erfahren diese starke Unterstützung, etwa in Form von Subventionen wie die Steinkohle, rückt die Wirtschaftlichkeitsschwelle erneuerbarer Energien in weite Ferne, so dass diese sich weiter nicht allein am Markt behaupten können, sondern von Zuwendungen abhängig bleiben.

Das BMWA besteht aus zwölf Abteilungen, von denen eine (Abteilung 9) ausschließlich mit Energiepolitik befasst ist. Von den 21 Referaten in der Energie-Abteilung hat nur eines noch eine direkte Zuständigkeit für erneuerbare Energien: das Referat „Energie und Umwelt, Erneuerbare Energien" in der Unterabteilung „Energie und Umwelt, Bergbau, mineralische Rohstoffe" (eine von drei Unterabteilungen in der Energie-Abteilung). Wenn auch ohne formale Zuständigkeit, so ist hiermit zumindest die personelle Kapazität vorhanden, Debatten anzustoßen, wie im Sommer(-loch) 2003 die von Minister Clement entfachte Diskussion eines Systemwechsels von einem Einspeisevergütungs- zu einem Ausschreibungsmodell. Seine Kritik am EEG hat das BMWA auch indirekt durch in Auftrag gegebene Gutachten in die öffentliche Diskussion eingespeist[65].

Eine andere Einheit im BMWA, das Referat für Deutsche und Europäische Mineralölmärkte, ist im Kontext der Beimischung von Biokraftstoffen ebenfalls (am Rande) mit einem Teilsegment (alternativer Kraftstoffmarkt) des Bereiches erneuerbare Energien befasst (Müller 2004).

Von Belang für das Thema erneuerbare Energien ist auch die *Bundesagentur für Außenwirtschaft (Bfai)*. Die Bfai informiert als Servicestelle des BMWA über die aktuelle Situation auf ausländischen Märkten. Dazu zählen auch Analysen zu den Energiewirtschaften anderer Länder im allgemeinen sowie speziell zur

---

[65] Am 4. März 2004 hatte zunächst der wissenschaftliche Beirat des Wirtschaftsministeriums erklärt, mit Einführung des Zertifikathandels werde das EEG obsolet, da nun kostengünstigere Möglichkeiten zur Kohlendioxid-Einsparung bestünden. Dass der Emissionshandel die Förderung erneuerbarer Energien überflüssig mache, soll auch das Ergebnis des unveröffentlichten, gleichwohl in die Öffentlichkeit lancierten Gutachtens „Gesamtwirtschaftliche, sektorale und ökologische Auswirkungen des Erneuerbare-Energien-Gesetzes" sein, dass das Energiewirtschaftliche Institut der Universität zu Köln, das Leipziger Institut für Energetik und Umwelt und das Rheinisch-Westfälische Institut für Wirtschaftsforschung im Auftrag des BMWA erstellt haben (FAZ 25.3. 2004: 13).

Situation erneuerbarer Energien[66]. Der PTJ führt für das BMWA (sowie das BMU und BMBF) das Zukunftsinvestitionsprogramm (ZIP) durch. Das BMWA ist zudem (wie das BMU und das BMVBW) Gesellschafter der Deutschen Energie-Agentur. Die dena führt im Auftrag des BMWA die Exportinitiative Erneuerbare Energien durch (siehe oben) (Websites BMWA, Bfai, dena, Exportinitiative, PTJ).

Das *Bundesministerium für Verbraucherschutz, Ernährung und Landwirtschaft (BMVEL)* besteht aus sechs Abteilungen, wobei für das Untersuchungsfeld die Abteilung 5 („Ländlicher Raum, Sozialordnung, Pflanzliche Erzeugung, Forst- und Holzwirtschaft") zuständig ist. Dort gibt es in einer der Unterabteilungen (Unterabteilung 53 „Forstwirtschaft, Holzwirtschaft, Nachwachsende Rohstoffe") das Referat „Nachwachsende Rohstoffe und Energie" als eines von fünf Referaten in dieser Unterabteilung. Entscheidend für die Durchführung der Politik des BMVEL ist die *Fachagentur Nachwachsende Rohstoffe (FNR)* als Projektträger des Ministeriums. Ihre Aufgabe ist die Verbesserung der Produktions-, Absatz- und Verwendungsmöglichkeiten für nachwachsende Rohstoffe und die Koordinierung der öffentlichen Förderung. Die FNR betreut das Forschungsprogramm nachwachsende Rohstoffe und gewährt in diesem Zusammenhang im Auftrag des BMVEL Zuwendungen für Forschungs-, Entwicklungs- und Demonstrationsvorhaben in diesem Bereich. Darüber hinaus führt die FNR für das BMVEL die Markteinführungsprogramme „Biogene Treib- und Schmierstoffe" sowie „Dämmstoffe aus nachwachsenden Rohstoffen" durch (Websites BMVEL, FNR, Nachwachsende Rohstoffe).

Das *Bundesministerium für Bildung und Forschung (BMBF)* ist mit dem Thema erneuerbare Energien durch die Abwicklung alter Forschungsprogramme wie das 100/250-MW-Programm befasst. Dieses Programm aus dem Jahr 1990 (100 MW Wind) bzw. seine Erweiterung aus dem Jahr 1991 (250 MW Wind) ist zwar bereits Ende 1995 ausgelaufen, doch bestehen noch Zahlungsverpflichtungen bis zum Jahre 2006. Solche Verpflichtungen sind auch noch durch die Programme 1.750 PV-Dächer und Solarthermie 2000 vorhanden (Hemmelskamp 1999, Interview Kurdziel). Der PTJ führt für das BMBF (sowie das BMWA und BMU) das Zukunftsinvestitionsprogramm (ZIP) durch (Websites BMBF, PTJ).

Im *Bundesministerium für Verkehr, Bau- und Wohnungswesen (BMVBW)* ist das Thema Biokraftstoffe im Referat für Grundsatzfragen der Verkehrspolitik in der Grundsatzabteilung A angesiedelt. Das BMVBW ist (wie BMWA und BMU) Gesellschafter der Deutschen Energie-Agentur (siehe oben). Es steht mit dem Untersuchungsfeld zudem durch eine der Behörden in seinem Geschäftsbereich, dem *Bundesamt für Seeschifffahrt und Hydrographie (BSH)*, in Verbindung. Das BSH genehmigt in Nord- und Ostsee die Errichtung, den Betrieb und die Nut-

---

[66] Ein aktuelles Beispiel dafür ist das „Exporthandbuch Polen. Marktchancen für erneuerbare Energien" im Auftrag der Deutschen Energie-Agentur, an dem der Autor mitgearbeitet hat (Dena 2003).

zung von Anlagen in der ausschließlichen Wirtschaftszone (AWZ) der Bundesrepublik Deutschland, die der Energieerzeugung aus Wasser, Strömung und
Wind dienen. Für diesen Bereich werden seit 1997 zahlreiche größere Projekte
geplant, insbesondere viele große Offshore-Windparks. Mittlerweile wurden
sechs Offshore-Windparks in Deutschland genehmigt (Websites BMVBW,
BSH, dena).

Das *Bundesministerium der Finanzen (BMF)* muss Ausgaben im Bereich der
erneuerbaren Energien wie dem Markteinführungsprogramm (MAP) ebenso wie
Einnahmeverzichten des Staates (beispielsweise Steuerbefreiung für biologische
Kraftstoffe) zustimmen.

5.2. Nicht-Staatliche Akteure

5.2.1. Parteien

Alle im deutschen Bundestag in Fraktionsstärke vertretenen Parteien bekennen
sich in ihren Grundsatz- und/oder Wahlprogrammen[67] in allgemeiner Form zur
Nutzung erneuerbarer Energien. Unterschiede bestehen allerdings im Stellenwert, der dem Thema eingeräumt wird, der Formulierung von Zielen in bezug
auf die zukünftige Nutzung, dem bevorzugten Fördersystem und in dem Verhältnis erneuerbarer Energien zum Einsatz fossiler und atomarer Energien.

Schon rein quantitativ findet das Thema bei Bündnis 90/Die Grünen die meiste
Berücksichtigung. So viel Platz wie im grünen Grundsatzprogramm (vier Seiten)
verwendet keine andere Partei für die Darstellung ihrer energiepolitischen Pro-
grammatik. Neben dem Umfang macht auch bereits die Überschrift „Neue
Energie - Vom fossilen und atomaren Zeitalter in die solare Zukunft" deutlich,
dass es sich bei der Nutzung regenerativer Energien um ein für die Grünen
identitätsstiftendes Thema handelt. Die Ökopartei, die die drittstärkste Fraktion
im Deutschen Bundestag stellt (siehe Tabelle 25), formuliert dabei auch das im
Parteienvergleich ehrgeizigste Ziel: eine hundertprozentige Nutzung regenerativer Energien. Wörtlich heißt es dazu: „Innerhalb weniger Jahrzehnte können
und werden wir den Übergang vom fossilen zum solaren Zeitalter schaffen"
(Bündnis 90/Die Grünen 2002a: 30ff.). Während sich die SPD, die die größte
Bundestagsfraktion stellt, in ihrem Bundestagswahlprogramm für eine Verdop-
pelung des Anteils erneuerbarer Energien an der Stromerzeugung bis 2010
ausspricht, wollen die Bündnisgrünen dieses Ziel bereits bis 2006 erreichen. Im
Bundestagswahlprogramm der CDU/CSU, der zweitgrößten Fraktion im Deutschen Bundestag, wird ebenfalls eine Verdopplung des Anteils erneuerbarer
Energien gefordert. Es wird allerdings offen gelassen, bis wann dies der Fall
sein soll. Die FDP, vierte Kraft im Deutschen Bundestag, formuliert kein Ziel in

---

[67] Als Grundlage sind in diesem Abschnitt neben den Grundsatzprogrammen der Parteien
die Programme zur Bundestagswahl 2002 herangezogen worden. Da die PDS bei den
Parlamentswahlen 2002 weniger als fünf Prozent erzielte und daher dem Bundestag nicht
mehr in Fraktionsstärke angehört (siehe Tabelle 25), wird sie nicht berücksichtigt.

bezug auf die zukünftige Nutzung erneuerbarer Energien (Bündnis 90/Die Grünen 2002b, CDU/CSU 2002, FDP 2002, SPD 2002).

Während sich die SPD und Bündnis 90/Die Grünen zu dem, wie sie betonen, erfolgreichen Erneuerbare-Energien-Gesetz (EEG) bekennen, wird von Seiten der CDU/CSU und der FDP Kritik an diesem Förderinstrument laut, wobei die Kritik der FDP vehementer, grundsätzlicher und konkreter ausfällt. Das EEG sei, so die FDP in ihrem Bundestagswahlprogramm, der falsche Weg, weil es eine „unvertretbare und auf Dauer angelegte Subvention" sei: „Eine staatliche Vorgabe bestimmter Techniken und die Garantie überhöhter Preise, die vor allem im Bereich der Windenergienutzung zu erheblichen Fehlentwicklungen geführt hat, lehnt die FDP ab". Deshalb fordern die Liberalen die Abschaffung des EEG und seine Ersetzung „durch eine marktwirtschaftliche Lösung". Darunter werden Ausschreibungswettbewerbe verstanden, in denen derjenige zum Zuge komme, der das günstigste Angebot vorlege. Dies solle durch ein „marktlich organisiertes Handelsmodell" ergänzt werden (FDP 2002: 27). Im Bundestagswahlprogramm der CDU/CSU heißt es, die Stromeinspeisung aus erneuerbaren Energien müsse wettbewerbsorientiert weiterhin gefördert werden. Die öffentliche Förderung müsse sich auf Techniken konzentrieren, die der Wirtschaftlichkeit bereits sehr nahe sind: „Bei der Fortentwicklung der Regelungen zur Stromeinspeisung setzen wir auf verstärkte Anreize zu Innovation und Kostensenkung" (CDU/CSU 2002).

Erhebliche Unterschiede bestehen im Verhältnis der Parteien zu den übrigen Energieträgern. Während SPD und Grüne sich zu dem von ihnen beschlossenen Ausstieg aus der Nutzung der Kernenergie bekennen, kritisieren Union und Liberale diese Entscheidung. Im FDP-Bundestagswahlprogramm heißt es: „Aus Klimaschutzgründen ist der Abschied von der Kernenergie der falsche Weg. Auch über die Betriebszeit der heutigen Kernkraftwerke hinaus brauchen wir diese Option der Stromerzeugung". Auch CDU/CSU kündigen an, das Ausstiegsgesetz ändern zu wollen. „Ein Ausstieg aus der Kernenergie löst nicht die Klimaproblematik, sondern verschärft sie und schafft eine Abhängigkeit Deutschlands vom Ausland", heißt es zur Begründung.

Zu Öl und Gas gibt es keine Ausführungen in den Programmen, außer indirekt, indem sich SPD und Grüne für die Förderung von biologischen Kraftstoffen aussprechen und die Bündnisgrünen langfristig auf fossile Energie komplett verzichten möchten (siehe oben). Bei der CSU heißt im Grundsatzprogramm im Abschnitt zur Landwirtschaftspolitik mit ähnlicher Intention, nur etwas allgemeiner, die Partei fördere mit Nachdruck die Entwicklung und Verwendung von nachwachsenden Rohstoffen, die geeignet sind, die Vorräte an fossilen Brennstoffe zu schonen oder andere Rohstoffe zu ersetzen (CSU 1993: 53).

Neben der Kernenergie ist auch die Kohlenutzung umstritten. Für die SPD ist der Einsatz heimischer Kohle „unverzichtbar" (Grundsatzprogramm, SPD 1989: 40), und auch CDU/CSU legen ein Bekenntnis zur Kohlenutzung ab, wobei zwischen Braun- und Steinkohle unterschieden wird. Während die deutsche Steinkohleförderung „auf einen leistungs- und lebensfähigen Bergbau" zurück geführt werden solle, müsse „die deutsche Braunkohle [...] auch künftig ihren Beitrag für eine sichere und preiswürdige Stromversorgung leisten, weil sie zu wettbewerbsfähigen Preisen zur Verfügung steht" (CDU/CSU 2002). Die FDP hat im Bundestag stets die Subventionen für die Steinkohlennutzung kritisiert, äußert sich aber nur indirekt zu diesem Thema im Bundestagswahlprogramm, indem sie „einen optimalen Energiemix unter geringst möglichen Kosten" fordert (FDP 2002: 27). Im grünen Bundestagswahlprogramm gibt es wie bei der FDP nur zwischen den Zeilen eine Aussage zur Kohle, indem ein Abbau „althergebrachter Subventionsmechanismen" gefordert wird (Bündnis 90/Die Grünen 2002b). Deutlicher wird allerdings im Grundsatzprogramm formuliert, dass neue großflächige Tagebauvorhaben abgelehnt werden.

Während die Grünen in ihrem Grundsatzprogramm die hohe gesellschaftliche Akzeptanz erneuerbarer Energieproduktion betonen, setzt die FDP einen anderen Akzent und hebt hervor, die Windenergienutzung dürfe nicht gegen den Willen der Bürgerinnen und Bürger vor Ort erfolgen. Daher gelte es die kommunale Planungshoheit in diesem Bereich zu stärken.

SPD und Grünen betonen in ihren Programmen zudem noch die internationalen Einsatzmöglichkeiten erneuerbarer Energien, deren Nutzung ebenso zur Armutsbekämpfung (Bündnis 90/Die Grünen 2002b: 34) wie auch zur Förderung deutscher Exporte (SPD 2002, Bündnis 90/Die Grünen 2002b: 32) beitragen könne.

Tabelle 25: Die Zusammensetzung des deutschen Bundestags nach den Parlamentswahlen 2002 und 1998 (Website Bundeswahlleiter)

Fraktion	Sitze 2002	Sitze 1998
SPD	251	285
CDU/CSU	248 (davon 58 CSU)	245 (davon 47 CSU)
Bündnis 90/Die Grünen	55	47
FDP	47	43
PDS	2	36
Sitze gesamt	603	656

5.2.2. Ökonomische Akteure

5.2.2.1. Energieunternehmen

Bei der Darstellung der wichtigsten Energieunternehmen soll zwischen den einzelnen Teilmärkten Elektrizität, Mineralöl, Braun- und Steinkohle, Erdgas und erneuerbare Energien unterschieden werden.

In der *Elektrizitätswirtschaft* ist die Anzahl der Übertragungsnetzbetreiber auf vier zurückgegangen. Hintergrund dieser Entwicklung sind die Fusionen von RWE und VEW (jetzt RWE) und von VEBA und VIAG (Eon) im Jahr 2000 sowie von HEW, VEAG, Bewag und LAUBAG (Vattenfall Europe) im August 2002. Viertes Unternehmen ist EnBW. Neben diesen vier Übertragungsnetzbetreibern gibt es 38 regionale und 189 kommunale Verteilungsnetzbetreiber. Sie alle sind im Verband der Netzbetreiber zusammen geschlossen und betreiben 85 Prozent der deutschen Stromnetze (Schiffer 2002: 207f.)

Eine Unterteilung der Elektrizitätswirtschaft in die Bereiche Erzeugung, Übertragung und Verteilung, wie in anderen Fallstudien geschehen (Reiche 2002b, Reiche 2003b), erscheint insofern weniger sinnvoll, als die großen Unternehmen im deutschen Elektrizitätsmarkt nur auf dem Papier ihre Buchführung für die drei Bereiche Erzeugung, Übertragung und Verteilung getrennt haben - das so genannte unbundling - tatsächlich aber nach wie vor vertikal integriert sind und Strom nicht nur übertragen, sondern auch erzeugen und verteilen (Mez 2001).

Zu den vier Giganten in der Elektrizitätswirtschaft im einzelnen: Eon ist beim Stromabsatz in Deutschland führend (und in Europa nach der EDF an zweiter Stelle), gefolgt von RWE (das in Europa an dritter Stelle liegt). Eon ist nach eigenen Angaben der weltweit größte Energiedienstleister bei einem Umsatz von 46,4 Mrd. € und 66.549 Mitarbeiter (Zahlen für 2003). Eon versorgt in Deutschland über seine Tochtergesellschaft Eon Energie 21 Millionen Kunden mit Strom und Gas und ist an über 80 Stadtwerken beteiligt. Eon verfügt bei der Stromerzeugung über einen breiten Energiemix: Das Unternehmen ist an zwölf deutschen Kernkraftwerken beteiligt und damit wichtigstes Unternehmen in diesem Segment, erzeugt Strom in Stein- und Braunkohlekraftwerken und betreibt ferner Gas- und Ölkraftwerke. Im Bereich der erneuerbaren Energien spielt Wasserkraft die größte Rolle. Eon ist zudem Eigentümer von Powergen, das in Großbritannien neun Millionen Kunden mit Strom und Gas versorgt. Durch die Übernahme von Ruhrgas im Februar 2003 ist Eon zur mit Abstand größten europäischen Ferngasgesellschaft avanciert (FAZ 11.3. 2004: 20, 9.12. 2003: 16, 22, Mez 2002, Website Eon).

Während sich Eon auf das Kerngeschäftsfeld Energie konzentrieren will[68], agiert RWE nach dem Selbstverständnis eines so genannten Multi-Utility-Unternehmens, das seine Kunden mit Strom, Erdgas und Wasser versorgt sowie

---

68 Gleichwohl gibt es auch bei Eon andere Geschäftsfelder (Chemie, Immobilien, Telekommunikation).

in der Entsorgung tätig ist und somit „alles aus einer Hand" anbieten kann. Die RWE AG besteht aus sieben Gruppen, eine davon ist die für den Vertrieb von Strom, Gas und Wasser zuständige RWE Energie, eine andere ist RWE Power, die für die Stromproduktion im RWE-Konzern verantwortlich ist und Elektrizität in Kern- und Braunkohlekraftwerken, aber auch mit erneuerbaren Energien erzeugt. RWE ist der mit 127 Millionen Tonnen Kohlendioxid-Ausstoß pro Jahr (2002) bei weitem Abstand größte CO_2-Emittent in der Europäischen Union, gefolgt von ENEL (75 Mio. t CO_2), Vattenfall (68 Mio. t CO_2), Eon (64 Mio. t CO_2) und Endesa (59 Mio. t CO_2) (Website RWE, PricewaterhouseCoopers 2003).

Vattenfall Europe zählt zur schwedischen Vattenfall-Gruppe und ist ebenfalls sowohl in der Erzeugung als auch in der Verteilung und dem Vertrieb von Strom und Wärme tätig. Vattenfall Europe hat nach eigenen Angaben drei Millionen Kunden in Deutschland. Das Unternehmen ist der größte Stromerzeuger in Ostdeutschland. Vattenfall Europe betreibt in Deutschland ein Steinkohlekraftwerk und vier Braunkohlekraftwerke, neun Wasser- und zwei Gasturbinenkraftwerke (Website Vattenfall Europe).

Das vierte große Unternehmen im deutschen Strommarkt ist die Energie Baden-Württemberg AG (EnBW) mit ihren nach eigenen Angaben 38.493 Mitarbeitern. Auch EnBW, an der der französische Konzern EDF eine Beteiligung von 34,50 Prozent hält[69], deckt alle Stufen der Wertschöpfung im Bereich Strom ab. Ihr Kraftwerkspark besteht aus Kernenergieanlagen, Kohle, Wasser- und Gaskraftwerken. Weitere Geschäftsfelder neben Strom sind Gas (Beschaffung, Transport, Belieferung) und Umweltdienstleistungen wie vor allem Müllentsorgung (Website EnBW).

Die Netzbetreiber Eon, RWE, Vattenfall Europe und EnBW sind zugleich Eigentümer von mehr als 80 Prozent der deutschen Kraftwerkskapazität (Mez 2001).

Neben den (vier) so genannten Verbundunternehmen, die bis 2002 im Verband der Deutschen Verbundwirtschaft zusammen geschlossen waren (VdV), gibt es rund 65 regionale Stromversorger, die bis 2002 in der Arbeitsgemeinschaft regionaler Energieversorgungsunternehmen (ARE) organisiert waren. ARE und der VdV haben sich im Jahr 2002 im neu gegründeten Verband der Verbundunternehmen und Regionalen Energieversorger in Deutschland (VRE) vereinigt. Die regionalen Stromversorger veräußern wie die rund 580 im Verband kommunaler Unternehmen (VKU)[70] zusammen geschlossenen lokalen Stromliefe-

---

[69] Anfang April 2004 berichtete die FAZ unter Berufung auf „gewöhnlich gut unterrichtete Kreise", EDF strebe die Mehrheit bei ENBW an, um aus ENBW eine Art EDF-Deutschland zu machen. Dazu solle der Zweckverband Oberschwäbische Elektrizitätswerke (OEW) seinen Anteil von ebenfalls 34,5 Prozent in mehreren Schritten verringern (zunächst auf 25 Prozent) (FAZ 1.4. 2004: 14).

[70] Insgesamt gehörten dem VKU Ende 2003 980 Mitgliedsunternehmen an (Website VKU).

ranten[71] in erster Linie von den überregional tätigen Unternehmen erzeugten Strom, verfügen aber teilweise auch über eigene Kraftwerke. Die Stromversorger verfügten 2001 über einen Anteil von 90 Prozent in der Stromerzeugung. Die im Verband der industriellen Energie- und Kraftwirtschaft (VIK) organisatorisch verankerte Stromerzeugung in eigenen Kraftwerken der Industrie hatte 2001 einen Anteil von acht Prozent. Dabei geht es in erster Linie um Eigenversorgung, es wird aber auch Überschussstrom ins Netz der Stromversorger eingespeist. Zur industriellen Kraftwirtschaft zählen auch so genannte Independet Power Producer (IPP). Schließlich gibt es auch noch private Stromerzeuger mit einem Marktanteil von zwei Prozent. Größter einzelner privater Stromerzeuger in der Bundesrepublik ist die Deutsche Bahn, die über eine eigene Kraftwerkskapazität von 1.500 Megawatt für ihren elektrischen Zugbetrieb verfügt. Zudem findet private Stromerzeugung nicht zuletzt im Bereich der erneuerbaren Energien in kleineren Anwendungen statt.

Neben den vier Verbundunternehmen, den regionalen und lokalen Stromversorgern, der industriellen Kraftwirtschaft und den privaten Stromerzeugern gibt es noch eine viele freie Anbietern wie Händler und Broker, deren Anzahl auf etwa 200 geschätzt wird (Schiffer 2002: 165ff.). Im Zuge der Liberalisierung des deutschen Strommarktes sind dabei auch eine Vielzahl spezieller Ökostrom-Anbieter in den Markt eingetreten. Bekannte Beispiele sind Greenpeace energy (dazu ausführlicher 5.2.3.), LichtBlick, die Naturstrom AG oder aber die Elektrizitätswerke Schönau[72] (dazu ebenfalls ausführlicher 5.2.3.)[73]. Führend im deutschen Ökostrommarkt ist mit 300.000 Kunden allerdings die EnBW-Tochter NaturEnergie AG, deren Elektrizität vorwiegend aus regionalen Wasserkraftwerken stammt. Der größte unabhängige Ökostrom-Anbieter ist die Lichtblick AG mit 125.000 Kunden. Die Elektrizitätswerke Schönau haben 23.000, Greenpeace energy rund 20.000 und die Naturstrom AG 11.500 Abnehmer. Insgesamt gibt es rund 30 spezielle Ökostromhändler, zudem bieten die meisten großen Anbieter und viele kleine und mittlere Stromversorger spezielle Ökostrom-Angebote an. 75 kommunale Energiedienstleister bieten auf Initiative der

---

[71] Mez (2001: 222) erwartet, dass die Anzahl lokaler Stromversorger weiter sinken und im Jahr 2010 nur noch bei 200 bis 250 liegen wird.

[72] Zur Geschichte der Elektrizitätswerke Schönau siehe die Dissertation von Graichen (2003).

[73] Im Ökostrommarkt konkurrieren zwei verschiedene Ansätze miteinander. Während Unternehmen wie Greenpeace energy oder LichtBlick das so genannte Händler- oder Versorgermodell verfolgen, nach dem sie Öko-Kraftwerke unter Vertrag nehmen, den Strom voll bezahlen und an den Kunden durchleiten, wählen Anbieter wie die Naturstrom AG und die Elektrizitätswerke Schönau den Weg des so genannten Zuschussmodels. Danach verlangen die Anbieter einen Aufpreis auf den normalen Strompreis, von dem sie neue Ökostromanlagen fördern. Der alte Stromversorger bleibt Lieferant, aber die Ökostromunternehmen garantieren dafür, so viel Ökostrom einzuspeisen, wie der Kunde verbraucht. Die zweite Gruppe der Unternehmen argumentiert, dass sie keine teuren Durchleitungsgebühren zahlen wolle, während die erste Gruppe eine von den etablierten Energieversorgungsunternehmen unabhängige Stromversorgung anbieten möchte (taz 10.8. 2000: 7).

ASEW (Arbeitsgemeinschaft für sparsame Energie- und Wasserverwendung) ihren Ökostrom unter dem Namen energreen an (Zahlen jeweils Stand Ende 2003, Neue Energie 03/2004: 31, Sonnenenergie 03/2004: 45).

Zur Struktur der anderen Energie-Teilmärkte: In der *Mineralölwirtschaft* gibt es etwa 50 Unternehmen, die das Mineralölaufkommen erbringen. Dazu zählen die Tochtergesellschaften der großen internationalen (Deutsche Shell GmbH, Esso Deutschland GmbH, Deutsche BP AG), europäischen (Agip Deutschland AG, TotalFinalElf Deutschland GmbH, OMV Deutschland) und amerikanischen (Conoco Mineraloel GmbH) Mineralölunternehmen sowie die Holborn Europa Raffinerie GmbH aus Hamburg und die Wilhelmshavener Raffineriegesellschaft. Hinzu kommen rund 30 im Importgeschäft tätige Handelsunternehmen, die von der Mineralölindustrie unabhängig sind. Tabelle 26 können die Marktanteile der einzelnen Unternehmen an der Erdölförderung in Deutschland - die im Jahr 2001 3,2 Prozent an der gesamten deutschen Rohölversorgung ausmachte, siehe dazu Tabelle 7 - entnommen werden. Ein deutsches Unternehmen, das von der Rohölförderung über die Raffinerieverarbeitung bis zum Tankstellengeschäft alle Stufen der Wertschöpfungskette abdeckt, gibt es nicht (Schiffer 2002: 43).

Tabelle 26: Erdölförderung in Deutschland nach betrieblicher Förderleistung, (WEG 2002: 42)

Gesellschaft	Marktanteil (%)
BEB Erdgas und Erdöl GmbH	22,74
EEG - Erdöl Erdgas GmbH	0,89
Mobil Erdgas-Erdöl GmbH	2,08
Preussag Energie GmbH	13,65
RWE-DEA AG	48,63
Wintershall AG	12,01

In der *Gaswirtschaft* ist im wesentlichen zwischen drei Formen von Gasversorgern zu unterscheiden: Orts- und Regionalgasversorgungsunternehmen, die Gas von inländischen Vorlieferanten beziehen und die regionale Weiterverteilung und die Endverteilung an den Verbraucher organisieren; Ferngasgesellschaften wie Marktführer Eon/Ruhrgas (siehe oben), die Erdgas aus dem Ausland einführen und/oder von inländischen Vorlieferanten beziehen und an Weiterverteiler und Großabnehmer abgeben; und Erdgasfördergesellschaften, die Erdgas fördern, importieren und an Weiterverteiler und Großabnehmer abgeben. Insgesamt ist die deutsche Gaswirtschaft mit ihren rund 750 Unternehmen laut Schiffer „durch eine arbeitsteilige und dezentrale Struktur gekennzeichnet" (Schiffer

2002: 141). Tabelle 27 können die Marktanteile der einzelnen Unternehmen an der Erdgasförderung in Deutschland - die im Jahr 2001 20,68 Prozent an der gesamten deutschen Erdgasversorgung ausmachte, siehe dazu Tabelle 11 - entnommen werden. Für den Bereich der Erdöl- und Erdgasgewinnung gibt es einen gemeinsamen Dachverband, den Wirtschaftsverband Erdöl- und Erdgasgewinnung (WEG).

Tabelle 27: Erdgasförderung in Deutschland nach betrieblicher Förderleistung, (WEG 2002: 36)

Gesellschaft	Marktanteil (%)
BEB Erdgas und Erdöl GmbH	51,01
EEG - Erdöl Erdgas GmbH	3,38
Mobil Erdgas-Erdöl GmbH	20,76
Preussag Energie GmbH	3,09
RWE-DEA AG	12,14
Wintershall AG	9,62

Die Unternehmen der *Braunkohlenwirtschaft* sind im Bundesverband Braunkohle (DEBRIV) zusammen geschlossen. Im einzelnen sind folgende Gesellschaften in der Braunkohlenförderung aktiv: im Revier Rheinland RWE Rheinbraun, im Revier Lausitz die Lausitzer Braunkohlenindustrie AG (LAUBAG), im Revier Mitteldeutschland die Mitteldeutsche Braunkohlengesellschaft mbH (MIBRAG) sowie mit einem kleinen Förderanteil (etwa zehn Prozent des Abbaus in Mitteldeutschland) Romonta, und im Revier Helmstedt die Braunschweigische Kohlen-Bergwerke AG (BKB) (Schiffer 2002: 88ff.).[74]

In der *Steinkohlenwirtschaft* gehören seit 1998 alle Zechen[75] zur Deutschen Steinkohle AG (DSK), die wiederum eine Tochtergesellschaft der RAG Aktiengesellschaft ist, deren Hauptanteilseigner Eon und RWE sind (Schiffer 2002: 109f.).

Im Bereich der *erneuerbaren Energien* ist die Windbranche der umsatzstärkste Bereich, wie Tabelle 28 zeigt. 47,9 Prozent des Gesamtumsatzes mit erneuerbaren Energien ist danach im Jahr 2003 in der Windbranche erzielt worden.

---

[74] Wegen ihrer marginalen Größe sind an dieser Stelle das Revier Bayern, das dem Selbstverbrauch der Gesellschaften Ponholz und Schirnding dient, und das Revier Hessen mit der Zeche Hirschberg, deren Eigentümerin die Waitzische Erben GmbH ist, nicht aufgeführt worden (Schiffer 2002: 93).

[75] Daneben gibt es noch zwei eigenständige Gesellschaften, die an der Gesamtförderung aber nur einen Marktanteil von weniger als einem Prozent haben (Schiffer 2002: 109).

Tabelle 28: Gesamtumsatz mit erneuerbaren Energien, 2003 (BMU 2004: 20)

Branche	Anteil am Gesamtumsatz (%)
Wind	47,9
Biomasse	28,6
Wasserkraft	8,1
Solarenergie	14,1
Geothermie	1,2

Die Hersteller von Windkraftanlagen sind im Fachbereich Power Systems im Verband Deutscher Maschinen- und Anlagenbau (VDMA) zusammen geschlossen. Der VDMA vertritt mit seinen 30 Fachbereichen die Interessen der Investitionsgüterbranche. Seine Mitglieder repräsentieren nach eigenen Angaben 90 Prozent des Umsatzes der Investitionsgüterbranche (Website VDMA).

Tabelle 29 zeigt, welche Firmen den deutschen Windmarkt dominieren. Dabei hatten die beiden niedersächsischen Unternehmen Enercon (Aurich) und GE Wind Energy (Salzbergen) im Jahr 2003 einen Marktanteil von zusammen 44,6 Prozent. Zweiter regionaler Schwerpunkt ist Schleswig-Holstein. Die Unternehmen aus diesem Bundesland (Vestas, NEG Micon, Nordex, DeWind) kamen auf 37,8 Prozent Markanteil bei der neu installierten Leistung.

Tabelle 29: Marktanteile bei der neu installierten Windenergie-Leistung, 2003 (Ender 2004)

Unternehmen	Marktanteil (%)
Enercon	33,4
Vestas Deutschland[76]	23,5
GE Wind Energy	11,2
Nordex	4,8
NEG Micon	8,2
AN Windenergie	5,0
REpower Systems	10,7
DeWind	1,3
Fuhrländer	0,9
Sonstige	0,9

---

[76] Ende 2003 verkündeten Vestas und NEG Micon die Fusion ihrer Unternehmen (vgl. Neue Energie 1-2/2004: 62ff.).

Anders als bei der Windenergie - wenn man einmal von General Electric absieht, das den Windturbinenhersteller Enron Wind übernommen hat - ist der Herstellermarkt (Wafer, Zellen, Module) in der Solarbranche nicht primär von neuen Anbietern, sondern überwiegend von Groß-Unternehmen der traditionellen Energiewirtschaft geprägt (Deml/May 2002: 90)[77]. Während Weltmarktführer BP Solar von seinen insgesamt rund 1.600 Mitarbeitern nur 20 in Deutschland beschäftigt und den deutschen Markt - auf dem BP Solar bei Modulen einen Marktanteil von ca. 25 Prozent hat - von seiner Produktionsstätte in Madrid aus beliefert (Sonnenenergie 1/2004: 40), hat Shell im November 1999 in Gelsenkirchen die nach eigenen Angaben „weltweit modernste und gleichzeitig Europas größte Produktionsanlage zur Herstellung von Solarzellen" in Betrieb genommen. Dadurch seien 700 direkte und indirekte Arbeitsplätze geschaffen worden. Die Gesamtinvestition für die Solarzellenfabrik habe sich auf über 25 Mio. € belaufen, wobei das Projekt vom Bund und vom Land Nordrhein-Westfalen gefördert worden ist (Shell o. J.: 9f.).

Im April 2001 haben Siemens Solar und der Shell-Konzern ein Gemeinschaftsunternehmen unter dem Namen Siemens und Shell Solar GmbH gegründet. Ihren Zusammenschluss begründeten die beiden Unternehmen damit, dass sie dadurch ihre Stellung am Photovoltaik-Weltmarkt verbessern wollten. Der gemeinsame Umsatz liegt bei 150 Mio. € und die Produktion bei rund 35 Megawatt, womit das neue Unternehmen im weltweiten Ranking nach Sharp, Kyocera und BP Solarex an vierter Stelle liegt. An der neuen Siemens und Shell Solar GmbH sind Siemens, Shell und Eon mit jeweils einem Drittel beteiligt (taz 1.3. 2001: 2). Als Alternative zu den Ausweitungen der konzerninternen regenerativen Aktivitäten verließen einige Manager wie Fritz Vahrenholt den Shell-Konzern und gründeten 2001 mit REpower ein eigenes Unternehmen, das sich aus dem Stand heraus in den Top Ten des deutschen Windenergiemarktes etabliert hat (siehe Tabelle 29) und auch im Bereich der übrigen erneuerbaren Energien aktiv ist (vgl. Die Zeit 3.5. 2001: 22). Im Solarbereich gibt es auch neben den etablierten viele andere neue, erst in den letzten Jahren gegründete Unternehmen, von denen die börsennotierte SolarWorld AG zu den Größten und durch ihre offensive Expansionsstrategie zu den am meisten Beachteten zählt.

Ein weiteres Beispiel für ein Unternehmen der traditionellen Energiewirtschaft im Solarsektor ist RWE Solar, das im Jahr 2001 mit 550 Beschäftigten einen Umsatz von 96 Mio. € Umsatz zu verzeichnen hatte. Im Jahr 2002 hat sich RWE Solar mit Schott Glas zur neuen RWE Schott Solar GmbH zusammen geschlossen. Die neue Firma erzielte im Geschäftsjahr 2003 mit 800 Mitarbeitern an den Produktionsstandorten in Deutschland und den USA 123 Mio. € Umsatz. Im Juni 2004 kündigte sie an, ihr Kapazitätsvolumen pro Jahr um 40 auf 100 Me-

---

[77] Bereits bei der Einführung unternehmensinterner Emissionshandelssysteme zur Reduzierung der konzerneigenen Kohlendioxid-Emissionen waren BP und Shell führend und grenzten sich damit gezielt von Konkurrenten wie Exxon ab, die die US-Regierung aktiv in ihrer Ablehnung des Kyoto-Protokolls stützten (Preuß 2001: 12).

gawatt steigern zu wollen. Damit ist RWE Schott Solar nach eigenen Angaben der größte europäische Photovoltaikhersteller (FAZ 14.6. 2004: 24, 26.3. 2001: 22, Website RWE Schott Solar).

Dass die konventionelle Energiewirtschaft wie RWE schnell auf das neue Thema der regenerativen Energien reagiert hat und ihre Aktivitäten in jüngster Zeit ausweitet, hängt nicht zuletzt mit einer Modifizierung des Regulierungssystems zusammen, das seit dem Jahr 2000 mit dem EEG - im Unterschied zum vorher gültigen Stromeinspeisegesetz - auch etablierte Energieunternehmen in den Genuss der für erneuerbare Energien erhöhten Einspeisevergütung kommen lässt (siehe dazu ausführlicher 6.1.).

Im Bereich der Wasserkraft sind im Kerngeschäft des Baus von Turbinen und anderen Maschinenbaukomponenten die Anbieter Voith Siemens Hydro und VA Tech Escher Wyss mit zusammen etwa 800 Mitarbeitern führend. Hinzu kommen zehn kleinere und mittlere Unternehmen mit insgesamt rund 600 Beschäftigten. Im Bereich der Geothermie hat mit Siemens ein großes deutsches Unternehmen durch die Übernahme des US-Unternehmens Exergy begonnen, speziell Turbinen für geothermische Kraftwerke zu entwickeln (Staiß 2003: I-65, I-114).

Während bei großen Biomasse(heiz-)Kraftwerken in erster Linie wieder die marktführenden Energieunternehmen wie Eon operieren, gibt es in anderen Segmenten wie Kleinstanlagen für den privaten Bereich, etwa bei Pelletheizungen, mehrere Dutzend Hersteller in Deutschland, wobei inzwischen auch große Anbieter wie Viessmann und Buderus in den Markt eingetreten sind (Staiß 2003: I-31).

In welchen Branchenverbänden sich die Unternehmen im Bereich der erneuerbaren Energien zusammen geschlossen haben, dies wird nicht in diesem Abschnitt zur Energiewirtschaft, sondern wegen ihrer besonderen Bedeutung für das Untersuchungsfeld gesondert im nächsten Abschnitt (5.2.2.2.) dargestellt.

5.2.2.2. Regenerative Branchenverbände

Während die Interessen des Biomasse-, Windenergie-, Wasserkraft- und Geothermie-Sektors im wesentlichen in jeweils einer (Haupt-)Organisation zusammen gefasst sind und damit eine Bündelung der Kräfte in diesen Bereichen statt gefunden hat, existieren im Bereich der Solarenergie mehrere Branchenverbände mit bundesweitem Anspruch, ohne formal miteinander verkoppelt zu sein. Die Organisationen, auf die an dieser Stelle eingegangen werden soll, unterschieden sich zum Teil erheblich in bezug auf ihre Tradition, Mitgliederanzahl und personellen Kapazitäten. Während der Bundesverband Deutscher Wasserkraftwerke bereits im Jahr 1960 und die Deutsche Gesellschaft für Sonnenenergie schon 1975 ihre Arbeit aufgenommen haben, wurden die anderen Branchenorganisationen zumeist erst deutlich später gegründet. Die Spannbreite der Mitglieder reicht von 80 beim Bundesverband Solarindustrie bis zu mehr als 16.000 beim Bundesverband Windenergie, was damit zu tun hat, das die einen Verbände sich nur an Hersteller (wie der Bundesverband Solarindustrie) wenden, während andere auch für Betreiber, Planer, Forschungseinrichtungen und nicht zuletzt Privatpersonen (wie der BWE) offen sind. Dank seiner breiten Mitgliederbasis kann der BWE rund 25 Mitarbeiter beschäftigen, während andere Organisationen wie die Geothermische Vereinigung über eine geringere personelle Kapazität verfügen und nur wenige Mitarbeiter fest anstellen können.

Zu den Verbänden im einzelnen: Im Bereich der Biomasse, die unter den erneuerbaren Energien den größten Beitrag zur Energiebereitstellung leistet (siehe Tabelle 6), gibt es den *Bundesverband BioEnergie (BBE)*. Der BBE wurde 1998 von den am Bioenergiemarkt tätigen Unternehmen und Institutionen als Dachverband des deutschen Bioenergiemarktes gegründet. Zu seinen Mitgliedern zählen Verbände wie der Fachverband Biogas, der Deutsche Energie-Pellet-Verband (DEPV), der Verband Deutscher Biomasseheizwerke (VDBH), der Verband Deutscher Biodieselproduzenten (VDB), der Interessenverband Grubengas und der Bundesverband der Altholzaufbereiter- und -Verwerter (BAV). Zudem sind Forschungseinrichtungen und einzelne Unternehmen (wie zum Beispiel Eon Kraftwerke) aus den Bereichen der festen, flüssigen und gasförmigen Bioenergieanwendungen - von der Rohstoffseite über den Anlagenbau und Anlagenbetreibern bis hin zu Planungsbüros und weiterer relevanten Dienstleistern - Mitglied im BBE. Vorsitzender des BBE ist der CDU-Bundestagsabgeordnete Helmut Lamp. Im BBE arbeiten vier Fachausschüsse zu den Themenfeldern feste, flüssige und gasförmige Bioenergieträger sowie kommunale Biogasanwendungen. Dem politisch-wissenschaftlichen Beirat des Verbandes gehören auch Bundestagsabgeordnete von SPD, CDU und Grünen an (Website BBE).

Der *Bundesverband Deutscher Wasserkraftwerke (BDW)* wurde 1960 in München gegründet. Er ist der Dachverband der Länderarbeitsgemeinschaften der Wasserkraftwerke mit nach eigenen Angaben „mehreren tausend Mitgliedern". Präsident des BDW war von 1978 bis Mai 2002 Matthias Engelsberger, der der CSU-Landesgruppe im deutschen Bundestag mehr als zwei Jahrzehnte angehörte. Er hatte an dem 1991 in Kraft getretenen Stromeinspeisungsgesetz wesentlich mitgewirkt (sieh dazu ausführlicher Kords 1993). Auch heute gibt es mit Vorstandsmitglied Peter Ramsauer, Geschäftsführer der CSU-Landesgruppe im Deutschen Bundestag, noch eine Verbindung vom BDW zur CSU, was nicht zuletzt mit der großen Bedeutung der Wasserkraft im bayrischen Strommarkt (2001 Anteil von 19 Prozent, siehe 4.2.6.) zu erklären sein dürfte. Der BDW hatte sich gegen die Aufnahme der großen Wasserkraft in die Novelle des EEG ausgesprochen, was mit der Mitgliederstruktur des Verbandes zu erklären sein dürfte. Ihm gehören primär die Betreiber von Klein- und Kleinstwasserkraftwerken an (Website BDW).

Mit rund 16.100 Mitgliedern Ende 2003 ist der *Bundesverband WindEnergie (BWE)* nicht nur in Deutschland unter den regenerativen Branchenverbänden führend, sondern nach eigenen Angaben auch weltweit einer der mitgliederstärksten Verbände der erneuerbaren Energien. Der BWE ist im Oktober 1996 durch Fusion des Interessenverbandes Windkraft Binnenland und der Deutschen Gesellschaft für Windenergie entstanden. Neben seiner Bundesgeschäftsstelle in Osnabrück hat der BWE auch Vertretungen in Berlin und Brüssel. Mit der Neuen Energie gibt er eine Zeitschrift heraus, die kein einfaches Mitteilungsblatt zur Windenergie ist, sondern das am meisten gelesene deutschsprachige Magazin über alle erneuerbaren Energien darstellt. Im BWE gibt es neun Beiräte: den Betreiber-, Firmen-, Sachverständigen-, Finanzierungs-, Windgutachten-, Planer- und den Anlegerbeirat sowie den juristischen und den wissenschaftlichen Beirat (Website BWE).

Neben dem Großverband BWE gibt es mit der 1985 gegründeten *Fördergesellschaft Windenergie* (FGW) noch einen kleineren gemeinnützigen Verein mit knapp 100 Mitgliedern. Dazu zählen nach eigenen Angaben Forschungseinrichtungen und Messinstitute, Windkraftanlagenhersteller und Zulieferer, Planungs- und Ingenieurbüros, Banken und Versicherungen sowie Energieversorgungsunternehmen und neue Stromanbieter. Der Sitz der Geschäftsstelle der Fördergesellschaft befindet sich in Kiel (Website FGW).

Als kleineres Pendant zum BWE gibt es zudem noch den *Wirtschaftsverband Windkraftwerke* (WVW). Der WVW wurde im Jahre 1996 gegründet und vertritt heute mehr als 100 Mitgliedsunternehmen, die in Deutschland Windparks betreiben. Die wesentliche Aufgabe des Verbandes besteht darin, die Interessen der Mitgliedsunternehmen gegenüber Bundestag und Bundesregierung sowie gegenüber den Gremien der Europäischen Union zu vertreten. Dazu zählt der Verband vor allem die Beibehaltung und Verbesserung des EEG. Der WVW hat seinen Sitz in Cuxhaven (Website WVW[78]).

Die *Geothermische Vereinigung (GtV)* wurde 1991 gegründet. Sie hat 430 Mitglieder[79]. Die GtV deckt die gesamte Bandbreite der geothermischen Technologien ab: von der oberflächennahen Geothermie über die tiefe (hydrothermale) Geothermie bis hin zur geothermischen Stromerzeugung. Die Anzahl der Mitglieder wird auf der Website nicht angegeben. Es wird nur allgemein ausgeführt, die Mitglieder arbeiteten in allen Bereichen der Geothermie oder seien einfach nur Sympathisanten dieses Energieträgers. Mit nur drei fest angestellten Mitarbeitern ist die GtV einer der kleinsten Branchenverbände (Website GvT).

Im Solarenergiesektor gibt es drei Organisationen: den Bundesverband Solarindustrie, die Deutsche Gesellschaft für Sonnenenergie und die Unternehmensvereinigung Solarwirtschaft. *Die Deutsche Gesellschaft für Sonnenenergie (DGS)* ist von diesen drei Verbänden die mitgliederstärkste und älteste Organisation. Sie wurde 1975 in München gegründet und zählt über 3.000 individuelle Mitglieder und Mitgliedsunternehmen. In der DGS gibt es sieben Fachausschüsse, und zwar für Aus- und Weiterbildung, Biomasse, Energieberatung, Simulation,

---

solares Bauen, Solarthermie und Photovoltaik (Website DGS). Die 1998 ge-gründete *Unternehmensvereinigung Solarwirtschaft (UVS)* vertritt die Interessen von rund 400 Solarunternehmen vom regionalen Handwerksbetrieb bis hin zur großen Solarfabrik und ist damit nach eigenen Angaben der mitgliederstärkste Solarindustrieverband in Europa (Website UVS). Der *Bundesverband Solarindustrie (BSi)* ist die Interessenvertretung der Hersteller und Großhändler von Solaranlagen und Komponenten mit Sitz in Deutschland. Annähernd alle großen Hersteller und Importeure von Solarwärmeanlagen und Zulieferer sowie die Mehrzahl der Photovoltaik-Großhändler und mittelständischen PV-Produzenten sind nach Angaben des BSi in dem Verband organisiert. Der BSi wurde 1979 als Vertretung der mittelständischen Solarthermiehersteller gegründet. Derzeit hat der Verband 80 Mitglieder (Stand Ende 2003, Website Bsi).

5.2.2.3. Finanzwirtschaft

Neben den konventionellen Banken, für die die Vergabe von Krediten für Vorhaben im Bereich der erneuerbaren Energien ein Geschäft wie jedes andere darstellt (wenngleich unterschiedliche Gewichtungen vorgenommen werden), gibt es Akteure in der Finanzwirtschaft, die die Förderung von Projekten im Untersuchungsfeld als einen ihrer Schwerpunkte begreifen. Dazu zählen neben der den staatlichen Akteuren zugeordneten und dort eingehender beschriebenen Kreditanstalt für Wiederaufbau (KfW, siehe 5.1.) so genannte „grüne" Banken sowie ökologische Finanzdienstleister.

In Deutschland gibt es drei grüne Banken: die GLS Gemeinschaftsbank eG mit Ökobank, die UmweltBank und die Ethikbank. Der größte Unterschied dieser Banken zu konventionellen Häusern besteht darin, dass sie auf der Basis ökologischer, sozialer und ethischer Gesichtspunkte mit Ausschluss- und Positivkriterien operieren, das heißt bestimmte Bereiche wie Rüstungsgüter, Kernkraftwerke oder Gentechnologie werden von vornherein von der Kreditvergabe ausgeschlossen, während etwa die ökologische Landwirtschaft oder eben erneuerbare Energien bewusst gefördert werden. Dadurch soll Bereichen, die als gesellschaftlich unerwünscht eingestuft werden, gezielt Kapital entzogen werden, während andererseits Projekten, die als sozial und ökologisch vorbildlich gelten, zur Realisierung verholfen werden soll - auch, weil sie auf dem konventionellen Kapitalmarkt zum Teil als nicht förderungswürdig angesehen werden.

Die *GLS Gemeinschaftsbank eG mit Ökobank* wurde bereits 1974 als „Gemeinschaft für Leihen und Schenken" (GLS) gegründet und ist damit nach eigenen Angaben die älteste grüne Bank Europas. Die GLS ist eine Genossenschaftsbank und gehört dem Bundesverband der Deutschen Volksbanken und Raiffeisenbanken (BVR) und dessen Sicherungseinrichtung an, wodurch alle Bankeinlagen in voller Höhe geschützt sind. Die GLS hat ihre Wurzeln in der anthroposophischen Bewegung und orientiert sich an der Lehre Rudolf Steiners. Im Frühjahr 2003 hat die GLS die Geschäfte der Ökobank, die fast in die Insolvenz geraten wäre, übernommen. Bei der 1988 gestarteten Ökobank, ebenfalls einer Genossenschaftsbank mit einer breiten Mitgliederstruktur von zuletzt 24.000 Mitgliedern, waren 1999 drei Großkredite geplatzt. Mitte 2001 wurde sie daher in die Obhut einer Auffanggesellschaft der deutschen Genossenschaftsbanken gegeben, ehe im Jahr 2003 die vollständige Übertragung an die GLS erfolgte. Durch den Zusammenschluss mit der Ökobank sind der GLS nunmehr über 40.000 Menschen als Mitglieder und/oder Kunden verbunden. Die Bilanzsumme der GLS-Bank betrug für das Jahr 2002 274,4 Mio. €, was einem Zuwachs von 23 Prozent gegenüber dem Vorjahr entsprach. Die Bilanzsumme der Ökobank lag im selben Jahr bei 134,7 Mio. €, womit sich die fusionierte Bank mit einer Bilanzsumme von mehr als 400 Mio. € den europäischen Marktführern Triodos/Niederlande (759 Mio. € Bilanzsumme 2001) und der Alternativen Bank Schweiz (ABS, 500,6 Mio. Schweizer Franken 2001) annähert (Triodos) bzw. bereits angenähert hat (ABS). Die GLS hat 133 Mitarbeiter an ihrem Hauptsitz in Bochum und in den Filialen in Frankfurt am Main (ehemaliger Hauptsitz der Ökobank), Freiburg, Hamburg und Stuttgart (Website Gemeinschaftsbank, Deml/May 2002: 11ff.).

Tabelle 30 kann entnommen werden, dass die Förderung regenerativer Energien neben Themen wie der Heil- und Waldorfpädagogik zu den Schwerpunkten der GLS zählt und zehn Prozent der vergebenen Kredite ausmacht. Außer bei der UmweltBank (siehe unten) genießt bei keiner anderen deutschen Bank der Bereich der erneuerbaren Energien eine solche (relative) Priorität.

Tabelle 30: Kreditvergabe nach Bereichen der GLS-Gemeinschaftsbank mit Ökobank, Stand 31.1. 2003 (Website GLS)

Förderbereich	Anteil an gesamter Kreditvergabe (%)
Wohnprojekte	17
Freie und Alternativpädagogik	15
Gewerbliche Finanzierungen	13
Nachhaltige Baufinanzierung	11
Heilpädagogik und Sozialtherapie	11
Regenerative Energien	**10**
Kunst, Kultur, Bürgerengagement	10
Ökologische Landwirtschaft	7
Altenwohnen, Seniorenprojekte, Medizin, Therapie, Pflege, Soziale Gerechtigkeit, Allgemeines	6

Die *UmweltBank* wurde 1997 vom ehemaligen Ökobank-Mitarbeiter Horst Popp gegründet. Sie ist eine in Nürnberg angesiedelte Direktbank mit rund 100 Mitarbeitern. Die UmweltBank hatte Ende 2003 eine Bilanzsumme von 486,2 Mio. € und bewegt sich damit in einer ähnlichen Größenordnung wie die fusionierten GLS und Ökobank zusammen genommen, dürfte diese aber bei einer Fortschreibung ihres bisherigen Wachstums schon 2004 deutlich überholen. Damit könnte sie neben Triodos zur führenden grünen Bank in Europa werden. Im Unterschied zur GLS ist die UmweltBank (seit 2001) börsennotiert. Eine Besonderheit der UmweltBank besteht darin, dass sie mit ihrem so genannten UmweltRat ein Gremium externer Sachverständiger berufen hat, das als Pendant zum Aufsichtsrat die Funktion eines unabhängigen ökologischen Kontrollgremiums ausübt. Bei ihren beiden Treffen pro Jahr überprüft das Gremium, ob die Bank ihr Versprechen, dass Kredite ausschließlich an Umweltprojekte vergeben werden, einhält und wie die UmweltBank den ökologischen und ethischen Ansprüchen im einzelnen gerecht wird. Wie die GLS bietet die Umweltbank fast alle Finanzprodukte (in ihrer jeweiligen ökologischen Variante) an. Im Unterschied zur GLS können die Anleger nicht individuell entscheiden, in welche Bereiche ihr Geld verliehen wird, sondern es gibt nur die allgemeine Umwelt-Garantie der Bank (Website UmweltBank, taz 4.5. 2004: 9). Tabelle 31 zeigt, dass die Vergabe von Krediten für Vorhaben im Bereich der erneuerbaren Energien neben ökologischen Immobilien zu einem der beiden Schwerpunkte der UmweltBank zählt und fasst die Hälfte des gesamten Volumens ausmacht.

Tabelle 31: Kreditgeschäft der UmweltBank nach Branchen und Volumen, Stand 2003 (Website UmweltBank)

Förderbereich	Anteil an gesamter Kreditvergabe (%)
Ökologische Wohnimmobilien	36
Windkraft	27
Ökologische Landwirtschaft, Energie Contracting u.a.	12
Sonnenenergie	12
Ökologische Gewerbeimmobilien	8
Wasserkraft	3
Biogas	2

Ein neuer Akteur auf dem Markt für grüne Geldanlagen ist die *Ethikbank* im thüringischen Eisenberg. Sie wurde im Dezember 2002 als Zweigniederlassung der Volksbank Eisenberg eG, einer der kleinsten Volksbanken Deutschlands, gegründet. Die Ethikbank ist eine Direktbank. Zum Ende des dritten Quartals 2003 hatten 1.545 Menschen der Ethikbank Geld mit einem Gesamtvolumen von 23 Mio. € in den unterschiedlichsten Anlageformen übertragen. Über die Auflistung der Ausschluss- und Negativkriterien hinaus (siehe oben) sind (noch) keine genaueren Angaben über die Kreditvergabe erhältlich (Website Ethikbank, Euro Wirtschaftsmagazin 2003).

Auch unter den konventionellen Banken finden sich einige wie die Commerzbank und insbesondere deren Filiale in Husum, die den Bereich der erneuerbaren Energien (im Fall der Commerzbank vor allem Windparkfinanzierungen) als einen wichtigen Geschäftsbereich ansehen. Die Commerzbank ist der größte Finanzier für Windparks, hat ihr Engagement allerdings eingeschränkt. In Norddeutschland, dem geografischen Schwerpunkt der Windkraftnutzung, sind die Nord/LB und die Bremer Landesbank weitere starke Kräfte auf dem Gebiet der Projektfinanzierungsebene[80]. Dass viele andere konventionelle Banken und Versicherungen erneuerbaren Energien eher zurückhaltend gegenüber stehen, dürfte auch mit ihren Verbindungen zu den großen Energieversorgungsunternehmen zusammen hängen. So hält die Deutsche Bank einen Anteil von 5,86 Prozent an EnBW, die Allianz Gruppe ist mit 3,6 Prozent an Eon und mit sieben Prozent an RWE beteiligt, und die Münchner Rück hält fünf Prozent der Anteile von RWE. Neben direkten Verbindungen gibt es auch indirekte Verflechtungen über Beteiligungen etwa an der Allianz.

Neben den grünen Banken existieren noch andere ökologische Finanzdienstleister in Deutschland. Das Jahrbuch für ethisch-ökologische Geldanlagen 2002/2003 listet mehr als 50 Anbieter von geschlossenen Windparkfonds und elf Anbieter von Solarfonds auf (Deml/May 2002: 44ff.). Durch das novellierte Erneuerbare-Energien-Gesetz (EEG) und das PV-Vorschaltgesetz (siehe 6.1.) dürfte die Anzahl der Fonds im Solarbereich weiter zunehmen. Im Jahr 2002 wurde zudem der erste Beteiligungsfonds für eine Biogas-Anlage aufgelegt. Bis Ende 2001 hatten deutsche Anleger nach Angaben des Jahrbuchs für ethisch-ökologische Geldanlagen rund 1,5 Mrd. € Eigenkapital in geschlossenen Windparkfonds angelegt - 400 Mio. € davon allein 2001, nachdem das im Jahr 2000 in Kraft getretene EEG und die hohen Ölpreise einen regelrechten Wind-Boom ausgelöst hatten. Damit haben Windenergiefonds einen Anteil von knapp 4,5 Prozent am gesamten Eigenkapital geschlossener Fonds in Deutschland erreicht. Auch wenn sie damit nicht, so das Jahrbuch, die Marktstärke anderer Fondsmodelle wie Medien-, Schiffs- oder Immobilienfonds erreichten, verzeichneten Windenergiefonds das stärkste Wachstum in einem auf Grund eingeschränkter Steuerabschreibungsmöglichkeiten rückläufigen Markt. Mit Windanlagen sei in der Regel eine Vorsteuerrendite von sechs bis acht Prozent zu erzielen, bei Photovoltaik-Anlagen liege die Spanne (Angabe für vor Inkrafttreten des PV-

---

[80] Auskunft per Email vom 26.1. 2004 von Holger Reinicke von der Nord/LB.

Vorschaltgesetzes) etwas niedriger und zwar zwischen fünf und sechs Prozent (Deml/May 2002: 40). Tabelle 32 zeigt die zehn größten Anbieter geschlossener Windparkfonds.

Tabelle 32: Größte Anbieter geschlossener Windparkfonds in Deutschland, platziertes Fondsvolumen bis zum 31.12. 2001 (Deml/May 2002: 41)

Anbieter	Mio. €
Umwelt Management	317
WPD	312
Energiekontor	299
GHF	272
Das Grüne Emissionshaus	262
Umweltkontor	257
BVT	178
P & T Technology	170
Plambeck	163
Projekt Ökovest	152

Neben den auf Fonds im Bereich der erneuerbaren Energien spezialisierten Anbietern gibt es zudem rund 40 Finanzdienstleister für ethisch-ökologische Investments in Deutschland[81]. Sie vermitteln die ganze Palette möglicher ökologischer Finanzdienstleistungen[82], ob nun Versicherungspolicen, außerbörsliche Aktien oder Investmentfonds. Zu den Marktführern zählt die Stuttgarter Pro Vita GmbH mit über 80 Mio. € Beitragsvolumen. Viele dieser Anlageformen von Pro Vita und ihren Konkurrenten sind ebenfalls ganz oder zumindest teilweise mit dem Bereich der erneuerbaren Energien verbunden (Deml/May 2002: 206ff.).

---

[81] Dabei kommt es zu Überschneidungen mit den zuvor beschriebenen Fondsanbietern.

[82] Grundsätzlich kann man sagen, dass inzwischen fast jedes Finanzprodukt in ökologischer Variante existiert. Einen sehr guten Überblick gibt die Broschüre des BMU „Mehr Wert: Ökologische Geldanlagen" (BMU 2000b).

5.2.3. Umwelt- und Verbraucherschutzverbände

Bei den Umweltverbänden[83] ist zwischen multi- und single issue Organisationen zu unterscheiden. Für das Untersuchungsfeld sind von den übergreifend tätigen Organisationen zum einen der Bund für Umwelt- und Naturschutz Deutschland (BUND), der Naturschutzbund Deutschland (NABU), Greenpeace und der World Wide Fund For Nature (WWF) Deutschland von Bedeutung, während zum anderen mit Eurosolar eine single issue Organisation besteht, die sich ausschließlich für die Förderung erneuerbarer Energien einsetzt. Irgendwo zwischen multi und single issue Organisation anzusiedeln ist der Bundesverband Bürgerinitiativen Umweltschutz (BBU). Daneben bestehen eine Reihe anderer Umweltorganisationen, die sich wie der Verkehrsclub Deutschland (VCD) nur am Rande mit erneuerbaren Energien befassen oder lediglich von regionaler Bedeutung sind wie zum Beispiel die Anti-Atom-Initiative „David gegen Goliath" aus München oder der Aachener Solarenergie-Förderverein[84] (SFV) und daher an dieser Stelle nicht eingehender betrachtet werden. Statt dessen werden am Ende von diesem Kapitel noch zwei für das Untersuchungsfeld relevante Verbraucherschutzorganisationen dargestellt.

Wesentliche inhaltliche Unterschiede in bezug auf erneuerbare Energien bestehen zwischen den großen vier Verbänden nicht. Vielmehr nehmen alle Organisationen auf Bundesebene grundsätzlich eine pro-aktive Haltung ein. Allerdings stehen den Verbandseliten teilweise skeptische Basisgruppen entgegen, die eine klassische NIMBY-Position (Not-In-My-Backyard) einnehmen und sich insbesondere gegen Windenergievorhaben in ihrem Umkreis zur Wehr setzen. Auch in den Bundesorganisationen werden Zielkonflikte zwischen Umwelt- und Naturschutz gesehen, allerdings ist etwa in bezug auf die Diskussion der Novellierung des Erneuerbare-Energien-Gesetz (EEG) versucht worden, Konflikte nicht in die breite Öffentlichkeit zu tragen, um nicht den Eindruck zu erwecken, die Umweltverbände seien gegen das EEG und die erneuerbaren Energien.

Wesentliche Unterschiede zwischen den vier großen Verbänden sind weniger inhaltlicher Natur als vielmehr in den Handlungsformen und -Philosophien zu finden. Greenpeace agiert aktionsorientiert und ist keine Basisorganisation, sondern wird wie ein Unternehmen geführt. Greenpeace pocht auf seiner Selbständigkeit und entzieht sich zumeist gemeinsamen Aktionen der Umweltver-

---

[83]   Wertvolle Anregungen für diesen Abschnitt habe ich durch ein Interview mit Klaus Traube, Sprecher des Arbeitskreises Energie im BUND, erhalten.

[84]   Auf seiner Mitgliederversammlung am 1.11. 2003 beschloss der Aachener Solarenergie-Förderverein eine Änderung seines Namens in Solarenergie-Förderverein Deutschland (SFV). Begründet wird dieser Schritt damit, dass der Verein seit Beginn der 90er Jahre auf deutschlandweite Wirkung und Vorhaben angelegt sei und die überwiegende Anzahl seiner Mitglieder (1.770 von 2.000) außerhalb des Postleitzahlen-Bereiches 52 (Aachen und Umgebung) wohne. Der SFV versteht sich als Interessenvertreter der dezentralen Solarstromeinspeiser. Das Vereinsziel sei „100 % Erneuerbare Energien statt Kohle, Erdöl und Atom" (Website SFV).

bände. Der WWF steht im Gegensatz zum konfrontativen Handeln von Greenpeace. Er gilt als relativ industrienah und versucht nicht gegen-, sondern miteinander seine Ziele zu verwirklichen. BUND und NABU sind sich in ihrer Struktur relativ ähnlich und bilden nicht wie etwa Greenpeace einen monolithischen Block. Das Rückgrat beider Organisationen sind die Ortsgruppen. Landesverbände vertreten zuweilen andere Positionen als der Bundesverband - dies wäre in einer hierarchischen Organisation wie Greenpeace kaum vorstellbar.

Zu den vier großen Organisationen im einzelnen: Der *Naturschutzbund Deutschland* ist von ihnen der älteste Verband. Er geht auf den bereits im Jahr 1899 gegründeten „Bund für Vogelschutz" zurück. Seinen heutigen Namen hat er seit der Vereinigung mit den Naturschützern in der ehemaligen DDR im Jahr 1990 inne. Der NABU hatte nach eigenen Angaben Ende 2002 392.357 Mitglieder in rund 1.500 lokalen Gruppen. Mit 72.000 Mitgliedern ist die NAJU Deutschlands größter Kinder- und Jugendverband im Bereich Natur- und Umweltschutz. Seit 1971 bestimmt der NABU alljährlich den „Vogel des Jahres", der jeweils stellvertretend auf die Gefährdung und Umweltprobleme eines Lebensraumes aufmerksam machen soll. Seit 1993 benennt der NABU zudem alljährlich mit dem „Dino des Jahres" eine Person des öffentlichen Lebens, die sich besonders umweltfeindlich verhalten habe. Ein weiterer Schwerpunkt des NABU ist die Sicherung von Flächen für den Naturschutz. Mittlerweile besitzt der NABU weit mehr als 5.000 Naturschutzflächen mit über 160.000 Hektar in ganz Deutschland (Website NABU). Der ornithologische und naturschützerische Hintergrund des Verbandes erklären auch, warum lokale Gruppen des NABU Windenergieanlagen teilweise skeptisch gegen über stehen, da sie diese als einen zu starken Eingriff in das Landschaftsbild und Bedrohung für das Leben von Vögeln ansehen[85] - auch wenn das tatsächliche Ausmaß der Beeinträchtigung umstritten ist und von Seiten des Bundesverbandes, der in seiner Bundesgeschäftsstelle einen Referenten für Energiepolitik beschäftigt, eine insgesamt pro-aktive Haltung in den politischen Prozess eingebracht wird. Dies belegen unter anderem die so genannten Wahlprüfsteine des NABU-Bundesverbandes im Vorfeld der Bundestagswahl 2002. Darin heißt es, die eingeleiteten Schritte zum Ausbau der regenerativen Energieversorgung seien konsequent weiter zu verfolgen - mit dem Nachsatz, dass dafür klare Rahmenbedingungen notwendig seien, die einen naturverträglichen Ausbau gewährleisteten. Es sei eine sorgfältige Standortpla-

---

[85] Von der Skepsis an der NABU-Basis gegenüber Windenergieanlagen konnte ich mich persönlich als Referent bei einer Diskussionsveranstaltung der Heinrich-Böll-Stiftung Niedersachsen in Garbsen (in der Nähe von Hannover) am 2. April 2003 überzeugen. Dort stehen bereits unmittelbar an der Autobahn zwei Windenergieanlagen. Das Unternehmen Windwärts aus Hannover strebt an, dort eine dritte Anlage aufzustellen. Dies wird von der Garbsener NABU-Ortsgruppe bekämpft. Auf meine Nachfrage an den örtlichen NABU-Vorsitzenden Wachtel, wie viele tote Vögel er bisher an den bestehenden Anlagen gefunden habe, antwortete er: „In den beiden letzten Jahre zwei". Bei seinem Vortrag fiel mir auf, dass er sich dabei auf ein vor sich liegendes Argumentationspapier von Eon stützte, das sich kritisch mit der Windenergie auseinandersetzt.

nung nötig, insbesondere in bezug auf Offshore-Windenergieanlagen. Ferner wird gefordert, den vereinbarten Atomausstieg zu beschleunigen und verbindlich festzulegen, die Kohlendioxid-Emissionen in Deutschland bis 2020 um 40 Prozent und bis 2050 um 80 Prozent zu reduzieren (NABU 2002: 3f.). Der Energieverbrauch soll - so heißt es in der „NABU-Position für eine zukünftige Energieversorgung" - bis 2030 um 40 Prozent sinken, die dann noch benötigte Energie zu drei Vierteln regenerativ erzeugt werden. Dazu werden neben einer kostendeckenden Einspeisevergütung die Freistellung der erneuerbaren Energien von der Stromsteuer und ihre Vorrangstellung beim Netzzugang gefordert (NABU 2000).

Neben der Windenergie ist auch die Biomassenutzung im Verband nicht unumstritten. Ein Positionspapier des NABU „zur naturverträglichen energetischen Nutzung von Biomasse" bezeichnet die Biomasse als wichtige Option für die Energiewende, deren Nutzung aber im Einklang mit dem Naturschutz zu erfolgen habe. Konkret heißt dies, dass die Nutzung der Biomasse in Konzepte zur ökologischen Land- und Forstwirtschaft einzufügen sei, wodurch die Potenziale dieses Energieträgers notwendigerweise begrenzt seien, da durch die Umstellung auf den Öko-Landbau weniger Flächen für den Anbau von Energiepflanzen für den Kraftstoffbereich verfügbar seien (NABU o. J.: 3).

Der *World Wide Fund For Nature* hat seine Arbeit in Deutschland im Jahr 1963 aufgenommen. Der WWF ist eine der größten Naturschutzorganisationen der Welt. Er ist in fast 100 Ländern aktiv und wird von rund fünf Millionen Förderern unterstützt. Der WWF führte im Jahr 2000 weltweit 1.200 Projekte durch und investierte rund 307 Mio. € in Naturschutz-Programme und -Kampagnen. Der WWF verfügt in Deutschland über eine vergleichsweise gute personelle Ausstattung, wozu 250.000 Förderer beitragen, die im Jahr 2002 die Arbeit der Umweltstiftung mit 11,4 Mio. € unterstützten. Für den WWF arbeiten rund 100 meist wissenschaftliche Mitarbeiter in der Zentrale in Frankfurt sowie in den Außenstellen Bremen, Potsdam, Rastatt, Mölln, Husum, Stralsund - und seit März 2003 auch in Berlin. Seit 1993 besteht das WWF-Referat für Klimaschutz und Energiepolitik. Es versucht im politischen Aushandlungsprozess an der Gestaltung verschiedener Instrumente wie Emissionshandel, Zertifizierung von Öko-Strom aus regenerativen Energien und der Novellierung der Energie-Einsparverordnung mitzuwirken. Im Vergleich zu den anderen Umweltorganisationen kennzeichnet den WWF ein hohes Maß an Pragmatismus, der nicht zuletzt auch in der Zusammenarbeit mit Unternehmen zum Ausdruck kommt (Website WWF).

Der *Bund für Umwelt- und Naturschutz Deutschland* wurde 1975 gegründet und ist in mehr als 2.000 Orts- und Kreisgruppen, 16 Landesverbände sowie den Bundesverband mit Sitz in Berlin strukturiert. Ende 2002 verfügte der BUND über 256.000 Mitglieder und 100.000 Förderer. Bei der BUNDjugend sind über 700 Jugendgruppen und 200 Kindergruppen organisiert. In der Bundesgeschäftsstelle haben in der Abteilung für Fachpolitik zwei der zehn Referenten in ihrer Arbeit Bezüge zum Untersuchungsfeld: Der Referent für „Atomausstieg, Abfallvermeidung, Energiepolitik" und der Referent für „Wirtschaft/Finanzen", in dessen Arbeitsfeld die Auseinandersetzung mit umweltpolitischen Instrumenten wie der Ökologischen Steuerreform und der Einführung des europäischen Emissionshandelssystems fällt. Von den 20 ehrenamtlichen Arbeitskreisen des Bundesverbandes ist mit dem Arbeitskreis Energie einer explizit mit erneuerbaren Energien und anderen Fragen der Energiepolitik befasst, andere wie die Arbeitskreise Landwirtschaft oder Naturschutz streifen immer wieder dieses Themenfeld und werden daher vom Arbeitskreis Energie - wie weiter unten noch ausgeführt wird - in die Erstellung von Positionspapieren mit einbezogen (Interview Traube/Website BUND).

Der Sprecher des Arbeitskreises Energie, Klaus Traube, hat kurz nach der Bundestagswahl 2002 Leitlinien des BUND für die deutsche Energiepolitik für die Legislaturperiode 2002-2006 vorgelegt. Darin werden der Regierung Erfolge bei der Förderung erneuerbarer Energien bescheinigt, während die Energiepolitik in den Bereichen Atomausstieg und Energieeffizienz als „defizitär" angesehen wird. Es wird von der Bundesregierung gefordert, den Vorschlag des Sachverständigenrates für Umweltfragen, die Kohlendioxid-Emissionen bis 2020 um 40 Prozent zu reduzieren, umzusetzen. Ferner fordert der BUND die Fortentwicklung der Ökosteuer bei höheren Steuersätzen und verbesserter Struktur, etwa durch Einbeziehung von Kohle und Kernbrennstoffen. Die geplante Einführung eines Emissionshandelssystems wird begrüßt, allerdings sollen „ausreichende und verbindliche, mit Sanktionen belegte Ziele gesetzt werden". Der Verband spricht sich für die Beendigung der Kernfusionsforschung aus, fordert die Einsetzung einer Regulierungsbehörde für den Strommarkt, den Abbau von Subventionen für die Atomenergie wie die teilweise steuerfreien Entsorgungsrückstellungen und die Auflösung des EURATOM-Vertrages im EU-Vertrag. In bezug auf erneuerbare Energien fordert der BUND, analog zum EEG im Strommarkt eine Abnahmeverpflichtung für regenerative Wärme einzuführen. Ähnlich wie der NABU sieht der BUND die Förderung von Biokraftstoffen nicht ganz unkritisch. Ihre Befreiung von der Mineralölsteuer solle nur bei solchen Energiepflanzen gewährt werden, die extensiv ohne Einsatz von Handelsdünger angebaut werden. Die Steinkohle solle ab 2010 nicht mehr subventioniert und neue Braunkohlefelder sollten nicht mehr erschlossen werden. Durch eine verbesserte gesetzliche Regelung soll die KWK-Stromerzeugung von 1998 bis 2010 verdoppelt und die Energieeinsparverordnung verschärft werden. Verbrauchshöchstwerte für Haushaltsgeräte sollen zum Stromsparen beitragen (Traube 2002).

Neben diesen Leitlinien liegen noch fünf Positionspapiere des BUND vor: zur Wasserkraftnutzung, zur energetischen Nutzung von Biomasse (2), zur Windenergie und zur Braunkohle. In dem vom Arbeitskreis Energie verfassten Positionspapier „Braunkohle - Abbau sozialverträglich beenden, zukunftsorientierte Arbeitsplätze schaffen" (BUND 2001) spricht sich der BUND für „den geordneten, sozialverträglichen Rückzug aus dem Braunkohleabbau innerhalb der kommenden 30 Jahre im rheinischen Revier bzw. 35 Jahre im mitteldeutschen und Lausitzer Revier" sowie „die Aufgabe aller Planungen für weitere Umsiedlungen" aus.

Im von den Arbeitskreisen Energie und Naturschutz verfassten Positionspapier „Windenergie - BUND-Forderungen für einen natur- und umweltfreundlichen Ausbau" (BUND 2001b) bekennt sich der Verband auf der einen Seiten zur Windenergie als tragender Säule einer Energiewende. Anlagen sollten aber nur dort gebaut werden, wo Landschaftsbild und Naturhaushalt nicht oder nur gering beeinträchtigt werden. Der BUND befürwortet anstelle großer Windparks „Gruppen von 2 bis 5 Anlagen oder kleine Windparks bis zu 10 Anlagen bei genügend großen Freiräumen sowie Standorte in der Nähe u.a. von Gewerbe- und Industriegebieten, Verkehrswegen und anderen Vorbelastungen". Zu den Hauptrouten des Vogelzuges solle Abstand gewahrt werden. Der BUND lehnt die bestehende baurechtliche Privilegierung von Windkraft-Anlagen ab und verlangt eine entsprechende Änderung von §35 Baugesetzbuch. Statt dessen sollen Städte, Gemeinden und Kreise verpflichtet werden, bei Bauanträgen die erforderlichen Planungen innerhalb von zwei Jahren durchzuführen. Dabei soll es auch möglich sein, die Ausweisung von Flächen für Windenergieanlagen „sachgerecht begründet auszuschließen". Der Offshore-Windenergie steht der BUND grundsätzlich positiv gegenüber. Zunächst sollen aber Belastungen auf die Meeresumwelt in Pilotprojekten „mit einer möglichst geringen Anzahl von Windenergieanlagen" untersucht werden. Erst wenn diese Untersuchungen abgeschlossen und negative Auswirkungen ausgeschlossen werden können, solle der Einstieg in eine Nutzung in größerem Umfang erfolgen.

In dem - von erheblichen Auseinandersetzungen begleiteten - von den drei Arbeitskreisen Energie, Naturschutz und Wasser verfassten Positionspapier „Wasserkraftnutzung unter der Prämisse eines ökologischen Fließgewässerschutzes" (BUND 2002) wird die Wasserkraft als eine wichtige erneuerbare Energie bezeichnet, zu deren Nutzung klar definierte gewässerökologische Kriterien erfüllt sein müssten. Der BUND spricht sich „für einen ökologischen Umbau der bestehenden Wasserkraftnutzung sowie einen begrenzten, natur- und gewässerschonenden Ausbau der Wasserkraftnutzung" aus. Ein Schwerpunkt solle dabei auf der Reaktivierung von Altanlagen „im Einklang mit den Zielen des Gewässerschutzes und bei nachgewiesener ökologischer Unbedenklichkeit" liegen. Dazu sollen aus öffentlichen Mitteln finanzielle Anreize gesetzt werden, fordert der BUND.

In den von den fünf Arbeitskreisen Abfallwirtschaft, Energie, Landwirtschaft, Naturschutz und Wald erarbeiteten „Positionen des BUND zur energetischen Nutzung von Biomasse" (BUND 2000) heißt es, unter den regenerativen Energiequellen stelle die energetische Nutzung von Biomasse mittelfristig das bedeutendste marktnah verwertbare und zudem speicherbare Energiepotenzial dar. Der BUND setze sich - so heißt es - aktiv für eine natur-, umwelt- und gesundheitsverträgliche Erschließung dieses Potenzials ein. Dabei betont der Verband, der energetischen Verwertung biogener Reststoffe und Abfälle einen höheren Stellenwert als der Erzeugung nachwachsender Rohstoffe für energetische Zwecke einzuräumen. Zudem werden mehrere Voraussetzungen genannt, unter denen der BUND die energetische Verwertung erst gut heiße. Dazu zählt unter anderem das Kriterium, dass die Gewinnung der für energetische Zwecke genutzten Biomasse dem längerfristigen Ziel der flächendeckenden Umstellung auf ökologische Land- und Waldnutzung nicht zuwiderlaufen dürfe. Darüber hinaus liegt noch eine separate „BUND-Position zur energetischen Nutzung von Altholz gemäß Biomasse-Verordnung" (BUND o. J.) vor. Hintergrund ist, dass es auf lokaler Ebene Widerstände auch von BUND-Ortsgruppen gegen Altholzkraftwerke wegen der Schadstoffemissionen solcher Anlagen gibt. Das Positionspapier schätzt Altholzanlagen als „ökologisch besser als die Alternative der werkstofflichen Verwertung" ein, fordert aber den Einsatz der Kraft-Wärme-Kopplung, angemessene Anlagengrößen zur Vermeidung von Ferntransporten von Altholz sowie Emissionsgrenzen, die sich am Standard guter Müll- oder Sondermüllverbrennungsanlagen orientieren.

Jüngste der vier großen multi issue Organisationen in Deutschland ist Greenpeace. Greenpeace wurde am 15. September 1971 in Kanada gegründet, das Büro von *Greenpeace Deutschland* ist im November 1980 in Hamburg eröffnet worden. Weltweit gibt es 39 Greenpeace-Büros und -Vertretungen. Greenpeace International hat rund 2,83 Millionen Fördermitglieder, wovon fast jeder fünfte (522.000) Greenpeace Deutschland angehört (Zahlen für Ende 2002). Dabei handelt es sich nicht wie beim BUND oder NABU um Mitglieder, die örtliche Versammlungen besuchen und in Arbeitskreisen organisiert sind, sondern in erster Linie um Menschen, die die finanzielle Basis der Arbeit von Greenpeace sichern. Daher ist auch bewusst nicht von Mitgliedern, sondern von Förderern die Rede. Greenpeace Deutschland übernimmt angesichts seiner Finanzkraft auch einen großen Teil der Kosten für weltweite Kampagnen. Greenpeace Deutschland hat nach eigenen Angaben 175 fest angestellte Mitarbeiter und ist damit personell besser als die Bundesgeschäftsstellen aller anderen Umweltverbände ausgestattet. In der Zentrale von Greenpeace International in Amsterdam arbeiten 197 Mitarbeiter. Weltweit hat Greenpeace 1.361 Beschäftigte. Ein wichtiges (und noch dazu medial überaus wahrnehmbares) Standbein der Organisationsarbeit sind die fünf Aktionsschiffe von Greenpeace International, deren Einsätze sich unter anderem gegen Atomwaffenversuche, Walfänger, die Verklappung von radioaktivem und Gift-Müll im Meer oder aber die Treibnetzfischerei richten. Greenpeace konzentriert sich bewusst auf thematische Schwerpunkte, wozu aus dem Untersuchungsfeld die Bereiche Atomenergie, erneuerbare Energien und Erdöl zählen.

Aktionen - viele davon mit energiepolitischen Anliegen - sind ein bevorzugtes Handlungsfeld von Greenpeace. Die wohl bekannteste Aktion war im April 1995 die Besetzung der Ölplattform Brent Spar im Nordostatlantik, um deren

Versenkung im Meer durch den Ölkonzern Shell zu verhindern. Ein Sturm öffentlicher Entrüstung brachte den Ölkonzern im Juni dazu, von der geplanten Versenkung abzusehen. Im April 1984 besetzte Greenpeace die Schornsteine von Braunkohlekraftwerken in mehreren europäischen Ländern, um auf die Gefahren des sauren Regens aufmerksam zu machen. Im August 1985 erkletterten Mitglieder von Greenpeace den höchsten Abgas-Schlot Europas am westdeutschen Kohlekraftwerk Buschhaus. Sie forderten, das Werk nicht ohne Entschwefelungsanlage ans Netz zu lassen. Mit einer Reihe von Aktionen ist Greenpeace den Atommüll-Transporten nach Gorleben und in die Wiederaufarbeitungsanlagen La Hague und Sellafield entgegen getreten.

Auf der anderen Seite hat Greenpeace im zurückliegenden Jahrzehnt versucht, sich nicht mehr allein durch Aktionen gegen etwas, sondern auch mit der Entwicklung von Alternativen - also für etwas - zu profilieren. Ein Beispiel ist der so genannte „Greenfreeze", der erste FCKW- und FKW-freie Kühlschrank der Welt, der 1993 in den deutschen Markt eingeführt wurde und sich inzwischen bis nach China verbreitet hat. Ein anderes Beispiel ist das Auto „Twingo SmILE", mit dem Greenpeace den Beweis antreten wollte, dass Serienautos mit halbiertem Benzinverbrauch realisierbar sind. Ein jüngstes Beispiel für die gezielte Propagierung von Alternativen ist die Gründung des Unternehmens Greenpeace energy, das umweltfreundlichen Strom vertreibt, der zu mindestens 50 Prozent aus regenerativen Quellen und zu maximal 50 Prozent aus Kraft-Wärme-Kopplungs-Anlagen auf Gasbasis stammt. Der Anteil der Photovoltaik muss zudem mindestens ein Prozent betragen. Im Jahr 2002 bestand der Strom-Mix zu 64,1 Prozent aus Wind, Wasser und Photovoltaik sowie zu 35,9 Prozent aus gasbefeuerten Kraft-Wärme-Kopplungsanlagen mit einem Wirkungsgrad von über 80 Prozent. Greenpeace energy hat den Neubau umweltfreundlicher Kraftwerke zum Ziel und garantiert deshalb, dass jeder Kunde nach maximal drei Jahren seinen Strom aus neuen, nach 2000 ans Netz gegangenen Anlagen erhält. Ende 2003 hatte Greenpeace energy rund 20.000 Kunden (siehe 5.2.2.1.).

Auch wenn Greenpeace primär über seine Aktionen wahrnehmbar ist, so betreibt die Organisation wie die anderen Umweltverbände auch klassische politische Lobbyarbeit etwa durch Stellungnahmen in Anhörungen des Bundestages oder als Auftraggeber von Studien. Ein Beispiel dafür war 1994 die Studie des Deutschen Instituts für Wirtschaftsforschung im Auftrag von Greenpeace zur Ökologischen Steuerreform, die eine breite politische und öffentliche Diskussion ausgelöst hatte (DIW 1994)[86] oder aber eine Untersuchung zu den Möglichkeiten der Offshore-Windenergie in der Nordsee (Greenpeace 2000). Im Gegensatz zu den anderen Umweltorganisationen ist Greenpeace stets auf seine Eigenständigkeit bedacht und geht Kooperationen mit anderen Verbänden aus dem Weg. Die Stellungnahmen der Organisationen sind dabei oftmals von einem gewissen Verbalradikalismus gekennzeichnet, den die anderen Verbände mit der

---

[86] Dazu ausführlicher Reiche/Krebs 1999: 103ff.

Zeit abgelegt haben. So wird beispielsweise die deutsche Atomausstiegsvereinbarung als „glatte Lüge" bezeichnet, die den großen Stromfirmen den ungestör-
ten Betrieb ihrer Anlagen garantiere (Websites Greenpeace, Greenpeace energy).

Eurosolar - die Europäische Vereinigung für Erneuerbare Energien ist im
Gegensatz zu BUND, NABU, Greenpeace und WWF eine single issue Organisation, die sich ausschließlich dem Ziel verschrieben hat, „atomare und fossile
Energie vollständig durch Erneuerbare Energie zu ersetzen" und den Stellenwert
der erneuerbaren Energien einer breiten Öffentlichkeit zu vermitteln[87]. Eurosolar
wurde 1988 gegründet und verfügt inzwischen über 14 nationale Sektionen[88]. In
Deutschland hat Eurosolar rund 3.000 Mitglieder[89]. Zu den Aktivitäten von
Eurosolar zählen die Organisation von Konferenzen, die Verleihung des europäischen Solarpreises (und in mehreren Ländern wie Deutschland die Verleihung
nationaler Solarpreise) sowie die Erstellung von Publikationen, wozu unter
anderem die Mitarbeit des Eurosolar-Arbeitskreises Recht an der Zeitschrift für
Neues Energierecht (ZNER) zählt. Im Mittelpunkt der Arbeit von Eurosolar
steht das Hineinwirken in den politischen Raum durch das Vorlegen konkreter
Handlungsvorschläge. Dieses Ansinnen wird erleichtert durch die Verbindung
der Organisation mit dem politischen Raum. So ist der Eurosolar-Präsident
Hermann Scheer SPD-Bundestagsabgeordneter und der Vorsitzende von Eurosolar Deutschland, Hans-Josef Fell, gehört der Bundestagsfraktion von Bündnis
90/Die Grünen an. Eurosolar schreibt in seinem Tätigkeitsbericht, dass es durch
seinen AK Recht das Erneuerbare-Energien-Gesetz (EEG) wesentlich beeinflusst habe und mit dem 100.000-Dächer-Programm 1999 ein seit 1993 erhobe-
ner Vorschlag der Organisation umgesetzt worden sei. Eurosolar war der Initia-
tor des im Juni 2001 gegründeten Weltrats für Erneuerbare Energien (World
Council for Renewable Energy) und stellt dessen Sitz. Eurosolar-Präsident
Hermann Scheer ist Vorsitzender des Weltrats (Websites Eurosolar, World
Council for Renewable Energy).

Der *Bundesverband Bürgerinitiativen Umweltschutz (BBU)* ist zwischen multi
und single issue Organisation anzusiedeln. Der Bundesverband Bürgerinitiativen
Umweltschutz (BBU) besteht seit 1972 und ist der Dachverband von Bürgerinitiativen im Umweltschutzbereich. Er ist dezentral organisiert. Seine Hauptaufgabe ist die Koordinierung und Vernetzung der Arbeit der angeschlossenen
Bürgerinitiativen. Sein Aktivitätsspektrum ist breiter als das von Eurosolar, aber
ein wesentlicher Schwerpunkt liegt auf dem Widerstand gegen die Nutzung der
Atomenergie. Für den BBU ist „der sofortige Ausstieg aus der Nutzung der

---

[87] Eurosolar versteht sich bewusst nicht als wirtschaftlicher Interessenverband, sondern als
Umweltorganisation und ist daher nicht den Branchenverbänden in 5.2.2.2. zugeordnet.

[88] Gegenwärtig gibt es Sektionen in Ägypten, Bulgarien, Dänemark, Deutschland, Frankreich, Großbritannien, Italien, Luxemburg, Österreich, Spanien, Türkei, Tschechische Republik, Ukraine und Ungarn.

[89] Auskunft per Email von Simone Peter von Eurosolar am 6.4. 2004.

Atomenergie (...) unverzichtbar" und er setzt sich für die Nutzung und den Ausbau regenerativer Energiequellen ein. Im Jahr 2002 ist der BBU mit den Elektrizitätswerken Schönau (EWS) eine Kooperation eingegangen und wirbt für dessen Ökostrom, im Gegenzug unterstützt EWS in finanzieller Hinsicht die politische Arbeit der BBU (siehe 5.3.2.) (Website BBU).

Der *Bund der Energieverbraucher* ist eine Interessenorganisation von privaten Energieverbrauchern. Er wurde 1986 mit Sitz in Bonn gegründet und hat nach eigenen Angaben rund 8.000 Einzelmitglieder, darunter auch zahlreiche Vereine und Kommunen. Der Bund der Energieverbraucher will die Interessen der privaten und kleingewerblichen Energieverbraucher politisch besser durchsetzen und seinen Mitgliedern beim Energiesparen und bei der Nutzung erneuerbarer Energien auch praktisch helfen. 1994 startete der Bund der Energieverbraucher die Phönix-Solarinitiative, um den wirtschaftlichen Durchbruch bei der Solarenergie-Nutzung zu erreichen: Durch Ausschreibung wurden größere Anlagenstückzahlen ohne Zwischenhandel direkt vermittelt, so das ein Beitrag zum Sinken der Anlagenpreise in Deutschland geleistet werden konnte. Seit Projektbeginn wurden so über 15.000 Anlagen installiert. Die mehrfach prämierte Phönix-Solarinitiative wurde 1999 vollständig aus dem Verein ausgegliedert. Zur Verbreitung von Fachkenntnissen im Solarbereich hat der Bund der Energieverbraucher zudem so genannte Solarschulen gegründet. Bundesweit vermitteln zehn Solarschulen nach einem einheitlichen Lehrplan Basiskenntnisse in einer 32-stündigen Ausbildung. Über 2.000 Teilnehmer haben nach Verbandsangaben die Prüfung zum „Solarberater" mittlerweile erfolgreich abgeschlossen. Mit seinem Angebot „Bunten Strom für Privatkunden" brachte der Verband nach der Liberalisierung des Strommarktes in Kooperation mit der Firma IPC ein Angebot unter dem Motto „umweltfreundlich, kernkraftfrei und günstig" auf den Markt. Seit 2002 hat der „Bunte Strom" den Charakter einer Empfehlung, Strom von bürgernahen, ökologischen und verbraucherfreundlichen Anbietern wie z.B. den EWS Schönau zu beziehen (Website Bund der Energieverbraucher).

Der *Verbraucherzentrale Bundesverband e.V. (vzbv)* ist die Dachorganisation von 16 Landesverbraucherzentralen. Der VZBV setzt sich vor allem gegen die aus seiner Sicht überteuerten Netznutzungsgebühren ein, die zu überhöhten Stromrechnungen für Verbraucher und einer Erschwerung des Marktzugangs für neue Anbieter führe. Zudem engagiert er sich für Transparenz im Elektrizitätsmarkt, etwa in bezug auf die Stromrechnung, die sowohl die zur Erzeugung eingesetzten Energieträger wie auch die damit verbundenen Umweltbelastungen ausweisen soll. Dadurch, so das Kalkül, könnte der Absatz der beliebten umweltfreundlichen Energien befördert werden. Zudem setzt sich der Verband für Verbrauchskennzeichnungen von Haushaltsgeräten und PKW ein.

5.2.4. Gewerkschaften

Der Deutsche Gewerkschaftsbund (DGB) ist der Dachverband von acht Einzelgewerkschaften[90], von denen es in vier Bezüge zur Energiepolitik gibt. Bei diesen vier Einzelgewerkschaften handelt es sich zugleich auch um die vier mitgliederstärksten Organisationen innerhalb des DGB. Tabelle 33 zeigt, dass bei ver.di, IG Metall, IG Bergbau, Chemie, Energie und der IG Bauen-Agrar-Umwelt 87,1 Prozent der 7.699.907 Mitglieder[91] des DGB organisiert sind (Stand Ende 2002, Website DGB).

Tabelle 33:   Mitglieder in den DGB-Gewerkschaften, 2002 (Website DGB)

Einzelgewerkschaft	Anteil der DGB-Mitglieder (%)
IG Bauen-Agrar-Umwelt	6,4
IG Bergbau, Chemie, Energie	10,8
Gewerkschaft Erziehung und Wissenschaft	3,4
IG Metall	34,3
Gewerkschaft Nahrung-Genuss-Gaststätten	3,2
Gewerkschaft der Polizei	2,4
TRANSNET	3,9
ver.di	35,6

Der *DGB* hatte in seinem 1996 verabschiedeten Grundsatzprogramm „Die Zukunft gestalten" gefordert, regenerative Energien müssten „in der Forschung, bei der Produktentwicklung und bei der Markteinführung besonders gefördert werden". Zur Kernenergie hieß es, auf ihren Einsatz solle „so rasch wie möglich" verzichtet werden (DGB 1996). Damit manifestierte der DGB seinen Kurswechsel in der Atompolitik. Markus Mohr schildert in seiner Dissertation „Die Gewerkschaften und der Atomkonflikt" (Mohr 2001), dass die offizielle Linie des DGB bis zur Reaktorkatastrophe von Tschernobyl 1986 ein Pro-Atom-Kurs gewesen ist und Vereine wie der „Aktionskreis Leben - Gewerkschafter gegen Atom" oder innergewerkschaftliche Vorstöße zur Erarbeitung von Konversionskonzepten innerhalb des Dachverbandes weitgehend isoliert wurden. Im

---

[90]   1990 waren dem DGB noch 16, im Jahr 2000 elf Gewerkschaften angeschlossen. Zusammenschlüsse führten zur geringeren Anzahl von Einzelgewerkschaften (Reutter 2001: 86).

[91]   Bis Ende 2003 schrumpfte die Anzahl der Mitglieder im DGB erneut. Sie nahm um 4,4 Prozent auf 7.363.367 Mitglieder ab (FAZ 16.3. 2004: 11).

Vordergrund habe die Schaffung und Sicherung von Arbeitsplätzen in den Kraftwerken gestanden, deren Belegschaften auch regelmäßig an Pro-Atom-Demonstrationen teilnahmen.

Die *Hans-Böckler-Stiftung* des DGB vergibt im Referat Arbeits- und Umweltschutz Forschungsaufträge, die sich wie zum Beispiel die Studie "Umweltwirtschaft und Zukunftsenergien in Sachsen-Anhalt - Chancen für neue Arbeitsplätze" (Behrendt 2001) auch mit dem Untersuchungsfeld auseinandersetzen.

Von den vier Einzelgewerkschaften, die sich mit energiepolitischen Fragen befassen, nehmen drei (ver.di, IG Metall, IG Bauen-Agrar-Umwelt) eine proaktive Haltung zur Nutzung erneuerbarer Energien ein, während die IG BCE als Spiegel ihrer Branche Anwalt der konventionellen Energiewirtschaft ist. Dabei kommt es zu gewissen inhaltlichen Überschneidungen mit ver.di, die sich zwar auf der einen Seite mit Nachdruck für die verstärkte Nutzung erneuerbarer Energien ausspricht, zugleich aber bei der Frage nach einem grundlegenden Strukturwandel in der Energiewirtschaft etwas zurückhaltender als die IG Metall und IG Bauen-Agrar-Umwelt agiert und auch Bestandsinteressen verteidigt.

Zu den Einzelgewerkschaften (ihrer Größe nach) im Einzelnen: *ver.di* (Vereinte Dienstleistungsgewerkschaft) ist aus den Einzelgewerkschaften DAG, DPG, HBV, IG Medien und der ÖTV hervorgegangen. In der ÖTV waren die Belegschaften der Atomkraftwerke organisiert, deren gewerkschaftlicher Organisationsgrad allerdings niedriger als in anderen Branchen lag (Mohr 2001). Mit energiepolitischen Fragen ist bei ver.di der Bundesfachbereich Ver- und Entsorgung befasst, der sich um die Interessen der Beschäftigten in der Energie-, Wasser- und Abfallwirtschaft sowie im Bergbau kümmert. Zudem gibt es die Bundesfachgruppe Bergbau. Für das Tarifgeschäft im Bergbau ist allerdings die IG BCE zuständig, in deren Tarifkommission ver.di-Mitglieder delegiert werden. In der Bundesfachgruppe Bergbau sind Mitarbeiter der Branchen Steinkohle, Braunkohle, Kali- und Steinsalz, Erdöl/Erdgas organisiert. In ihren „Grundsätzen für ein Energiekonzept für Deutschland" (ver.di o. J.) spricht sich ver.di für einen „heimischen Erzeugungs-Mix" aus. Dazu wird neben den erneuerbaren Energien, zu deren Förderung sich das Erneuerbare-Energien-Gesetz „im Prinzip" bewährt habe, die Braunkohle als ein „sicherer und preiswerter Energieträger" in Kraftwerken mit möglichst höheren Wirkungsgraden gezählt, während die Nutzung von Erdgas wegen der Importabhängigkeit skeptisch gesehen wird. Ver.di betont, den Kernenergiekonsens mitzutragen, deren „unverzichtbarer Bestandteil" die Vereinbarung zur Sicherung von Beschäftigung sei. In diesem Zusammenhang wird auf das von ver.di und dem BMU initiierte Projekt „Arbeitsplatzentwicklung an Kernenergiestandorten" verwiesen, dessen Ziel die Weiterbeschäftigung von Mitarbeitern an schließenden Kraftwerksstandorten in den entsprechenden Betreibergesellschaften ist (Website ver.di).

Die *IG Metall* sieht in der Förderung der (insbesondere im Vergleich zur Kernenergie) arbeitsintensiveren erneuerbaren Energien[92] die Chance der Schaffung
von „Energiearbeitsplätzen der Zukunft" (IG Metall 1999). Beschäftigte von
Windanlagenherstellern sind zu einem größeren Teil bei der IG Metall organisiert, in der auch ein Arbeitskreis Windenergie existiert[93]. Durch die von der IG
Metall ebenfalls vertretenen Beschäftigten der Branche Holz und Kunststoffe
findet zudem eine gewisse Auseinandersetzung mit der energetischen Nutzung
von Biomasse statt. Im Prinzip spricht sich die IG Metall wie die Partei Bündnis
90/Die Grünen für einen vollständigen Umstieg auf erneuerbare Energien aus:
„Wir müssen nicht nur immer weniger von den schmutzigen, wir müsse auch
immer mehr von den sauberen Energien anwenden, solange bis die schädlichen
verschwunden und durch umweltverträgliche Energien ersetzt sind" (Peters
2001, Website IG Metall).

Das Eintreten der IG Metall für erneuerbare Energien ist eng mit dem Thema
Rüstungskonversion verknüpft. Als die Luft- und Raumfahrtunternehmen Mes-
serschmitt-Bölkow-Blohm (MBB) und die Vereinigten Flugtechnischen Werke
(VFW) fusionieren und dadurch 15 Prozent der Belegschaft (5.500 Mitarbeiter)
ihren Arbeitsplatz verlieren sollten, legten die Gesamtbetriebsräte 1982 ein
alternatives Unternehmenskonzept vor, das sich schließlich durchsetzte und den
Stellenabbau verhinderte. Zum Alternativ-Programm zählte unter anderem die
Entwicklung und Produktion von Windenergieanlagen (Werckmeister 1998:
186). Mit der Zeit wurden in immer mehr Betrieben Arbeitskreise „Alternative
Fertigung" aus der Taufe gehoben. Der ehemalige IG Metall-Vorsitzende Klaus

---

[92] Nach einer Berechnung der Deutschen Forschungsanstalt für Luft- und Raumfahrt (DLR)
     ist die Windenergiebranche um den Faktor elf beschäftigungswirksamer pro bereitgestell-
     ter Energiemenge als die Kernenergie. Darüber hinaus betonen die Verfasser, „das Risi-
     kopotenzial der Kernenergie sowie die Kosten der Lagerung des radioaktiven Abfalls
     [sind] nicht in Geldeinheiten umgerechnet und verfälschen das Bild zugunsten der Kern-
     energie" (Langniß/Nitsch 1998: 39).
[93] Dieser Arbeitskreis wurde im Jahr 2002 gebildet und kommt zwei- bis dreimal jährlich
     zusammen. Im Mai 2004 veranstaltete der Arbeitskreis in Magdeburg eine große öffentli-
     che Branchenfachtagung „Entwicklung für die Windkraft. Saubere Energie und gute Ar-
     beit - Wie entwickeln sich die Beschäftigung und die Arbeitsbedingungen in der Wind-
     kraftbranche?". Dem Arbeitskreis gehören Betriebsräte und betreuende Funktionäre an.
     Nach Angaben von Thomas Müller vom IG Metall Bezirk Hannover verfolgt er zum ei-
     nen die Branchenentwicklung und ist zum anderen tarifpolitisch angelegt. Im Rahmen
     seiner politischen Betätigungen hat er sich unter anderem am Aktionstag für erneuerbare
     Energien im November 2003 in Berlin beteiligt (siehe ausführlicher 5.3.2.). Zum anderen
     Betätigungsfeld wird bemängelt, dass die Bereitschaft in den Betrieben, Tarifverträge ein-
     zuhalten, gering sei. Enercon wird sogar als ein „Gewerkschaftshasser" bezeichnet. Das
     Problem sei, dass die Branche aus vielen so genannten New Economy-Firmen bestehe, so
     dass der IG Metall ein zentraler Verhandlungspartner fehle. Die Zusammenarbeit mit dem
     Bundesverband Windenergie wird als sehr gut beschrieben, allerdings fehle dem BWE das
     Mandat für Tarifverhandlungen, da er kein richtiger Arbeitgeberverband sei, sondern als
     Interessenvertretung von Herstellern und insbesondere Betreibern fungiere (Interview
     Müller).

Zwickel beschreibt gewerkschaftliche Konversionsinitiativen als „fest verwurzelt in der Kritik wehrtechnischer Produktion und Produkte", deren „Forderung nach sinnvollen und ökologisch verträglichen Produkten und Produktionsweisen" nichts von ihrer Aktualität eingebüßt habe (IG Metall 1998: 7). Bildeten drohende Arbeitsplatzverluste sowie der Einfluss der erstarkten Friedens- und Umweltbewegung den Ausgangspunkt für gewerkschaftliches Engagement in den 1970er und 1980er Jahren, hat sich der Veränderungsdruck von Beginn der 1990er Jahre an durch das Ende des Kalten Krieges noch verschärft. In der Dekade nach der Vereinigung ist die Anzahl deutscher und ausländischer Soldaten in der Bundesrepublik auf ein Drittel (rund 480.000) geschrumpft (IG Metall 1998: 6).

Nicht überall waren Konversionsinitiativen von Erfolg gekrönt, doch sie setzten, so IG Metall Umweltreferent Georg Werckmeister, „Maßstäbe für eine Öffnung des Denkens" (Werckmeister 1998: 47). In seinem Buch „Die Jobmaschine" beschreibt er Konversionsansätze in der Westpfalz, einer Region, die vom Abzug amerikanischer und französischer Soldaten und dem damit einhergehenden Verlust von Zivilbeschäftigten besonders betroffen war. Dort wurden zum Beispiel die Errichtung eines Zentrums für erneuerbare Energien in Pirmasens, ein Projekt zur Speicherung umweltschonender Energie mit Hilfe einer Natrium-Chlorid-Batterie auf dem früheren US-Militärflughafen Sembach oder aber die Konstruktion von Solarlampen in Speyer umgesetzt (Werckmeister 1998: 82ff.).

Ein aus den Reihen der IG Metall gegründeter Verein, das „Netzwerk für Innovation von Technik und Industrie", hatte sich für die Nutzung der Sonnenenergie auf dem Dach der Neuen Messe in München eingesetzt. Seit November 1997 ist dort eine Ein-Megawatt-Photovoltaikanlage in Betrieb. Sie erzeugt jährlich eine Million Kilowattstunden Strom und kann damit außerhalb der Ausstellungszeiten 50 Prozent des Strombedarfs der Messe decken (Staiß 2000: 56, Werckmeister 1998: 28). Ein weiteres Beispiel für das Engagement von IG Metall-Mitgliedern für erneuerbare Energien ist das Motorenwerk der DaimlerChrysler AG in Stuttgart-Bad Cannstadt, das seit Oktober 1996 in Betrieb ist. Vom Konzern mit dem Anspruch einer „Fabrik der Zukunft" versehen, fand ein ökologisches Energiekonzept in den Planungen zunächst keine Berücksichtigung. Dies wurmte die Betriebsräte Gerd Rathgeb und Bernhard Hindersinn. In ihrer Dokumentation „Der Weg zur größten gebäudeintegrierten Solaranlage Europas bei Mercedes-Benz in Stuttgart" (Rathgeb/Hindersinn 1996) zeichnen sie nach, wie sie durch zähe Aktivität und die Mobilisierung von inner- und außerbetrieblicher Öffentlichkeit die Vorbehalte der Konzernspitze - die zunächst die fehlende Wirtschaftlichkeit des Vorhabens bemängelte - abbauen und schließlich den Bau der Photovoltaikanlage durchsetzen konnten. Die Anlage liefert 435 Kilowatt Leistung. Dies entspricht zwei Prozent des gesamten Stroms im Werk und reicht etwa für den Betrieb aller Elektrofahrzeuge in den Hallen sowie für die Versorgung einer Solartankstelle für weitere Mercedes-Fahrzeuge in der Stadt. Insgesamt hat das neue Werk rund 400 Mio. € gekostet, davon entfiel ein Prozent auf das Solarkraftwerk (Mitbestimmung 12/97: 53ff.). Hindersinn und Rathgeb wurden für ihr Engagement mit dem Europäischen Solarpreis des Vereins Eurosolar ausgezeichnet. Aus der Photovoltaikanlage in Bad Canstatt sind zum einen einige Nachfolgeprojekte in anderen Werken, etwa in Sindelfingen, hervorgegangen. Zum anderen wurde eine Kooperation mit dem Unternehmen Energiedesign eingegangen, durch die DaimlerChrysler-Mitarbeiter einen Mengenrabatt beim Kauf von Photovoltaik-, Solarthermie- und Regenwassernutzungsanlagen erhalten. Auch wurden beispielsweise Kurse zur Selbstmontage solcher Anlagen angeboten[94] (Website Energiedesign).

Die *IG Bergbau, Chemie, Energie* ist 1997 aus dem Zusammenschluss der drei Gewerkschaften IG Bergbau und Energie, IG Chemie-Papier-Keramik und der Gewerkschaft LEDER hervorgegangen. In der IG BCE gibt es vier Industriegruppen, die mit Fragen der Energiepolitik befasst sind: die Industriegruppe Chemie, Mineralöl, Gas, die IG Steinkohle, die IG Elektrizitätswirtschaft und die IG Braunkohle. Nach Ansicht der IG BCE hat sich „der praktizierte Energiemix aus Kohle, Öl, Gas und Kernenergie (...) in vieler Hinsicht bewährt, er bildete und bildet die Grundlage für das erfolgreiche deutsche Wirtschaftsmodell. Angesichts der zu erwartenden weltweiten Entwicklung bietet er auch die besten Ausgangsvoraussetzungen, um sich gegen Risiken zu wappnen. Dabei müssen die heimischen Energieträger Steinkohle und Braunkohle als bedeutende Sicherheitsfaktoren erhalten bleiben und einen wesentlichen Anteil der Stromerzeugung abdecken". Die IG BCE vertritt ungeachtet der Vereinbarung zum Atomausstieg zwischen Bundesregierung und Energieversorgungsunternehmen die Auffassung, dass es der Entscheidung künftiger Generationen vorbehalten bleiben müsse, ob „andere, sicherere Kernkrafttechnologien" zum Einsatz kommen sollten. Um diese Option aufrechtzuerhalten, dürften Forschung und Entwicklung weder eingestellt noch behindert werden (Website IG BCE). Im Gegensatz zu ver.di fällt bei der IG BCE auf, dass sie nicht nur für eine Fortführung der Braunkohle-Förderung eintritt, sondern zugleich die weiter wichtige Rolle der Steinkohle betont, sich die Kernenergienutzung offen halten möchte und sich in ihren energiepolitischen Grundsatzpositionen nicht zum Thema erneuerbare Energien äußert. Im Zusammenhang mit der Diskussion um die Einführung des EU-weiten Emissionshandels warnte die IG BCE vor einem Aus der Kohleverstromung und der Vernichtung von Tausenden Arbeitsplätzen (FAZ 25.2. 2004: 1).

Für die *IG Bauen-Agrar-Umwelt* ist durch die Fusion mit der Gewerkschaft Gartenbau, Land- und Forstwirtschaft (GGLF) im Jahr 1995 die energetische Nutzung von Biomasse zu einem wichtigen Thema geworden. Schon jetzt, so heißt es in der Zeitschrift der Organisation, würden durch die Nutzung von Biodiesel 20.000 Arbeitsplätze gesichert. Die intensivere Nutzung von Energie

---

[94] Diese Informationen habe ich zum Teil durch telefonische Auskünfte von Bernhard Hindersinn und Gerd Rathgeb im Rahmen eines von mir im Jahr 2000 durchgeführten Projektes für die Hans-Böckler-Stiftung erhalten.

aus Holz sei eine Möglichkeit, um den Anteil erneuerbarer Energien zu erhöhen, neue Absatzmöglichkeiten für die Forstwirtschaft zu erschließen und Arbeitsplätze zu sichern. Die IG BAU sieht für die Bau-Branche die Chance, zu „mehr Arbeit durch solares Bauen" - so der Titel einer gemeinsamen Erklärung von IG BAU und Eurosolar - zu gelangen (IG BAU/Eurosolar 1998). 1999 stellte die IG BAU ein gemeinsames Projekt zur Altbausanierung mit Greenpeace vor. Im Rahmen des Bündnisses für Arbeit ist auf Vorschlag der IG BAU beschlossen worden, die Zinsgewinne für den Bundeshaushalt infolge der Einnahmen aus der Versteigerung der UMTS-Lizenzen für ein Altbausanierungsprogramm zu verwenden. Auch durch die Energieeinsparverordnung erhofft sich die IG BAU Impulse für die Bau-Branche (Der Grundstein 2002: 1). Neben ihren politischen Initiativen hat es sich die IG BAU zur Aufgabe gemacht, die gewerkschaftseigenen Häuser ökologisch und energetisch zu optimieren. Beim Neubau ihrer Vorstandsverwaltung in Frankfurt-Heddernheim folgte sie dem Leitsatz „Bauen in und mit der Natur"[95]. Ein Bürohaus der IG BAU in Leipzig stellt durch seine Verbindung von Erdwärme und Solarstrom ein weiteres beispielhaftes Projekt für ökologisches Bauen dar[96]. Darüber hinaus geht auch das Erholungswerk der IG BAU mit gutem Beispiel beim Einsatz erneuerbarer Energien voran[97].

---

[95] Zunächst wurde das „Haus der BAUgewerkschaft" auf einem ehemaligen Altlastengrundstück errichtet. Heute steht das Haus auf altem Grund, aber neuem Boden, womit exemplarisch ein Beitrag zum Flächenrecycling geleistet werden sollte. Die Auswahl der Baustoffe erfolgte nach gesundheitlichen und ökologischen Kriterien. Darüber hinaus wurde die Idee von der Auflösung der Fassade durch die Errichtung von Laubengerüsten, einer auf der Südseite angelegten Vorhalle mit einer Allee aus Säuleneichen, realisiert. Sie übernehmen Funktionen des Sonnenschutzes im Sommer und unterstützen den Wärmehaushalt des Gebäudes im Winter. Das Gebäude ist so konzipiert, dass eine natürliche Lüftung möglich ist. Auf eine Klimaanlage wurde verzichtet. Die Beheizung erfolgt über einen Fernwärmeanschluss, wobei der Wärmebedarf aufgrund der energiesparenden Bauweise besonders niedrig ist. Aufgrund der großen Glasflächen wird ein hoher solarer Wärmegewinn erzielt. Auf den Einsatz von Sonnenkollektoren wurde zunächst zugunsten einer Wärmerückgewinnung aus der Kleinkälte zur Brauchwassererwärmung verzichtet. Die raumlufttechnischen Anlagen wurden mit Rotationswärmetauschern ausgestattet, welche eine Wärme- und Kälterückgewinnung bis zu 70 Prozent der eingesetzten Energie ermöglichen. Eine weitere Besonderheit des neuen IG BAU-Domizils ist die Regenwassernutzungsanlage zur Speisung der WC-Wässer, wodurch Trinkwasser eingespart wird (IG BAU 1996).

[96] Das 1997 eingeweihte Verwaltungsgebäude wird durch eine Sole-Wasser-Wärmepumpe beheizt. Über vier Erdspieße, die in Bohrungen bis zu 65 Metern Tiefe reichen, wird dem Erdreich eine konstante Wärmemenge entzogen. Der Wärmetransport aus dem Erdreich wird von der Sole übernommen. Diese wird in der Wärmepumpe verdampft, verdichtet, verflüssigt und entspannt. Der für den Antrieb des Verdichters und der Solekreispumpe nötige elektrische Strom wird mit einer hauseigenen Photovoltaikanlage erzeugt (Arbeit & Ökologie-Briefe 17/1997: 2f.).

[97] Das Hallen-Schwimmbad und die Sauna des Feriencenters Maierhöfen im Westallgäu werden durch Solarkollektoren erwärmt. Schritt für Schritt ist dort der Einsatz weiterer erneuerbarer Energien geplant. Als nächstes ist die Nutzung von Erdwärme vorgesehen. Das Urlaubsdomizil Turracher Höhe in Kärnten (Österreich) bezieht seinen Strom aus ei-

5.2.5. Forschungseinrichtungen

Energieforschung wird an Universitäten, Fachhochschulen, an außeruniversitären Forschungseinrichtungen und in Unternehmen betrieben[98]. Energieforschung hat in Deutschland in erster Linie eine naturwissenschaftlich-technische Ausrichtung. Forschung und Lehre an Universitäten und Fachhochschulen werden vor allem in den Fachbereichen Elektrotechnik und Maschinenbau betrieben. Ansätze werden zudem in ingenieurwissenschaftlichen Disziplinen wie Verfahrenstechnik, Chemietechnik, Bergbau und Hüttenwesen, Bauwesen und Architektur verfolgt. Vereinzelte Schwerpunkte zu energiewissenschaftlichen Fragestellungen finden sich in den naturwissenschaftlichen Disziplinen Physik, Chemie und Geowissenschaften sowie in den Bereichen Ökonomie und Agronomie. Die Integration sozial- und geisteswissenschaftlicher Fragstellungen in die Energieforschung sei nur selten anzutreffen, schreibt der Wissenschaftsrat (1999: 11) in seiner Stellungnahme zur Energieforschung, bezeichnet diese aber als „unerlässlich für eine wissenschaftliche Technikfolgenabschätzung und Politikberatung sowie für Studien zur Förderung der optimalen Nutzung von Energie durch die Bevölkerung".

Der Wissenschaftsrat führt alle Einrichtungen auf, die nach eigener Darstellung Energieforschung betreiben, d.h. diesen Themenbereich zu ihren Schwerpunkten zählen und Wissenschaftlerstellen dafür bereitstellen. Im Bereich der Universitäten und Fachhochschulen zählt dabei die Solartechnik nicht nur zu den im Bereich der regenerativen Energien, sondern zu den insgesamt in der Energieforschung am meisten untersuchten Feldern. 30 Universitäten und 36 Fachhochschulen geben die Solartechnik als einen ihrer Tätigkeitsschwerpunkte an. An zweiter Stelle folgt die Forschung zur Windenergie (22 Universitäten, 26 Fachhochschulen). Der Wissenschaftsrat (1999: 103) kommentiert diese bemerkenswerte Quantität allerdings mit dem Hinweis, dass im Bereich der Windenergie nur Einzelthemen verstreut bearbeitet würden, während an keiner deutschen Universität ein ausgeprägter Schwerpunkt existiere. Nach Solartechnik und Windenergie am häufigsten angegeben wurde Forschung zur Biomasse (20 Universitäten, 16 Fachhochschulen), an vierter Stelle folgt die Wasserkraft (12 Universitäten, 8 Fachhochschulen) vor der Geothermie, die nur an jeweils vier Universitäten und Fachhochschulen ein Thema ist. Nur eine Universität (Bochum) und drei Fachhochschulen (Aachen, Darmstadt, Trier) geben an, in allen Feldern der erneuerbaren Energien aktiv zu sein.

---

nem Fernwärmewerk, das unter anderem mit Holzhackschnitzeln betrieben wird. Im Ferienhotel in St. Andreasberg im Oberharz wird ein Blockheizkraftwerk (allerdings mit Gas und Öl) betrieben. Im Hotel Farbinger Hof am Chiemsee wird über den Einsatz der Brennstoffzellentechnik nachgedacht (Arbeit & Ökologie-Briefe 17/1997: 2f., IG BAU 1996)

[98] Basis für diesen Abschnitt ist die Stellungnahme des Wissenschaftsrates zur Energieforschung (Wissenschaftsrat 1999).

Auch wenn eine große Anzahl an Universitäten und Fachhochschulen angibt, Forschung im Bereich der erneuerbaren Energien zu betreiben, spricht der Wissenschaftsrat (1999: 133) davon, dass „Energieforschung in Deutschland (...) besonders auf dem Gebiet der regenerativen Energien an vielen Universitäten und Fachhochschulen mit unterkritischer personeller Ausstattung betrieben wird".

Spezielles Wissen zu regenerativen Technologien wird in der Regel als Teilaspekt des Regelstudieninhaltes vermittelt. Eine (in den Zahlen des Wissenschaftsrates noch nicht enthaltene) Innovation kommt von der 1998 in Thüringen gegründeten Fachhochschule Nordhausen, die mit Beginn des Wintersemesters 2003/2004 einen Studiengang Regenerative Energietechnik eingerichtet hat. Ziel des Studium sei die systemtechnische Ausbildung im Bereich der Entwicklung, Planung und dem Betrieb von regenerativen Energieanlagen, wobei der Schwerpunkt in den beiden Bereichen Wind- und Solarenergie angesiedelt sei, ein Augenmerk aber auch auf Bioenergiesystemen liege. Im Zentrum der Ausbildung sollen neben ingenieurwissenschaftlichen Grundlagen energie- und verfahrenstechnische Prinzipien von solarthermischen, photovoltaischen und windenergetischen Systemen stehen (Website FH Nordhausen). An der Universität Stuttgart wurde im Januar 2004 am Institut für Flugzeugbau der Fakultät für Luft- und Raumfahrttechnik der erste Lehrstuhl für Windenergie eingerichtet[99]. Es handelt sich dabei um eine Stiftungsprofessur, deren Finanzierung für einen Zeitraum von zehn Jahren die Karl-Schlecht-Stiftung des Betonpumpen-Herstellers Putzmeister übernommen hat (Neue Energie 03/2004: 94ff.). Ein von der Schmack Biogas AG gestifteter Lehrstuhl für Biogas wird beginnend mit dem Wintersemester 2004/2005 für zunächst fünf Jahre an der Fachhochschule Deggendorf in Niederbayern für das Studiengebiet „Biogassysteme und nachhaltiger Klimaschutz" eingerichtet (Neue Energie 06/2004: 25). Im August 2003 haben der Fachbereich Bauingenieur- und Vermessungswesen der Universität Hannover und das Institut für Physik (Energiemeteorologie) an der Universität Oldenburg ein gemeinsames Forschungs- und Kompetenzzentrum Windenergie eingerichtet. Dort werden neue modulare Studienangebote konzipiert und akademische Spezialkurse wie Summer Schools und PhD-Kurse vorbereitet. Im März 2004 nahm an der Fachhochschule Bochum das Zentrum für Geothermie und Zukunftsenergien seine Arbeit auf. Getragen wird das Zentrum von den Fachbereichen Architektur, Bauingenieurwesen, Elektrotechnik, Maschinenbau, Geoinformatik und Wirtschaft (Erneuerbare Energien 11/2003: 3, Neue Energie 4/2004: 29).

Im Bereich der außeruniversitären Einrichtungen wird wie an Universitäten und Fachhochschulen die Auseinandersetzung mit solartechnischen Fragen am häufigsten (von 15 Einrichtungen) angegeben, gefolgt von der Forschung zur

---

[99] Berufen wurde Martin Kühn, der zuvor Projektleiter Offshore-Entwicklung bei GE Wind Energy war (Neue Energie 03/2004: 94).

Biomasse (8), Windenergie (6) sowie Wasserkraft und Geothermie (jeweils 2). Als einzige außeruniversitäre Einrichtung gibt die Forschungsstelle für Energiewirtschaft (FFE) in München an, sich mit allen regenerativen Energien zu beschäftigen[100].

An dieser Stelle gesondert hervorgehoben werden sollen nur jene Einrichtungen, die ausschließlich im Bereich der erneuerbaren Energien aktiv sind. Dazu zählt das *Fraunhofer-Institut für Solare Energiesysteme (ISE)* in Freiburg, das 1981 als erstes außeruniversitäres Solarforschungsinstitut in Europa gegründet wurde und mit heute über 400 Mitarbeitern nach eigenen Angaben Europas größtes Solarenergie-Forschungsinstitut ist. ISE beschäftigt sich mit Forschung und Entwicklung in den Gebieten netz-unabhängige und netzgekoppelte Photovoltaik, solarthermische Anlagen und solares Bauen (Website ISE).

Das *Deutsche Windenergie-Institut (DEWI)* in Wilhelmshaven ist 1990 durch das Land Niedersachsen zur Unterstützung der Windenergie-Industrie gegründet worden. Es beschäftigt in Wilhelmshaven und seiner Auslandsniederlassung in Pamplona/Spanien insgesamt 50 Mitarbeiter. Das DEWI verfügt über Windenergie-Testfelder in Wilhelmshaven und Cuxhaven. Zur Verbreitung der Windenergie im Ausland werden Weiterbildungskurse für Teilnehmer aus verschiedensten Ländern angeboten. Seit 1992 richtet das DEWI im Zweijahres-Rhythmus die Deutsche Windenergiekonferenz aus. Neben seiner Forschungstätigkeit ist das DEWI auch in den Bereichen Beratung und Windparkplanung tätig (Website DEWI).

Das *Institut für Solare Energieversorgungstechnik (ISET)* in Kassel ist 1988 als „An-Institut" der Universität Kassel gegründet worden. Es betreibt anwendungsorientierte Forschung und Entwicklung und nimmt experimentelle Untersuchungen, Feldtests und gerätetechnische Entwicklungen vor. ISET hat 65 Mitarbeiter an seinen Standorten in Kassel und der 1995 eingerichteten Niederlassung in Hanau, wobei sich Kassel auf die Bereiche Wind und Photovoltaik konzentriert, während in Hanau die Erzeugung von Strom aus Biomasse im Vordergrund steht (Website ISET).

Das *Institut für Solarenergieforschung Hameln (ISFH)* in Emmerthal bei Hameln ist 1987 vom Land Niedersachsen in der Rechtsform einer gemeinnützigen GmbH gegründet worden und versteht sich als Zentrum der Solarenergieforschung im norddeutschen Raum. Die Forschungsgebiete der 50 Mitarbeiter sind die Bereiche Photovoltaik, Solarthermie und die passive Nutzung der Solarenergie im Gebäudebereich. Neben der Forschung nimmt das ISFH Dienstleistungen wie Gutachtertätigkeiten sowie die Planung und Betreuung verschiedenster

---

[100] Die Aussagekraft dieser Angabe sollte aber insofern etwas in Frage gestellt werden, als an der FFE insgesamt nur 17 Mitarbeiter tätig sind, die acht Themenschwerpunkte bearbeiten, von denen regenerative Energien einen Bereich darstellen (Website FFE). Insofern dürfte die Tiefe der Auseinandersetzung nicht mit der an den nachfolgend aufgeführten Einrichtungen vergleichbar sein.

Projekte vor. Wie auch das neue ISE-Gebäude in Freiburg ist das Institutsdomizil selbst ein Vorzeigebeispiel für solares Bauen (Website ISFH).

Das *Zentrum für Sonnenenergie- und Wasserstoff-Forschung (ZSW)* in Stuttgart ist 1988 von Forschungseinrichtungen, Wirtschaftsunternehmen und vom Land Baden-Württemberg gegründet worden. Es startete 1988 mit zehn Mitarbeitern, Ende 2002 waren es bereits 120 an den Standorten Stuttgart, Ulm und Widderstall. Schwerpunktthemen des ZSW sind photovoltaische Materialien und Anwendungen, Batterien, Brennstoffzellen und Kraftstoffe aus Biomasse. Bekannt ist das ZSW auch durch die Zertifizierung von grünem Strom und das (in dieser Untersuchung wiederholt als Referenz angegebene) Jahrbuch Erneuerbare Energien (Website ZSW).

Während grundlagenorientierte Forschungsarbeiten in erster Linie an Universitäten und außeruniversitären Forschungseinrichtungen durchgeführt werden, geht es bei Energieforschung in Unternehmen in erster Linie um wirtschaftliche Ziele wie Wirkungsgradsteigerungen und eine Senkung spezifischer Investitionskosten, durch die regenerative Energien marktfähiger werden sollen. Entwicklungsarbeiten bei regenerativen Energiesystemen werden nach Angaben des Wissenschaftsrates (1999: 113) in erster Linie in Abstimmung und Zusammenarbeit mit Hochschulen und Forschungseinrichtungen durchgeführt. Eine Besonderheit stellt die *Stiftung Energieforschung Baden-Württemberg* dar. Sie ist eine gemeinnützige Organisation der beiden Stifterunternehmen EnBW und der Neckarwerke Stuttgart AG und mit einem Stiftungskapital von 25 Mio. € ausgestattet. Priorität für die Stiftungsarbeit hat laut Satzung die Erforschung und Entwicklung erneuerbarer Energien, wobei die geförderten Projekte anwendungsorientiert sein und einen Bezug zu Baden-Württemberg haben sollten (Website Stiftung Energieforschung Baden-Württemberg).

5.3. Netzwerke und Interaktionen im Politikfeld erneuerbare Energien in Deutschland

Nachfolgend wird zwischen zwei Formen von Netzwerken (im Sinne regelmäßiger und dauerhafter Beziehungen) erneuerbarer Energien unterschieden: jenen, die sich innerhalb einzelner Akteursgruppen gebildet haben, und jenen, die zwischen verschiedenen Akteursgruppen bestehen.

5.3.1. Interaktionen innerhalb einzelner Akteursgruppen

Die Zusammenarbeit innerhalb der meisten im Untersuchungsfeld aktiven Akteursgruppen kann als sehr gut bezeichnet werden. Gerade zwischen den regenerativen Interessenverbänden, deren Umgang in vielen anderen Ländern von Konkurrenz statt von Kooperation geprägt ist (Reiche 2002b, Reiche 2003b), findet ein reger Austausch statt. Mit der Gründung des *Bundesverbandes Erneuerbare Energien (BEE)* ist es geglückt, die verschiedenen Branchenorganisationen zusammen zu führen und eine Abstimmungsplattform zu schaffen, die zugleich als ein einheitliches Sprachrohr dient, das öffentlich stärker wahrnehmbar ist als Einzelorganisationen mit zum Teil nicht einmal vierstelligen Mitgliederzahlen. Bei den Mitgliedsverbänden im BEE herrscht die Einsicht vor, dass gerade in bezug auf die Beeinflussung politischer Rahmensetzungen gemeinsam im BEE mehr erreicht werden kann als allein auf Einzelverbands-Ebene und es ohnehin eines Mix erneuerbarer Energien bedarf, um die gewünschte Transformation von fossil-atomarer zu regenerativer Energie umsetzen zu können. Insofern ist der Ansatz, die eigenen Perspektiven (wie zum Beispiel die der Geothermie) in Abgrenzung zu anderen Energien (wie zum Beispiel zur Windenergie) zu formulieren, kaum noch verbreitet.

Ein Beispiel für die Handlungsfähigkeit des BEE war die Reaktion auf die umstrittene Titelgeschichte „Der Windmühlen Wahn. Vom Traum umweltfreundlicher Energie zur hoch subventionierten Landschaftszerstörung" des Nachrichtenmagazins Der Spiegel (29.3. 2004: 80-97). Der BEE schaltete am darauf folgenden Tag eine ganzseitige Anzeige im Wirtschaftsteil der FAZ (30.3. 2004: 18), in der er die Vorteile erneuerbarer Energien und die Nachteile der Nutzung fossil-atomarer Energien hervorhob. Die (auch in Pressemitteilungen und über die einschlägigen elektronischen Listen verbreiteten) Argumente wurden in den Medien vielfach rezipiert[101]. Der Spiegel hatte seine Titelgeschichte gezielt in die Woche über die Bundestags-Abstimmung der Novelle des Erneuerbare-Energien-Gesetzes platziert[102].

Der BEE wurde 1991 als Dachverband aller Sparten der erneuerbaren Energien gegründet und verfolgt das langfristige Ziel einer vollständigen Umstellung der Energieversorgung auf erneuerbare Energien. Mit Ausnahme von Eurosolar gehören dem BEE (inzwischen) alle wichtigen Organisationen aus dem Bereich der erneuerbaren Energien an. Insgesamt umfasst der Bundesverband Erneuerbare Energien eigenen Angaben zufolge 23 Verbände aus den Bereichen Wasserkraft, Windenergie, Biomasse, Solarenergie und Geothermie, wobei der Bundesverband Windenergie (BWE) mit seinen über 16.000 Mitgliedern der mit

---

[101] Wobei die Medien Rückfragen nicht immer an den BEE, sondern vielfach an dessen größten Mitgliedsverband, den BWE, richteten und dieser folglich in erster Linie in den Berichten zitiert wurde. Dies hing auch damit zusammen, dass der BWE nach Erscheinen der Titelgeschichte eine Pressekonferenz abhielt sowie eigene Hintergrundpapiere und Briefe verfasste (Neue Energie 5/2004: 10).

[102] Die Titelgesichte war auch innerhalb der Redaktion des Nachrichtenmagazins nicht unumstritten. So kündigte der bekannte Spiegel-Journalist Harald Schumann (u.a. Autor des Buches „Die Globalisierungsfalle") am Erscheinungstag seine Stelle. Von einem normalerweise für Energiefragen zuständigen Spiegel-Redakteur erfuhr ein Kollege von mir informell, dass er in den zurück liegenden Monaten zwei Artikel mit einem anderslautenden Tenor verfasst hatte, die beide nicht veröffentlicht worden seien. Statt dessen wurde ein Medienredakteur mit der tatsächlich abgedruckten Titel-Geschichte beauftragt. Wer den Spiegel durchblättert, findet dort zahlreiche Anzeigen der konventionellen Energiewirtschaft oder energieintensiver Unternehmen (die Gesetze wie die zur Förderung erneuerbarer Energien in erster Linie als Kostenbelastung wahr nehmen). Es soll dahin gestellt bleiben, ob dies die Spiegel-Chefredaktion dazu bewog, in der Auseinadersetzung um das EEG so eindeutig Partei zu ergreifen.

Abstand größte und einflussreichste Mitgliedsverband ist[103]. Im Vorstand des BEE sind von der Geothermie abgesehen alle Bereiche der erneuerbaren Energien eingebunden. Zudem verfügt der BEE über einen parlamentarischen Beirat, der „regelmäßig", wie es in der BEE-Selbstdarstellung heißt, mit dem Vorstand zur Beratung zusammen trifft. Dem parlamentarischen Beirat des BEE gehören Bundestagsabgeordnete von SPD, CDU, CSU und Bündnis 90/Die Grünen an, Repräsentanten der FDP und der PDS sind nicht vertreten (Website BEE).

Einen umfassenderen Ansatz als der BEE verfolgt der *Deutsche Naturschutzring (DNR)*, der nicht allein auf das Thema erneuerbare Energien, sondern breiter auf das gesamte Feld des Umwelt- und Naturschutzes ausgerichtet ist. Dem 1950 mit 15 Mitgliedsverbänden gegründeten DNR gehörten nach eigenen Angaben Ende 2003 94 Organisationen an. Neben single issue-Organisationen wie dem Deutschen Kanu-Verband, dem Deutschen Alpenverein oder der Deutschen Schlittenhundorganisation zählen dazu auch die größeren Umweltverbände wie BUND und NABU (Website DNR). Eine Sonderrolle spielt Greenpeace, dass sich nicht dem DNR angeschlossen hat und auch sonst lieber auf eigenen Füßen steht (siehe 5.2.3.). Der energiepolitische Sprecher des BUND beschreibt den DNR als „sehr lockeres Dach". Die Breite der Mitgliederbasis und die losen Strukturen erschweren die Abstimmung und Festlegung auf gemeinsame Positionen. So scheiterte im Vorfeld der EEG-Novelle der Versuch einer Stellungnahme des DNR an den verschiedenen Polen im Verband, insbesondere an der starken naturschützerischen Ausrichtung einiger Mitglieder.

Die großen Umweltverbände BUND, Greenpeace, NABU und WWF umgehen den DNR, indem sie in Einzelfragen zu zweit, zu dritt oder zu viert Kooperationen eingehen, wobei thematische Bündnisse von BUND und NABU am häufigsten sind, während Greenpeace in den seltensten Fällen mit von der Partie ist. Der energiepolitische Sprecher des BUND beschreibt die Abstimmung mit NABU und WWF als „ganz gut", wobei es speziell in bezug auf das EEG wiederholt zu gemeinsamen Initiativen mit dem NABU kam. Diese seien trotz einzelner Kritikpunkte von dem Grundgedanken getragen gewesen, primär Zustimmung zum EEG in die breite Öffentlichkeit zu tragen und nicht die Kritikpunkte in den Vordergrund zu rücken, um nicht den falschen Eindruck zu erwecken, die Umweltverbände seien gegen das EEG (Interview Traube).

---

[103] Mitglieder des BEE sind im einzelne folgende Verbände (in alphabetischer Reihenfolge): Allgemeiner Energieverein (AEV), Bundesinitiative Bioenergie (BBE), Bundesverband Deutscher Wasserkraftwerke (BDW), Bundesverband Pflanzenöle (BVP), Bundesverband Solarindustrie (Bsi), Bundesverband WindEnergie (BWE), Bundschuh-Biogas-Gruppe (BBG), Deutsche Gesellschaft für Sonnenenergie (DGS), Energie dezent - Verein für dezentrale Energienutzung, Fachverband Biogas, Förderkreis Biogas, Förderkreis Pflanzenöl, Geothermische Vereinigung (GtV), OWAG Ostbayrische Windanlagen, Stuttgart Solar, UMEN - Umweltfreundliche Energien Mittlerer Neckar, Umschalten, Umweltfreundliche Energien Ennepe-Ruhr, Unternehmensvereinigung Solarwirtschaft (UVS), Verband Deutscher Biomasseheizwerke (VDBH), Windenergie Nordeifel und Wirtschaftsverband Windkraftwerke (WVW) (Website BEE).

In der *Arbeitsgemeinschaft Qualitätsmanagement Biodiesel (AGQM)* haben sich die wichtigsten Hersteller und Vermarkter von Biodiesel zusammengeschlossen. Sie verfügen in Deutschland und Österreich über einen Marktanteil von 95 Prozent. Die AGQM hat sich im Dezember 1999 auf Initiative der Union zur Förderung von Öl- und Proteinpflanzen (UFOP) mit dem Ziel der Kontrolle der Biodieselqualität gegründet. Das Logo der AGQM soll zur Vertrauensbildung bei Verbrauchern und Fahrzeugherstellern beitragen. Es wird inzwischen von 1.300 der 1.700 Tankstellen mit Biodiesel verwendet (Müller 2004: 26).

Bei der Interessenvertretung der deutschen Stromwirtschaft, dem *Verband der Elektrizitätswirtschaft (VDEW)*, bestehen mehrere Gremien speziell zum Thema erneuerbare Energien. Der VDEW repräsentiert nach eigenen Angaben mit seinen 750 Mitgliedern knapp 95 Prozent des gesamten deutschen Strommarktes (Website VDEW). Laut dem für erneuerbare Energien zuständigen Referenten des Dachverbandes gibt es innerhalb des VDEW insgesamt fünf verschiedene Gremien speziell zum Untersuchungsfeld. In dem Projektkreis Regenerative Energien werden fernab vom politischen Tagesgeschäft übergeordnete Fragen wie der Themenkomplex Fördersysteme diskutiert. Dazu werden unter anderem Länderberichte eingeholt. Seit dem Jahr 2000 besteht eine Projektgruppe EEG, die alle zwei bis drei Monate zusammen kommt und vornehmlich aus Juristen besteht, die rechtliche Fragen im Zusammenhang mit dem Gesetz erörtern. Eine zweite Projektgruppe, die weniger einen juristischen als vielmehr einen politischen Zugang zum Thema hat und die allgemeine Positionsbestimmung der Branche vornimmt, ist dezidiert zur EEG-Novellierung gegründet worden. In dieser Projektgruppe sind unter anderem kommunale und regionale Versorger sowie Repräsentanten aller vier Übertragungsnetzbetreiber, des VDN und des VKU vertreten. Die Position zur EEG-Novelle besteht darin, dass auf der einen Seite der Ausbau erneuerbarer Energien befürwortet, andererseits aber stark auf Kosteneffizienz geachtet wird. In diesem Zusammenhang wird die Förderungswürdigkeit der Photovoltaik in Frage gestellt, außerdem spricht man sich dafür aus, Groß- statt Kleinanlagen zu fördern. Schließlich existieren im VDEW noch zwei Gremien speziell zur Wasserkraft. Sie haben sich unter anderem dafür ausgesprochen, im Rahmen des EEG Modernisierungsanreize für große Wasserkraftanlagen aufzunehmen und beschäftigen sich ansonsten mit den rechtlichen und wirtschaftlichen Rahmenbedingungen ihres Sektors etwa im Zusammenhang mit der EU-Wasserrahmenrichtlinie (Interview Böhmer).

Konträre Positionen zum VDEW nimmt der im September 2002 gegründete *Bundesverband Neuer Energieanbieter (bne)* ein. Er vertritt die Interessen der Newcomer auf dem liberalisierten Strom- und Gasmarkt. Das sind die Strom- und Gasunternehmen, die zur Versorgung ihrer Kunden überwiegend auf die Netze Dritter angewiesen sind. Der bne setzt sich „für faire Marktchancen und einen diskriminierungsfreien Netzzugang" ein. Dem bne gehören auch Ökostromunternehmen wie Lichtblick an. Der bne bemängelt, dass neue Unternehmen (wie zum Beispiel Ökostromanbieter) wegen „überzogenen Netzentgelten" kaum Chancen auf dem liberalisierten Elektrizitätsmarkt haben und fordert von der in Gründung befindlichen Regulierungsbehörde, die entsprechenden Entgelte zu senken (Website bne).

Im Deutschen Bundestag besteht ein *Netzwerk rot-grüner Energiepolitiker*, das sich allerdings nicht in einem festen Rhythmus, sondern nur dann, wenn akuter Bedarf gesehen wird, trifft und abstimmt. Von Seiten der SPD sind dies die Abgeordneten Hermann Scheer, Michael Müller, Rolf Hempelmann, Marco Bülow, Axel Berg und Ulrich Kelber, für die Bündnisgrünen nehmen Hans-Josef Fell, Michaele Hustedt und Reinhard Loske an den Treffen teil[104].

Forschungsverbünde speziell zum Thema erneuerbare Energien stellen nach Ansicht des Wissenschaftsrates (1999: 118) „ein besonders sinnvolles und erfolgversprechendes Instrument dar, da dieses Gebiet [der erneuerbaren Energien] sehr zersplittert ist, die existierenden Potenziale aber nur dann eine Aussicht auf international konkurrenzfähige Ergebnisse haben, wenn sie zu kritischer Masse gebündelt werden". Ein Beispiel für einen funktionierenden Forschungsverbund ist die 1991 gegründete *Arbeitsgemeinschaft Solar* in Nordrhein-Westfalen, die als ihr Ziel „die vermehrte Nutzung solarer Energie in NRW" angibt. Der Arbeitsgemeinschaft gehören etwa 140 Forschungsgruppen und Anwender an. Sie wird vom Land Nordrhein-Westfalen mit jährlich acht Mio. € gefördert. Seit ihrem Bestehen hat sie über 200 Projekte - von anwendungsnaher Forschung und Entwicklung über Demonstrationsvorhaben bis hin zu Aus- und Weiterbildungsangeboten - durchgeführt (Website AG Solar).

Auf Bundesebene gibt es den *Forschungsverbund Sonnenenergie*. Er wurde 1990 auf Initiative des Bundesministeriums für Bildung, Wissenschaft, Forschung und Technologie gegründet. Ihm gehören acht Institutionen an: das Deutsche Zentrum für Luft- und Raumfahrt, das Hahn-Meitner-Institut, das Forschungszentrum Jülich, das Fraunhofer-Institut für Solare Energiesysteme, das Institut für Solare Energieversorgungstechnik, das Institut für Solarenergieforschung Hameln, das Zentrum für Sonnenenergie- und Wasserstoff-Forschung und als jüngstes Mitglied das Geoforschungszentrum Potsdam. Diese Institute nutzen den Verbund, um ihre Forschung miteinander abzustimmen (Website Forschungsverbund Sonnenenergie).

5.3.2. Netzwerke zwischen verschiedenen Akteursgruppen

In Deutschland bestehen mehrere Netzwerke im Bereich der erneuerbaren Energien. Während das (etwas losere) Netzwerk, das zunächst beschrieben werden soll, von gesellschaftlichen Akteuren ausgegangen ist, wurden die Initiative Solarwärme Plus, die Arbeitsgruppe Erneuerbare Energien-Statistik und die Arbeitsgruppe Kraftstoffstrategie von einem staatlichen Akteur - wenn auch unter Einbeziehung verschiedenster gesellschaftlicher Gruppen - begründet.

---

[104] Auskunft von Carsten Pfeiffer, Mitarbeiter von Hans-Josef Fell, am 27.1. 2004 per Email.

Ferner werden noch kurz Netzwerke zwischen jeweils zwei verschiedenen gesellschaftlichen Gruppen dargestellt.

Die Protagonisten erneuerbarer Energien haben wiederholt ein breites Bündnis an Akteuren, die die Nutzung erneuerbarer Energien befürworten und ausweiten wollen, gebildet. Diese Pro-Akteure sind in allen gesellschaftlichen Bereichen vorzufinden, ob nun in den Bereichen Kapital, Arbeit oder Umwelt. Während in vielen anderen Ländern Kooperationsmechanismen innerhalb der Befürworter-Gruppe nur unzureichend ausgeprägt sind (vgl. Reiche 2002b, 2003b), haben die in Deutschland erneuerbare Energien unterstützenden Gruppen ihre Bündnisfähigkeit wiederholt unter Beweis gestellt. Allerdings ist dieses Netzwerk gesellschaftlicher Akteure bislang nicht von Regelmäßigkeit gekennzeichnet, sondern hat sich punktuell (mit leicht wechselnder Zusammensetzung) gebildet, wenn akuter Bedarf zur Intervention pro erneuerbare Energien bzw. für bestimmte politische Rahmenbedingungen gesehen worden ist[105].

Ein Beispiel dafür ist die Initiative des *Aktionsbündnis Erneuerbare Energien* mit der Unterzeichnung der gemeinsamen Erklärung „Aufbruch in eine neue Zeit - Chancen der Erneuerbaren Energien nutzen" vom 1. September 2003. Zu den Erstunterzeichnern zählen die beiden mitgliederstärksten Gewerkschaften im DGB, ver.di und die IG Metall. Sie repräsentieren rund 70 Prozent der Mitglieder im Deutschen Gewerkschaftsbund (siehe Tabelle 33). Weitere Unterzeichner sind der Deutsche Bauernverband als wichtigstes landwirtschaftliches Interessenvertretungsorgan, der Bundesverband Mittelständische Wirtschaft, der Bundesverband Erneuerbare Energien und Eurosolar. In der Erklärung werden die vielfältigen Vorteile erneuerbarer Energien betont: für den Arbeitsmarkt mit nach Ansicht des Aktionsbündnisses potenziell 500.000 Arbeitsplätzen bis zum Jahr 2020, für neue mittelständische Akteure und als Wachstumsimpuls nicht zuletzt für das deutsche Exportgeschäft, als neue Einkommens- und Beschäftigungschance für die Landwirtschaft sowie als Chance für den Klimaschutz. „Das Bündnis setzt sich für eine offensive Weiterentwicklung der Erzeugung von Strom, Wärme und Treibstoffen aus Erneuerbaren Energien ein. Die Unterzeichner sehen hierin einen zentralen Erfolgsfaktor für die Zukunft des Standortes Deutschland. (...) Die dynamische Entwicklung bei den Erneuerbaren Energien muss weitergehen: Das EEG als zentrales Instrument im Stromsektor muss Bestand haben und weiterentwickelt werden. (...) Forschungsförderung für Erneuerbare Energien ist eine Zukunftsinvestition und sollte daher über das heutige Niveau angehoben werden" (Aktionsbündnis Erneuerbare Energien 2003). Kurz vor den abschließenden Beratungen zum Erneuerbare-Energien-Gesetz im Umweltausschuss des Deutschen Bundestages im März 2004 meldete sich das Aktionsbündnis Erneuerbare Energien erneut mit einer öffentlichen Stellungnahme zu Wort und kritisierte geplante Einschnitte im EEG (DNR-Pressedienst 8.3. 2004). Ferner legte das Aktionsbündnis zur Weltkonferenz

---

[105] Insofern ist die Anwendung des Netzwerkbegriffs in diesem Fall etwas zu relativieren.

Renewables2004 im Juni 2004 in Bonn ein Positionspapier vor. Darin wird unter anderem die Einrichtung einer Internationalen Agentur für Erneuerbare Energien (IRENA), die Abschaffung des EURATOM-Vertrages und statt dessen ein europäischer Gemeinschaftsvertrag zur Verbreitung erneuerbarer Energien (EURENEW), auf Ebene der Europäischen Union eine Zielformulierung von 25 Prozent Anteil regenerativer Energien am Energieverbrauch bis 2020 sowie die Fortschreibung und Verschärfung der Ziele und Maßnahmen des Kyoto-Protokolls gefordert (Aktionsbündnis Erneuerbare Energien 2004).

Eine weiteres Beispiel für das Funktionieren des regenerativen Netzwerkes lieferte der *Aktionstag Erneuerbare Energien* am 5. November 2003, dessen Höhepunkt eine Demonstration von (nach Angaben des Veranstalters) mehr als 5.000 Menschen am Brandenburger Tor in Berlin war[106]. Zu dieser Kundgebung hatten über 30 Wirtschafts-, Fach- und Umweltverbände sowie Gewerkschaften aufgerufen. Dazu zählten neben dem Deutschen Naturschutzring und dem Bundesverband Erneuerbare Energien unter anderem die vier größten Umweltverbände BUND, NABU, WWF und Greenpeace, die Gewerkschaften IG Metall und IG BAU sowie der Bundesverband Mittelständische Wirtschaft. An der Kundgebung nahmen Redner aller Bundestagsfraktionen mit Ausnahme der FDP teil, was auf deren grundsätzlich kritische Haltung zum EEG schließen lässt (siehe 5.2.1. und 5.4.). Anlass des Aktionstages waren „befürchtete Fehlentscheidungen im Zusammenhang mit der laufenden Novelle des Erneuerbare-Energien-Gesetzes", wie es in einer Pressemitteilung im Vorfeld des Aktionstages hieß. Als Kernforderungen der Teilnehmer sind „ein fairer Marktzugang für Strom aus erneuerbaren Energien durch Fortsetzung des EEG, die zügige Umsetzung der geplanten Steuerbefreiung für Bio-Kraftstoffe und die Schaffung gesetzlicher Marktanreize auch für Wärme aus erneuerbaren Energien" genannt worden (BEE 2003).

Eine vergleichbar öffentlichkeitswirksame Aktion mit ähnlich hoher Teilnehmerzahl hatte es bereits im Jahr 1997 gegeben. Damals hatte die *Aktion Rückenwind* - ein Bündnis aus Bundesverband Windenergie, IG Metall, Eurosolar, Solarenergie-Förderverein und den Arbeitsgemeinschaften Wasserkraftwerke Baden-Württemberg, Rheinland-Pfalz und Nordrhein-Westfalen, das von einem Dutzend Umweltverbänden sowie dem Bund der Deutschen Landjugend unterstützt wurde - zu einer bundesweiten Kundgebung „für den Erhalt des Stromeinspeisegesetzes" in Bonn eingeladen. Die Demonstration fand im Umfeld der Beratungen des Bundestages über ein neues Energierecht statt, in dessen Zusammenhang das Kundgebungsbündnis eine Kürzung der Vergütung für die Windenergie und die Ablehnung einer Vorrangregelung für erneuerbare Ener-

---

[106] Ein Hauptgrund für die hohe Beteiligung bestand darin, dass Betriebe aus der regenerativen Branche mit größeren Teilen ihrer Belegschaft teilgenommen hatten. Beispiele sind die Windturbinen-Hersteller Enercon und Vestas mit dem Vernehmen nach 1.100 bzw. 700 Teilnehmern oder aber der solare Wechselrichter-Hersteller SMA Regelsysteme mit 250 Mitarbeitern (Neue Energie 12/2003: 98f.).

gien fürchtete. Auch wenn die Anzahl der Teilnehmer in einer ähnlichen Größenordnung wie bei der Demonstration im November 2003 lag[107], so fällt auf, dass sich die Akteursbasis mit der Zeit noch weiter verbreitert hat (Aktion Rückenwind 1997).

Die *Initiative Solarwärme Plus* wurde im Mai 2002 als ein Projekt der Deutschen Energie-Agentur gegründet. Sie fügt sich ein in das Bild einer „vertikalen Durchdringung der staatlichen Administration mit korporativen Gremien. (...) Zwar ist die Bundesrepublik zu Recht nie zu den stark korporatistischen Ländern gezählt worden, dennoch ist die Bedeutung von Verbänden für die Steuerungs- und Integrationsfähigkeit des politisch-administrativen Systems kaum zu überschätzen" (Reutter 2001: 96). Im Fall der Initiative Solarwärme Plus soll durch die Beteiligung relevanter Akteursgruppen die Umsetzung des Regierungsziels einer Ausweitung der Solarthermie-Nutzung befördert werden. Neben der dena und dem BMU von der staatlichen Seite aus gehören der Initiative der Bundesverband Solarindustrie (siehe 5.2.2.2.), der Zentralverband Sanitär Heizung Klima (ZVSHK) als Interessenvertretung von über 50.000 Sanitär-Installations-Handwerksbetrieben, die Verbundnetz Gas AG und die Ruhrgas AG als Deutschlands führender Anbieter von Erdgas an. Gerade die Einbindung der beiden Gas-Akteure soll gewährleisten, Erdgas und Sonnenenergie nicht als Konkurrenten, sondern als „ideale Ergänzung" zu betrachten. Ziel der Initiative ist es, den Weg aus der Öko-Nische zu breiteren Käuferschichten zu beschreiten. Nach den „Early Adaptors", die inzwischen weitgehend mit Anlagen versorgt seien, soll mit Hilfe der Marketing-Initiative Solarwärme-Plus nun ein Massenpublikum mit der Materie vertraut gemacht werden („Markt durch Marketing"). Dazu sind unter anderem eine Experten-Hotline, eine Website und eine Datenbank mit Handwerksbetrieben eingerichtet worden. Die Initiative will zum einen private Hausbesitzer überzeugen, zum anderen Handwerksbetrieben die richtigen Argumente und Instrumente für Beratung und Verkauf liefern (Drinkuth 2003, Website Initiative Solarwärme Plus). Die Initiative Solarwärme Plus ist das Nachfolgeprojekt von „Solar - na klar", einer von Umweltbundesministerium, Umweltbundesamt sowie sämtlichen Bundesländern finanziell geförderten Kampagne für Solarwärme. Die Spannbreite der beteiligten Akteure reichte vom Bundesdeutschen Arbeitskreis für Umweltbewusstes Management (B.A.U.M.), einem Zusammenschluss von 450 ökologisch ausgerichteten Unternehmen aller Größen und Branchen mit rund 2,5 Millionen Beschäftigten, über den Bund Deutscher Architekten (BDA) mit seinen rund 4.500 Mitgliedern bis hin zum ZVSHK. Weitere Träger waren der Bundesverband Solarenergie (BSE), der Deutsche Fachverband Solarenergie (DFS), die Deutsche Gesellschaft für Sonnenenergie (DGS) sowie der Deutsche Naturschutzring (DNR) (B.A.U.M. o. J.).

---

[107] Wozu wieder in erster Linie die Belegschaften größerer Unternehmen beitrugen, siehe dazu die vorherige Fußnote.

Im Februar 2004 nahm die *Arbeitsgruppe Erneuerbare Energien-Statistik (AGEE-Stat)* ihre Arbeit auf. Ziel der vom Bundesumweltministerium gegründeten Arbeitsgruppe ist die Erhebung und Bereitstellung von verlässlichen und aktuellen Daten zur Entwicklung der erneuerbaren Energien. Die Ergebnisse der Arbeitsgruppe sollen als Grundlage für die verschiedenen nationalen, EU-weiten und internationalen Berichtspflichten der Bundesregierung im Bereich der erneuerbaren Energien dienen. In dem Fachgremium arbeiten Experten des Bundesumweltministeriums, des Bundeswirtschaftsministeriums und des Verbraucherministeriums mit Statistikern, Forschern und Wirtschaftsfachleuten verschiedener Institutionen zusammen, darunter das Umweltbundesamt, das Statistische Bundesamt, das Zentrum für Sonnenenergie und Wasserstoff-Forschung Baden-Württemberg, das Deutsche Institut für Wirtschaftsforschung und der Bundesverband Erneuerbare Energien (BMU-Pressedienst 10.2. 2004).

Die Arbeitsgruppe *Alternative Kraftstoffe und Antriebstechnologien* ist im Zusammenhang mit der Nachhaltigkeitsstrategie der Bundesregierung entstanden[108]. Im April 2002 hatte die Bundesregierung unter dem Titel „Perspektiven für Deutschland" ihre Strategie für eine nachhaltige Entwicklung vorgelegt. Darin wurden vier prioritäre Handlungsfelder dargestellt, wozu auch der Bereich „Klimaschutz und Energiepolitik" zählte[109]. Darüber hinaus hat sich die Bundesregierung 21 Ziele gesetzt und Indikatoren zu ihrer Kontrolle benannt. Im Herbst 2004 wird die Bundesregierung (und danach alle zwei Jahre wieder) in einem Forschrittsbericht eine erste Zwischenbilanz ziehen. Zudem soll die Strategie aber auch weiter entwickelt und um neue Schwerpunkte ergänzt werden. Dazu hat der Staatssekretärsausschuss für nachhaltige Entwicklung, das so genannte Green Cabinet der Bundesregierung, vier Themen auf die Agenda gesetzt, für die Ende 2003 jeweils spezielle Arbeitsgruppen gegründet wurden[110]. In der Gruppe zur Kraftstoffstrategie befinden sich Vertreter des Dachverbandes der Automobilindustrie (VDA), ein Vertreter des Unternehmens MAN stellvertretend für die Gruppe Verkehrswirtschaftliche Energiestrategie (VES) im Ver-

---

[108] Darüber hinaus ist in diesem Zusammenhang eine Arbeitsgruppe *Neue Energieversorgungsstruktur unter Einbeziehung der erneuerbaren Energien* entstanden. Diese soll untersuchen, inwiefern im Zusammenhang mit der anstehenden Erneuerung des deutschen Kraftwerksparks regenerative Energien stärker in die Energieversorgung integriert werden können. Diese Arbeitsgruppe kann allerdings an dieser Stelle nicht als Netzwerk eingeordnet werden, da - wie Nachfragen per Email bei Lars-Arvid Brischke von der dena am 01. und 16.6. 2004 ergeben haben - im Gegensatz zur Kraftstoffgruppe keine gesellschaftlichen Gruppen eingebunden sind. Vielmehr ist für das Verfassen des Kraftwerkserneuerungsprogramms eine Arbeitsgruppe innerhalb der Deutschen Energie-Agentur zuständig, die sich lediglich mit Vertretern des BMWA und BMU abzustimmen hat. Des weiteren vergibt die dena-interne Arbeitsgruppe Kurzgutachten.

[109] Die anderen drei Bereiche sind „Umweltverträgliche Mobilität", „Umwelt, Ernährung und Gesundheit" und „Globale Verantwortung".

[110] Neben den beiden bereits genannten Arbeitsgruppen wurden Gremien zu den Themen „Verminderung der Flächeninanspruchnahme" und „Potenziale älterer Menschen in Wirtschaft und Gesellschaft" gegründet.

kehrsministerium, der Mineralölwirtschaftsverband und wichtige Mineralölfirmen wie Total und BP, nachgelagerte Behörden wie die Deutsche Energie-Agentur und die Fachagentur für Nachwachsende Rohstoffe sowie die Bundesregierung bestehend aus den Ressorts BMU, BMWA, BMBF, BMVEL, BMF unter Federführung des BMVBW. In bezug auf die letztgenannte Akteursgruppe ist es auch ein Ziel, die verschiedenen Präferenzen innerhalb der Bundesregierung zusammen zu führen. Während sich das BMU im Bereich von Erdgas als Kraftstoff engagiert, gibt es im Landwirtschaftsministerium eine starke Orientierung hin zur Nutzung von biologischen Kraftstoffen. Branchenverbände aus dem Bereich der erneuerbaren Energien wie zum Beispiel der Bundesverband Bio-Energie gehören der Arbeitsgruppe nicht an. Eine Hauptaufgabe der Arbeitsgruppe, die verschiedene mögliche Kraftstoffpfade bis 2010 und 2020 in Form einer Matrix darstellen soll, ist die Bewertung der verschiedenen alternativen Kraftstoffe. Dies soll anhand der Kriterien Klimarelevanz (Beitrag zur Emissionsreduktion von Treibhausgasen), Erhöhung der Energieversorgungssicherheit (Verfügbarkeit), Wirtschaftlichkeit/Wettbewerbsfähigkeit sowie Umweltverträglichkeit/Energiebilanz (Effizienz in der gesamten Umwandlungs- und Nutzungskette) erfolgen. Ein Arbeitsgruppenmitglied sagte im Gespräch, dass es davon ausgehe, dass bis 2010 der Schwerpunkt auf der Beimischung von Biokraftstoffen liegen werde und für die Zeit danach die Hoffnungen auf den so genannten BTL-Kraftstoffe ruhten (Bundesregierung 2003c, Interview Zeiss).

Zwei Netzwerke zwischen Gewerkschaften und Umweltverbänden sind das Forum NRO und Gewerkschaften sowie die Energieallianz. Der Bündnisverein *Forum NRO und Gewerkschaften* ist 1998 gegründet worden. Er sieht seine Aufgabe darin, Gemeinsamkeiten zwischen Bürgerinitiativen und Umweltverbänden auf der einen und Gewerkschaften auf der anderen Seite herauszuarbeiten. Es finden regelmäßig bundesweite Treffen statt. Es bestehen drei Arbeitsgruppen, darunter eine zum Themenkomplex „Atomausstieg und Energiewende". Im Mai 2000 hat der Verein auf seiner Konferenz in Hannover eine Resolution mit dem Titel „Atomausstieg-Energiewende-Arbeitsplätze" verabschiedet. Darin wird unter anderem ein sich aus den Rückstellungen der Kernkraftwerksbetreiber speisender Energiewendefonds vorgeschlagen. Daraus sollen in den bisherigen Regionen mit Atomkraft-Standorten Investitionen in regenerative Energien getätigt werden. Im Vorfeld der Bundestagswahl 2002 veranstaltete das Forum eine Konferenz mit dem Titel „Energiewende ja bitte - Atomkraft nein danke" (Website Forum).

Die *Energieallianz* wurde 1996 ins Leben gerufen. Sie ist ein Zusammenschluss von Umweltverbänden, Unternehmen, kommunalen Umweltdezernenten, der evangelischen Kirche und verschiedenen Einzelgewerkschaften. Die Energieallianz hält zweimonatliche Treffen ab und führt öffentliche Veranstaltungen sowie gemeinsame Pressekonferenzen durch. Ziel der Allianz ist laut ihrem Memorandum aus dem Jahr 1996 eine Neugestaltung der Energiewirtschaft mit den drei Säulen Energieeinsparung, Effizienzrevolution und Ausbau regenerativer Energiequellen[111].

Schließlich sind einige Umweltverbände Kooperationen mit Anbietern von Ökostrom eingegangen. BUND und NABU kooperieren mit der Naturstrom AG, die sich mit ihren rund 11.000 Kunden Ende 2003 als einen der führenden Ökostromanbieter in Deutschland bezeichnet. Mitglieder von BUND und NABU erhalten Vorzugskonditionen (Website Naturstrom AG). Der BBU und die Elektrizitätswerke Schönau (EWS) haben ebenfalls eine Kooperation vereinbart. Vereinbart wurde, dass der BBU für die von ihm vermittelten Stromkunden von EWS 0,35 Cent/kWh für seine umweltpolitische Arbeit erhält (Website BBU).

5.4. Belief Systeme der Akteure

Um die diversen dargestellten Akteure im Bereich der erneuerbaren Energien in Deutschland „in schmalere und zweckmäßigere Kategorien" (Sabatier 1993: 127) fassen zu können, soll untersucht werden, ob sie ein spezifisches Belief System teilen. Nachfolgend wende ich dazu den Advocacy-Koalitionsansatz von Sabatier an. An dieser Stelle soll aber nicht der Anspruch erhoben werden, diesen theoretischen Ansatz zu testen (zu Erfahrungen damit vergleiche Eberg 1997, Stadthaus 2001, Est 1999), sondern es sollen einzelne Elemente verwendet werden. Es wird unterstellt, dass dies eine gehaltvolle Methode ist, die Arena überschaubarer zu machen und die Akteurslandkarte sinnvoll zu ordnen. Indem ermittelt wird, welches die dominante Koalition ist, kann die Auswahl des (in Kapitel 6 beschriebenen) vorherrschenden Regulierungsmusters besser nachvollzogen werden.

Allen Akteuren kann eine grundsätzlich positive Haltung zur Nutzung erneuerbarer Energien bescheinigt werden. Damit unterscheidet sich die deutsche Arena etwa von der Polens, wo Teile der Eliten des Landes die Förderung dieser Energien mehr mit externen Zwängen (regulativer Kontext der EU) als mit ihrer inneren Überzeugung begründen (Reiche 2003b: 89ff.). Die positivere Attitüde in Deutschland dürfte damit zu erklären sein, dass sich die Nutzung erneuerbarer Energien in einem fortgeschritteneren Stadium befindet. Neben den „alten" erneuerbaren Energien Biomasse und Wasserkraft verfügen zumindest auch Wind- und Solarenergie inzwischen über eine gewisse Tradition. Die Aufnahme ihrer Pfade liegt bereits ein bis zwei Jahrzehnte zurück und ihre Nutzung ist in eine Dimension vorgestoßen, dass es nicht mehr um das Ob, sondern nur noch das Wie des zukünftigen Einsatzes geht. Insofern führen die Akteure kaum noch grundsätzliche Diskussionen, sondern setzen sich vorrangig etwa darüber auseinander, welchen Stellenwert erneuerbare Energien in der zukünftigen Energieversorgung haben sollen, auf welchen regenerativen Energien der Schwerpunkt

---

[111] Die Energieallianz verfügt über keine eigene Website. Die Informationen habe ich im Jahr 2000 im Rahmen eines Projektes für die Hans-Böckler-Stiftung fernmündlich von Wolfgang Kühr vom BBU erhalten.

der Nutzung liegen und welche Förderinstrumente zur Anwendung kommen sollen.

Bei meiner Einteilung der Belief Systeme in der deutschen Erneuerbare-Energien-Politik (siehe Abbildung 3) unterscheide ich zwischen einer ökonomischen und einer ökologischen Koalition (deep core belief) mit jeweils einem Policy-Core. Diese beiden Kernstrategien können jeweils noch in verschiedene Schwerpunktsetzungen ausdifferenziert werden (sekundäre Aspekte).

Die ökonomische Koalition stellt bei der Förderung erneuerbarer Energien deren Wirtschaftlichkeit in den Vordergrund. Gesetzlich festgeschriebene Zielvorgaben wie ein Anteil erneuerbarer Energien von 50 Prozent im Jahr 2050 werden abgelehnt, weil die Gefahr bestehe, dass Deutschland mit dieser Vorreiterrolle allein dastehe und sich somit Wettbewerbsverzerrungen im liberalisierten Strommarkt und Standortnachteile gegenüber anderen Mitgliedstaaten einstellten. Die ökonomische Koalition stellt die Förderungswürdigkeit erneuerbarer Energien nicht in Abrede, primär solle jedoch das Heranführen der erneuerbaren Energien an die Wettbewerbsfähigkeit verfolgt werden. Daher sollte die Förderung darauf fokussiert werden, nur jene regenerativen Energien zu fördern, die sich mittelfristig ohne Förderung am Markt gegenüber fossil-atomaren Energien behaupten können. „Marktferne erneuerbare Erzeugungstechniken und neue Technologien sollten weniger unter dem Gesichtspunkt der Markteinführung, sondern vielmehr unter der Obhut von Forschung und Entwicklung, gegebenenfalls auch der Industriepolitik, außerhalb des EEG gefördert werden", heißt es von einem wichtigen Vertreter der ökonomischen Koalition (VDEW 2003b: 2). Diese Aussage richtet sich in erster Linie gegen die Photovoltaik, deren Förderungswürdigkeit in Frage gestellt wird. Auch die anderen erneuerbaren Energien sollen jedoch nicht pauschal gefördert werden, statt dessen sprechen sich Vertreter der ökonomischen Koalition für Anreize aus, effizientere Groß- statt Kleinanlagen zu betreiben.

Eine Förderung erneuerbarer Energien via einer Umlage auf den Strompreis (wie in Form des deutschen Energieeinspeisegesetzes namens EEG) sieht die ökonomische Koalition kritisch, da sich so die Energiekosten deutscher Unternehmen erhöhen und ihre internationale Wettbewerbsfähigkeit geschwächt werde. Ausschreibungswettbewerbe seien ein geeigneteres, weil kostengünstigeres Instrument als Einspeisevergütungsmodelle. Wenn eine Umlage politisch nicht zu verhindern ist, soll sie so ausgestaltet werden, dass durch eine (nicht zu eng ausgelegte) Härtefallregelung die am meisten betroffenen energieintensiven Unternehmen ganz oder zu einem großen Teil befreit werden. Auch den Privathaushalten werde durch eine Umlage die für eine konjunkturelle Belebung nötige Kaufkraft entzogen, wird die Kritik an Einspeisevergütungsmodellen ferner begründet. Daher sei eine Förderung regenerativer Energien aus dem Staatshaushalt die bessere Option.

Zur ökonomischen Koalition zählen die mit den erneuerbaren Energien um Fördergelder konkurrierende Bergbauarbeiter-Vertretung IG BCE sowie die fossil-atomaren Branchenorganisationen, der VDEW und die vier großen Energieversorgungsunternehmen, das BMWA und die FDP. Die FDP hat am 25. November 2003 als einzige Fraktion im deutschen Bundestag dem Photovoltaik-Vorschaltgesetz nicht zugestimmt. Die FDP-Abgeordnete Brunkhorst kritisierte in diesem Zusammenhang: „Entgegen aller Vernunft soll die unwirtschaftlichste aller erneuerbaren Energien als erste bedient werden" (FAZ 14.11. 2003: 15). Die FDP stimmte auch als einzige Fraktion im Deutschen Bundestag gegen die Steuerbefreiung von Biokraftstoffen, die als „Übersubventionierung" angesehen wird (Müller 2004: 21).

Der neue Eon-Vorsitzende Wulf Bernotat hat in einer seiner ersten Stellungnahmen die Senkung der aus seiner Sicht hohen Subventionen für die regenerativen Energien, die sich seiner Meinung nach dem Wettbewerb stellen müssten, gefordert (FAZ 15.8. 2003: 10). Der VDEW hat sich in seiner Stellungnahme zur EEG-Novelle dafür ausgesprochen, „marktferne" erneuerbare Energien aus dem Gesetz herauszunehmen und gefordert, „zumindest für Offshore-Windenergieanlagen sollte ein Ausschreibungsregime eingeführt werden" (VDEW 2003b: 3). Auch in einem Eckpunktepapier des BMWA wurde die Einführung eines Ausschreibungsregimes befürwortet (FTD 1.9. 2003). Der Chef des BMWA, Wolfgang Clement, hatte das mediale Sommerloch 2003 für ein Scharmützel mit seinem Kabinettskollegen Umweltminister Trittin genutzt. Clement warf der Windbranche „Abzocke" und eine „Subventionsmentalität" vor. Die Finanzhilfen für die Windenergie würden in absehbarer Zeit die Steinkohlesubventionen übersteigen. Deutschland belege den zweiten Platz in der europäischen Hitliste der Höchstpreise für Industriestrom und Naturgas. Bleibe es dabei, werde sich die Industrie andere Standorte suchen, sagte Clement, der es bei einem Mix aus fossilen und regenerativen Energieträgern belassen will[112] (FTD 22.8. 2003, Neue Energie 9/2003: 24f.).

Die Führungsrolle in der ökonomischen Koalition nimmt der VDEW ein.

In der ökologischen Koalition ist die Auffassung vorherrschend, alle erneuerbaren Energieträger gleichberechtigt fördern zu wollen. Nur ein Mix aller regenerativen Energien könne langfristig sicherstellen, dass fossil-atomare Energien sukzessive verdrängt und die Vision einer regenerativen Voll-Versorgung realisiert werden können. Die ökologische Koalition hält ihre Ausrichtung langfristig auch in wirtschaftlicher Hinsicht für überlegen, etwa weil externe Kosten ebenso

---

[112] In der Presse ist viel spekuliert worden, wie ernst es dem Wirtschaftsminister mit seiner Kritik war oder ob er sich nur eine bessere Ausgangsbasis für die Verhandlungen über die Zuteilung von Verschmutzungsrechten im Rahmen der EU-Richtlinie zum Emissionshandel verschaffen wollte. „Denn vieles von dem, was Clement fordert - etwa die Degression der Fördersätze und geringere Anreize für Windparks am Land - hat der Umweltminister so auch schon in seiner Novelle vorgesehen, wenn auch bei weitem nicht in der von Clement verlangten Schärfe", kommentierte die FAZ (FAZ 6.9. 2003: 4).

wie der Bedarf an teurer Import-Energie reduziert werden könnten. Zudem seien Ende 2002 schon rund 130.000 Menschen im Bereich der erneuerbaren Energien beschäftigt gewesen und der Gesamtumsatz mit erneuerbaren Energien habe Ende 2003 bereits bei zehn Mrd. € gelegen (BMU 2004: 20). Zudem wird global argumentiert, dass die nationale Förderung erneuerbarer Energien in einem hochentwickelten Industrieland ein Beitrag zur Lösung des globalen Energieproblems sein könne, weil für das Drittel der Menschheit, das über keinen Zugang zu Elektrizität verfügt, Alternativen entwickelt und damit zugleich auch Absatzmärkte für die deutsche Industrie im Ausland geschaffen würden. Instrumentell wird der Ansatz eines Einspeisevergütungsmodells verfolgt, weil seine Umlegung auf alle Stromverbraucher verursachergerecht sei, außerdem hält man diesen Ansatz auch für leichter umsetzbar als die Förderung durch Umschichtungen im Staatshaushalt, die einerseits Lobbygruppen wie die Kohleindustrie und -Gewerkschaft bekämpfen würden und andererseits von konjunkturellen Schwankungen abhängig wäre (vgl. Lauber 2003).

Zur ökologischen Koalition zähle ich die Bundestagsfraktion von Bündnis 90/Die Grünen und das BMU. Die meisten Abgeordneten der SPD-Fraktion stehen - wie bereits erwähnt - mehrheitlich auf der Seite des BMU. Die Kritik Clements am EEG findet kaum Unterstützung. „Nur eine Hand regte sich in der [SPD-] Fraktion, als Clement seine Konzeption erläuterte", heißt es in diesem Zusammenhang in einem Bericht der FAZ (6.9. 2003: 4). Darüber hinaus zählen zur ökologischen Koalition die großen Umweltverbände, die regenerativen Branchenverbände, einige Stadtwerke, die beiden großen Einzelgewerkschaften IG Metall und ver.di sowie die IG Bauen-Agrar-Umwelt, der VDMA und Vertreter der Landwirtschaftslobby. Eine Führungsrolle in der ökologischen Koalition nehmen neben dem BMU die Koalitionsfraktionen und der BWE als wichtigster regenerativer Branchenverband ein. Von der CDU/CSU gehen widersprüchliche Signale aus - neben regionalen Unterschieden gibt es Differenzen zwischen Wirtschafts- und Umweltflügel. Wegen ihrer Pionierrolle bei der Einführung des Stromeinspeisegesetzes und der Zustimmung zum PV-Vorschaltgesetz[113] und zur Steuerbefreiung biologischer Kraftstoffe könnte man sie zur ökologischen Koalition zählen. Auf der anderen Seite forderte die Union im Vorfeld der EEG-Novelle, die geplante Verdopplung bei den erneuerbaren Energien bis 2010 „mit dem wirtschaftlich effizientesten Pfad zu verknüpfen" (Neue Energie 03/2004: 8). Die Unionsfraktion stimmte in der dritten Lesung am 2. April 2004 gegen die EEG-Novelle, weil die von ihr (im letzten Moment) geforderte befristete Geltung des Gesetzes bis 2007 nicht aufgenommen worden war (FAZ 1.4. 2004: 12, 30.3. 2004: 2). Insofern fällt eine Zuordnung der Union nicht ganz leicht. Finanzwirtschaft und Forschungseinrichtungen ordne ich keiner Koaltition zu. Die Finanzwirtschaft nimmt (abgesehen von den Alterna-

---

[113] Die Zustimmung der Unionsfraktion dürfte auch damit zusammen hängen, dass sich drei Viertel der installierten Photovoltaik-Leistung in Deutschland in den beiden unionsregierten Bundesländern Bayern und Baden-Württemberg vorfinden.

tivbanken) eine neutrale Rolle ein und pflegt sich am dominierenden Belief System zu orientieren. Die Forschungseinrichtungen sind ein Spiegel ihres Untersuchungsgegenstandes, so dass sie beiden Koalitionen zugeordnet werden können. In welchem Umfang Forschung in bestimmten Bereichen betrieben wird, kann durch politische Rahmensetzungen und öffentliche materielle Zuwendungen in nicht unerheblichem Umfang beeinflusst werden.

Im Bereich der sekundären Aspekte ist die ökologische im Gegensatz zur ökonomischen Koalition weniger homogen. Während sich die ökonomische Koalition weitgehend in ihrer Kritik der Förderung der Photovoltaik und ihrer Präferenz für vergleichsweise kostengünstige Großanlagen im Bereich der wirtschaftlichsten erneuerbaren Energien einig weiß, ist die ökologische Koalition heterogener. Der Konflikt verläuft hier zwischen einer stärker naturschützerischen sowie einer mehr umwelt- und klimapolitisch orientierten Ausrichtung. In der ökologischen Koalition verläuft die Trennlinie zum Teil quer durch einzelne Akteure wie das BMU (Naturschutzabteilung versus Referate für erneuerbare Energien). Während die Umweltverbände und die grüne Partei die einschlägigen Branchenverbände unterstützen und auf nationaler Ebene klar dem Ausbau erneuerbarer Energien Vorrang geben, streiten ihre lokalen Gruppen zum Teil für Naturschutzinteressen und gegen den vorbehaltlosen Ausbau etwa von Windenergieanlagen. Dabei kommt es häufig zum NIMBY-Syndrom (Not-In-My-Backyard), das heißt einer allgemeinen Zustimmung steht im Fall der persönlichen Betroffenheit eine ablehnende Haltung gegenüber. Vor allem der NABU ist in diesem Zusammenhang zu nennen. Der NABU steht zudem der kleinen Wasserkraft ablehnend gegenüber und fordert „keine weitere Reaktivierung und keine Neubauten von Kleinwasserkraftanlagen" (NABU 1998). Der BUND vertritt in dieser Frage eine zwar ebenfalls skeptische, aber etwas differenziertere Position (BUND 2002).

In einem Land, das weltweit führend bei der Windenergie ist (siehe 4.2.7.) und zu den Vorreitern bei der Solarenergie zählt (siehe 4.2.8.), fällt die Antwort auf die Frage, welche Koalition im Politikbereich erneuerbare Energien[114] dominierend ist, eindeutig aus: es ist die ökologische Koalition. In dieser Koalition gibt es noch einmal eine Mehrheitsgruppe, die nicht primär eine naturschützerische, sondern eine primär umwelt- und klimapolitische Orientierung hat. Auch wenn das Regulierungsmuster wie insbesondere das Einspeisevergütungsmodell (EEG) weitgehend den Vorstellungen der ökologischen Koalition folgt, so ist die ökonomische Koalition zumindest so stark, dass aus Gründen der Durchsetzbarkeit und Akzeptanzschaffung gewisse Konzessionen an sie gemacht werden. Beispiel dafür sind die Ausweitung der Härtefallregelung im Rahmen der EEG-Novellierung oder das Referenzertragsmodell bei der Windförderung (auf beides wird weiter unten noch ausführlicher eingegangen).

---

[114] In anderen energiepolitischen Fragen können sich grundlegend andere Koalitionen herausbilden.

144

Abbildung 3: Belief Systeme in der deutschen erneuerbare Energien-Politik

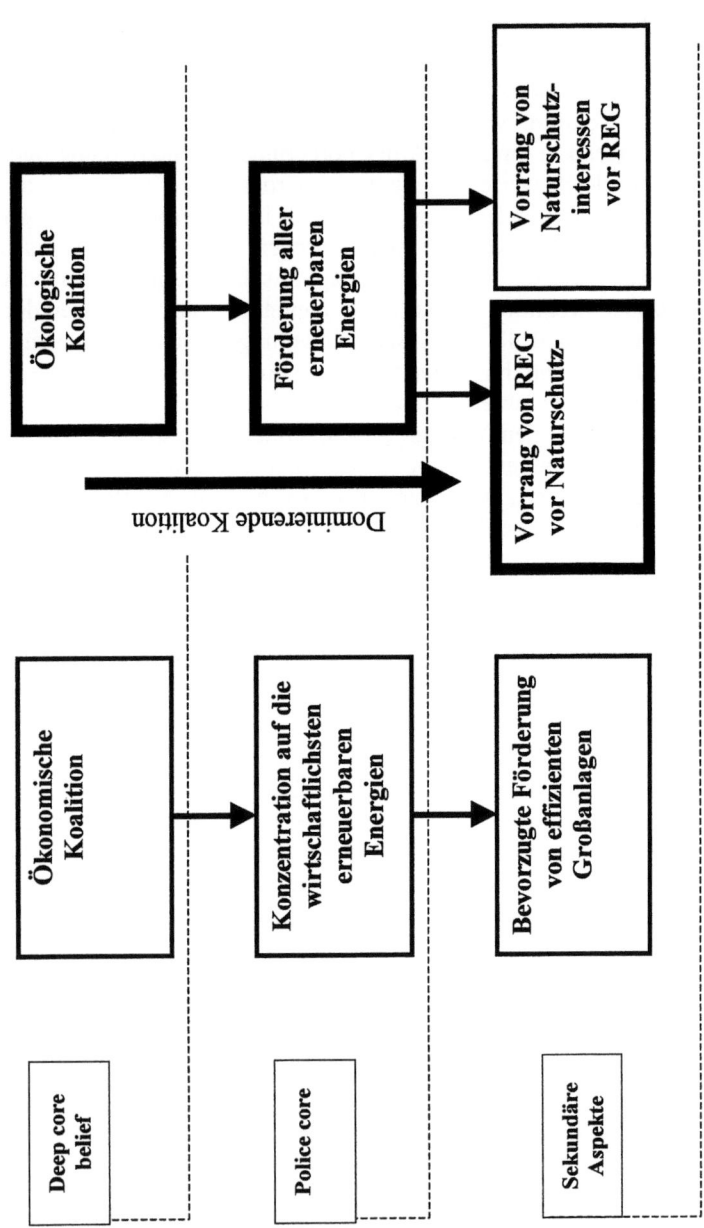

6. Regulierungsmuster

6.1. Vom Stromeinspeisungs- zum Erneuerbare-Energien-Gesetz

6.1.1. Das Stromeinspeisegesetz

Das Erneuerbare-Energien-Gesetz (EEG) aus dem Jahr 2000 beruht auf den Grundsätzen des 1991 in Kraft getretenen Gesetzes über die Einspeisung von Strom aus erneuerbaren Energien in das öffentliche Netz (Stromeinspeisungsgesetz, StrEG): einer Abnahmeverpflichtung mitsamt einer gesetzlichen Regelung der Vergütungshöhe. Danach besteht für die Elektrizitätsversorgungsunternehmen (EVU) eine Abnahmepflicht für regenerativ erzeugten Strom. Außerdem regelt das Gesetz die Höhe der Vergütung, die an den zwei Jahre zuvor erzielten durchschnittlichen Endverbraucherpreis gekoppelt wurde. Für Strom aus Sonnenenergie und Windkraft wurde gemäß StrEG eine Vergütung in Höhe von 90 Prozent des Durchschnittserlöses je Kilowattstunde aus der Stromabgabe der EVU an alle Letztverbraucher gezahlt, für Strom aus Wasserkraft, Deponiegas und Klärgas sowie aus Biomasse wurden bis 500 Kilowatt 80 Prozent, für zusätzliche Leistung 65 Prozent vom durchschnittlichen Endverbraucherpreis vergütet. Die maximale Förderobergrenze lag bei Anlagen mit einer Leistung von fünf Megawatt. Insofern hatte das StrEG bewusst einen Anreiz für den Bau und Betrieb von Kleinanlagen gesetzt, zugleich sollten neue, unabhängige Betreiber gestärkt werden, indem Anlagen, die zu über 25 Prozent der Bundesrepublik Deutschland, einem Bundesland, öffentlichen Elektrizitätsversorgungsunternehmen oder Unternehmen, die mit ihnen verbunden sind, gehören, vom StrEG nicht erfasst wurden. Die Geothermie und Grubengas fanden im StrEG noch keine Berücksichtigung.

Laut Karstens (1999: 190) hat das StrEG an folgenden prinzipiellen Defiziten gelitten (deren Beseitigung ein Kernanliegen des späteren EEG sein sollte): Durch die Abhängigkeit der Vergütungshöhe vom durchschnittlichen Endverbraucherpreis bestand die Gefahr einer automatischen Senkung der Vergütungshöhe bei einer ungünstigen Entwicklung des Marktumfeldes, wie im Zusammenhang mit der Liberalisierung des Strommarktes geschehen; der Vergütungsmodus des StrEG verhinderte die Ausbreitung der Photovoltaik (die ohne kommunale Förderprogramme ein Verlustgeschäft blieb) und konnte bei der Windkraft an günstigen Standorten zu Mitnahmeeffekten führen; durch die regional ungleiche Verteilung von günstigen (Wind-)Standorten entstanden Wettbewerbsnachteile für einige EVU speziell aus dem norddeutschen Raum.

Letzteres Dilemma wollte die konservativ-liberale Bundesregierung 1998 durch eine Novellierung des StrEG beheben. Dazu führte sie mit dem so genannten doppelten Fünf-Prozent-Deckel eine Klausel ein, die eine Gleichbehandlung der EVU gewährleisten sollte. Wenn danach der Ökostromanteil eines Energieversorgers fünf Prozent der von ihm insgesamt abgesetzten Kilowattstunden übersteigt, dann ist der vorgelagerte Netzbetreiber verpflichtet, die sich ergebenden

Mehrkosten zu erstatten. Wenn auch dort die Fünf-Prozent-Marge erreicht ist, endet für neue Anlagen die Abnahmepflicht und es muss auch keine Vergütung nach dem StrEG mehr bezahlt werden (Hemmelskamp 1999: 180f., Karstens 1999: 189 , ZNER 2000: 7ff.).

Während die Novellierung des StrEG im Deutschen Bundestag umstritten gewesen ist, war das Ursprungsgesetz am 5. Oktober 1990 ohne Gegenstimme verabschiedet worden. Kords (1993) zeichnet die Entstehungsgeschichte des StrEG nach. Die erfolgreiche Verabschiedung ist danach vor allem auf das Engagement des CSU-Bundestagsabgeordneten Engelsberger zurück zu führen, der dabei mit dem Grünen-Abgeordneten Daniels eng zusammen arbeitete. Engelsbergers Motivation beruhte auf seinem Amt als Vorsitzender des Bundesverbandes Deutscher Wasserkraftwerke (BDW) sowie auf seinen eigenen Interessen als Betreiber eines Wasserkraftwerkes. Nachdem er dem Bundestag mehr als zwei Jahrzehnte angehört hatte, stand sein Ausscheiden nach den Wahlen 1990 bevor. Mit dem Stromeinspeisungsgesetz habe er sich ein Abschiedsgeschenk „zum krönenden Abschluss einer langjährigen Abgeordneten-Karriere" bereiten wollen, schreibt Kords (1993: 70). Sein Kooperationspartner Daniels, mit dem er Anträge absprach, kam wie er aus dem an Wasserkraft reichen Bundesland Bayern. Beide bemängelten das bis dahin geltende Niveau der Einspeisevergütung, dass eher abschreckte als den erneuerbaren Energien Auftrieb zu verleihen.

Bis zur Einführung des StrEG war die Vergütung von Strom aus erneuerbaren Energien durch eine privatwirtschaftliche Vereinbarung mit geregelt, die nach einem über Jahre währenden Dauerstreit 1979 zwischen dem VDEW und den Industrieverbänden VIK und BDI getroffen worden war. Während der VDEW in dieser Auseinandersetzung sein Monopol bei der Stromproduktion behaupten wollte, kämpften VIK und BDI - unter deren Mitgliedern sich viele Stromerzeuger fanden - für eine höhere Einspeisevergütung der von ihnen autonom erzeugten Elektrizität. Nach der Einigung von 1979 sollte sich die Höhe der Einspeisevergütung aus der Höhe der vermiedenen Kosten, die sich zusammen setzten aus den eingesparten Rohstoffen und den in der Zukunft verringerten Investitionskosten für Zubauten der EVU, ergeben. Diese Abmachung galt für die gesamte zusätzliche private Stromerzeugung, womit zugleich eine Regelung für regenerativ erzeugten Strom gefunden worden war. Je nach Tages- und Jahreszeit der Lieferung lag der Vergütungspreis nach diesem Modus zwischen 2,2 und 4,5 Pf/kWh. Bis 1988 stieg er auf 7-10 Pf/kWh. Windkraftanlagen lagen dabei jeweils am Ende der Skala, weil unterstellt wurde, aufgrund ihrer ungleichmäßigen Leistung könnten sie keine Kraftwerkskapazität ersetzen (Kords 1993: 47). Nach Einführung des StrEG lagen die Vergütungssätze für Windstrom in den Jahren 1991 bis 1997 zwischen 16,53 Pf/kWh (Minuswert 1992) und 17,28 Pf/kWh (Höchstwert 1995) (Hemmelskamp 1999: 179).

6.1.2. Das Erneuerbare-Energien-Gesetz

Das Erneuerbare-Energien-Gesetz (EEG) wurde im Februar 2000 vom Deutschen Bundestag und im März 2000 vom Bundesrat beschlossen. Es trat am 1. April 2000 und damit etwa anderthalb Jahre nach dem Regierungswechsel in Kraft. Seine Notwendigkeit hatte sich aus den Konsequenzen der Strommarktliberalisierung, des drohenden Erreichens des zweiten Fünf-Prozent-Deckels, der bestehenden Rechtsunsicherheit in der umstrittenen Frage, ob Abnahme- und Vergütungsregelungen des StrEG eine nach EU-Recht unerlaubte Beihilfe darstellten sowie der aus diesen Sachverhalten resultierenden Zurückhaltung von Banken und Investoren vor allem im Bereich der Windkraft ergeben (Bechberger 2000: 51).

In seiner Analyse des Politikformulierungsprozesses kommt Bechberger (2000: 50) zu dem Schluss, dass das EEG wie das StrEG ein Beispiel für einen vom Parlament bestimmten Entscheidungsprozess gewesen ist. Nachdem sich das federführende BMWi im Hinblick auf die Einführung des EEG „blockierend und wenig konstruktiv" (Bechberger 2000: 52) verhalten und insgeheim eine Präferenz für eine Quotenregelung hatte, legten die Fraktionen von SPD und Grünen am 13. Dezember 1999 einen eigenen Entwurf vor, der schon dreieinhalb Monate später in der Einführung des EEG mündete. Anders als das StrEG wurde das EEG im Bundestag nicht im Konsens, sondern in erster Linie mit den Stimmen von SPD und Grünen verabschiedet. Auch der Bundesrat stimmte dem Gesetz zu[115].

Das „Gesetz für den Vorrang Erneuerbarer Energien (Erneuerbare Energien-Gesetz - EEG)" nennt als sein Ziel die Verdopplung des Anteils erneuerbarer Energien am gesamten deutschen Energieverbrauch. Zugleich wird auf die Ziele der Europäischen Union Bezug genommen, nach denen die Bundesrepublik Deutschland im Jahr 2010 einen Ökostromanteil von 12,5 Prozent gegenüber 4,5 Prozent im Jahr 1997 zu erreichen hat. Zu den weiteren Eckpfeilern des EEG im einzelnen:

---

[115] Zwar war man lange Zeit davon ausgegangen, dass es sich beim EEG nicht um ein vom Bundesrat zustimmungspflichtiges Gesetz handeln würde. Die Zustimmung der Ländervertretung war letztlich aber dennoch notwendig geworden, weil in § 11, Abs. 5, Satz 3 des EEG dem Präsidenten des zuständigen Oberlandesgerichts eine Vermittlerrolle bei Konflikten mit der bundesweiten Ausgleichsregelung zugewiesen wurde. Aufgrund der CDU-Mehrheit im Bundesrat war nicht auszuschließen, dass sich das Inkrafttreten des Gesetzes um weitere Monate verzögern könnte. In seiner 749. Sitzung am 17.3. 2000 beschloss der Bundesrat dann aber doch, dem vom Deutschen Bundestag am 25.2. 2000 verabschiedeten EEG zuzustimmen (vgl. Bundesrats-Drucksache 109/00). Die Entscheidung war im übrigen mit 41 von 69 Stimmen recht eindeutig zugunsten des EEG gefallen, da auch das CDU-regierte Thüringen für die Annahme votiert hatte. Nachdem das EEG am 29.3. 2000 im Bundesanzeiger erschienen war, trat es schließlich am 1.4. 2000 in Kraft (Bechberger 2000: 50).

Anwendungsbereich: Das EEG regelt die Vergütung für Strom, der ausschließlich aus Wasserkraft, Windkraft, solarer Strahlungsenergie, Geothermie, Deponiegas, Klärgas, Grubengas und aus Biomasse gewonnen wird, wobei für die Definition von Biomasse eigens noch eine Verordnung auf den Weg gebracht werden sollte, die regelt, welche Stoffe und technischen Verfahren bei der Biomasse in den Anwendungsbereich des Gesetzes fallen. Diese so genannte Biomasseverordnung ist zum 28. Juni 2001 in Kraft getreten (ihre wichtigsten Inhalte sind in Kapitel 3 dokumentiert). Nicht erfasst werden vom EEG Wasserkraftwerke, Deponie- und Klärgasanlagen sowie Anlagen zur Erzeugung von Strom aus solarer Strahlungsenergie mit einer installierten elektrischen Leistung über fünf Megawatt (bei PV-Freianlagen wurde die Förderungsgrenze bereits bei 100 kW_p gezogen), Biomasseanlagen mit einer installierten elektrischen Leistung über 20 Megawatt und Anlagen die zu 25 Prozent oder mehr der Bundesrepublik Deutschland oder einem Bundesland gehören.

Vergütung: Die einzelnen Vergütungssätze können Tabelle 34 entnommen werden. Solarstromanlagen erhalten danach die mit Abstand höchste Vergütung. Allerdings ist die Förderung in der Ursprungsfassung des Gesetzes aus dem Jahr 2000 mit dem so genannten 350 MW-Deckel versehen worden. Danach, so heißt es in Paragraph 8 des EEG, entfällt die Verpflichtung zur Vergütung für Photovoltaikanlagen, „die nach dem 31. Dezember des Jahres in Betrieb genommen werden, das auf das Jahr folgt, in dem Photovoltaikanlagen, die nach diesem Gesetz vergütet werden, eine installierte Leistung von insgesamt 350 Megawatt erreichen". Da Ende 2003 bereits 358 MW netzgekoppelte PV-Anlagen installiert waren (siehe Tabelle 21), wäre die PV-Vergütung am 31. Dezember 2004 ausgelaufen. Um dies zu verhindern (auch im Hinblick auf einen zum damaligen Zeitpunkt für möglich gehaltenen Regierungswechsel nach den bevorstehenden Wahlen im September 2002), schuf die rot-grüne Bundestagsmehrheit gegen die Stimmen von CDU/CSU und FDP kurz vor den Bundestagswahlen Fakten und erhöhte im Juni 2002 den Solardeckel von 350 auf 1.000 Megawatt (Neue Energie 7/2002: 8ff.).

Außer bei Photovoltaikanlagen sind bei allen anderen erneuerbaren Energieträgern in der Vergütung Differenzierungen vorgenommen worden, die sich entweder nach der Anlagengröße (Wasserkraft, Deponiegas, Grubengas, Klärgas, Biomasse, Geothermie) oder nach der Attraktivität des Standortes (Windkraft) richten. Die jeweilige Vergütung wird „für die Dauer von 20 Jahren ohne Berücksichtigung des Inbetriebnahmejahres" gezahlt, wobei Wasserkraftanlagen von dieser temporären Beschränkung ausdrücklich ausgenommen wurden. Für Anlagen, die bereits vor Inkrafttreten des Gesetzes ans Netz gegangen sind, gilt als Inbetriebnahmedatum das Jahr 2000. Für Biomasse, Windkraft und Photovoltaik sind die Vergütungssätze als Anreiz zur Steigerung der Wirtschaftlichkeit und aus EU-rechtlichen Gründen degressiv gestaltet[116]. Für Windkraftanlagen ist ein so genanntes Referenzertragsmodell eingeführt worden. Danach wird unterschieden, ob die Windkraftanlage an einem windreichen Standort oder im Binnenland steht. Die Anfangsvergütung wird standort-unabhängig für die Dauer von fünf Jahren gewährt. „Danach", so heißt es in § 7 des Gesetzes, „beträgt die Vergütung für Anlagen, die in dieser Zeit 150 vom Hundert des errechneten Ertrages der Referenzanlage (Referenzertrag) gemäß dem Anhang zu diesem Gesetz erzielt haben[117], mindestens 6,19 Cent pro Kilowattstunde. Für sonstige Anlagen verlängert sich die Frist des Satzes 1 [Anfangsvergütung von fünf Jahren] für jedes 0,75 vom Hundert des Referenzertrages, um den ihr Ertrag 150 vom Hundert des Referenzertrages unterschreitet, um zwei Monate". Damit ist gezielt ein Anreiz zur Nutzung der Windenergie auch an küstenfernen, windschwächeren Standorten gesetzt worden. Für Offshore-Windenergieanlagen wird die höhere Anfangsvergütung neun Jahre gezahlt, sofern sie vor Ende 2006 in Betrieb gehen und „in einer Entfernung von mindestens drei Seemeilen gemessen von den zur Begrenzung der Hoheitsgewässer dienenden Basislinien aus seewärts errichtet (...) worden sind".

Ausgleichsregelung: Die Übertragungsnetzbetreiber werden durch das Gesetz verpflichtet, den unterschiedlichen Umfang der abzunehmenden Mengen regenerativ erzeugten Stroms zu erfassen und untereinander auszugleichen.

Erfahrungsbericht: Alle zwei Jahre soll (jeweils bis zum 30. Juni) vom Bundeswirtschafts- im Einvernehmen mit dem Umwelt- und Landwirtschaftsministerium ein Erfahrungsbericht über den Stand der Markteinführung und die Kostenentwicklung regenerativ erzeugten Stroms verfasst und auf dieser Basis eine Anpassung der Höhe der Vergütung und der Degressionssätze zum 1. Januar des jeweils übernächsten Jahres vorgeschlagen werden (ZNER 2000: 7ff.)[118].

---

[116] Die jährliche Degression ab 1.1. 2002 beträgt bei Photovoltaik fünf Prozent, bei der Windenergie 1,5 und bei Biomasse ein Prozent.

[117] Referenzstandort ist laut dem Anhang des EEG ein Standort, der bestimmt wird durch eine Rayleigh-Verteilung mit einer mittleren Jahresgeschwindigkeit von 5,5 Metern je Sekunde in einer Höhe von 30 Metern über Grund, einem logarithmischen Höhenprofil und der Rauhigkeitslänge von 0,1 Metern.

[118] Der erste Erfahrungsbericht ist im Juni 2002 von der Bundesregierung vorgelegt worden. Er ist 42 Seiten lang und geht in großen Teilen auf ein Gutachten des Instituts für Ökologische Wirtschaftsforschung (IÖW) zur Markt- und Kostenentwicklung erneuerbarer Energien im Auftrag des Bundeswirtschaftsministeriums zurück. Zu Teilaspekten sind noch einige andere Studien vergeben worden. Die Kapitel zu den einzelnen erneuerbaren Energieträgern sind jeweils gleich aufgebaut: Zunächst wird das Marktumfeld beschrieben, dann die Kostenentwicklung, ehe der Punkt „Zusammenfassung und Ausblick" folgt. Dabei fällt auf, dass der Bericht eher deskriptiv angelegt ist und große Vorsicht an den Tag legt, was die Formulierung von Schlussfolgerungen und konkreten Handlungsempfehlungen angeht. Einige Aussagen deuten bereits in eine gewisse Richtung, an anderer Stelle dürften klarere Aussagen den unterschiedlichen Positionen im Wirtschafts- und Umweltministerium zum Opfer gefallen und dem politischen Aushandlungsprozess zur EEG-

Mit der Pflicht zur Abnahme und Vergütung von Strom aus erneuerbaren Energien hat das EEG wesentliche Elemente des StrEG übernommen, zugleich das deutsche Mindestpreissystem aber in wesentlichen Punkten weiterentwickelt. Wichtigste Erklärung für den durch das EEG ausgelösten Boom dürfte die Planungssicherheit von 20 Jahren sein, die das Gesetz bietet[119]. Neu ist neben der Aufnahme einer Zielnorm zudem die Einführung einer Vergütung für Offshore-Windenergie, Grubengas und Geothermie. Es wird neben der Erhöhung der Vergütungssätze eine stärkere Differenzierung zwischen den einzelnen erneuerbaren Energien und nach Anlagengröße vorgenommen, wodurch der Aufwärtstrend bei Windenergie und Kleinwasserkraft in den 1990er Jahren auf alle erneuerbaren Energien ausgeweitet werden sollte. Zudem sind aus Gründen der Gleichbehandlung (und wohl auch um die politische Durchsetzbarkeit zu erhöhen) im Gegensatz zum StrEG im EEG auch Energieversorgungsunternehmen in den Anwendungsbereich des Gesetzes aufgenommen und ein Ausgleichsmechanismus eingeführt worden, damit bis dahin besonders betroffene Übertragungs-

---

Novelle überlassen worden sein. Im Fazit zur Photovoltaik heißt es etwa lapidar, ob nach Auslaufen des 100.000-Dächerprogramms der Vergütungssatz für Solarstrom für einen wirtschaftlichen Betrieb von Photovoltaik-Anlagen ausreiche, „wird zu klären sein" (Bundesregierung 2002: 13). In bezug auf die Windenergie wird resümiert: „Im Hinblick auf die Bandbreite der Ergebnisse in den unterschiedlichen Gutachten ist zu entscheiden, ob auf dieser Grundlage eine Anpassung der Vergütungssätze z.B. für bessere Standorte kurzfristig erfolgen kann. In diesem Zusammenhang ist auch eine Verlängerung der Sonderregelung für die Offshore-Windkraftnutzung im EEG zu prüfen" (ebenda: 22). Vergleichweise eindeutig fällt das Urteil zur Biomasse aus. Danach sind die gegenwärtigen Vergütungssätze für kleinere Anlagen, die mit Industrierestholz und mit Waldholz befeuert werden, sowie für Biogasanlagen unter 200 kW „nicht für einen wirtschaftlichen Betrieb ausreichend". Diese Aussage wird aber zugleich mit der offen gelassenen Fragestellung eingeschränkt, ob unter wirtschaftlichen Aspekten der Förderung von Großanlagen der Vorzug gegeben werden sollte oder ob unter agrar- und umweltpolitischen Gesichtspunkten für kleinere Anlagen stärkere Anreize geschaffen werden sollten (ebenda: 29). Zur Situation der Wasserkraft bemerkt der Erfahrungsbericht, dass der weitere Ausbau im Spannungsfeld zwischen Wirtschaftlichkeitserwägungen und Umweltaspekten stehe und schlussfolgert: „Insbesondere bei der Modernisierung oder dem Ersatz alter Anlagen lassen sich sowohl höhere Stromerträge als auch eine Verbesserung der gewässerökologischen Situation erzielen" (ebenda: 33f.). Zur Geothermie heißt es schließlich, dass erste Abschätzungen zeigten, dass die geltenden Vergütungssätze noch keinen wirtschaftlichen Betrieb der Anlagen ermöglichen würden. Unter anderem wirkten sich die Bohrrisiken erschwerend auf die Finanzierung dieser Vorhaben aus (ebenda: 35).
Interessant ist noch der Hinweis, dass im Jahr 2001 die Kosten durch das EEG zwischen 0,18 und 0,26 Cent/kWh gelegen haben sollen, wobei nach Auskunft der für die Strompreisaufsicht und die kartellrechtliche Missbrauchsaufsicht bei Strom zuständigen Bundesländer für das Jahr 2001 von anerkannten Kosten im Bereich von 0,25 Cent/kWh auszugehen sei (ebenda: 7). Laut der Fachzeitschrift Neue Energie (8/2002: 15) ergeben sich danach für einen durchschnittlichen Vier-Personen-Haushalt mit einem Jahresverbrauch von rund 3.500 kWh Mehrbelastungen von „nicht einmal zehn Euro im Jahr".

[119] Bei Wasserkraftanlagen gibt es sogar, wie bereits weiter oben ausgeführt, keinerlei zeitliche Begrenzung.

netzbetreiber in gleichem Umfang wie bis dahin weniger stark betroffene Übertragungsnetzbetreiber durch die Erzeugung von Ökostrom belastet werden.
Damit das EEG mit EU-Recht kompatibel ist (und als Anreiz zur Steigerung der
Wirtschaftlichkeit), wurde ein Degressionspfad eingebaut (Bechberger 2000:
46ff., ZNER 2000: 7ff.).

Tabelle 34: Entwicklung der Vergütungssätze nach dem Erneuerbare-Energien-
Gesetz, 2000-2010 (in € Cent) (ZNER 2000)

	2000	2001	2002	2003	2004	2005	2006	2007	2008	2009	2010
Wasserkraft, Deponiegas, Grubengas, Klärgas											
Bis 500 kW	7,67	7,67	7,67	7,67	7,67	7,67	7,67	7,67	7,67	7,67	7,67
Bis 5 MW	6,65	6,65	6,65	6,65	6,65	6,65	6,65	6,65	6,65	6,65	6,65
Biomasse											
Bis 500 kW	10,23	10,23	10,1	10	9,9	9,8	9,7	9,6	9,5	9,4	9,3
Bis 5 MW	9,21	9,21	9,1	9	8,9	8,8	8,8	8,7	8,6	8,5	8,4
Bis 20 MW	8,7	8,7	8,6	8,5	8,4	8,4	8,3	8,2	8,1	8	7,9
Geothermie											
Bis 20 MW	8,95	8,95	8,95	8,95	8,95	8,95	8,95	8,95	8,95	8,95	8,95
Ab 20 MW	7,16	7,16	7,16	7,16	7,16	7,16	7,16	7,16	7,16	7,16	7,16
Windkraft											
Anfangs-vergütung	9,1	9,1	9	8,8	8,7	8,6	8,4	8,3	8,2	8,1	7,9
End-vergütung	6,19	6,19	6,1	6	5,9	5,8	5,7	5,7	5,6	5,5	5,4
Solare Strah-lungs-energie											
Bis 5 MW (bei Frei-flächen bis 100 kW)	50,62	50,62	48,1	45,7	43,4	41,2	39,2	37,2	35,5	33,6	31,9

6.1.3. Das Photovoltaik-Vorschaltgesetz

Da der EEG-Novellierungsprozess (siehe 6.1.4.) sich verzögert hatte und deshalb eine Anpassung der Vergütungssätze nicht - wie eigentlich vorgesehen und laut EEG vorgeschrieben - zum 1. Januar 2004 erfolgen konnte, war sich die Mehrheit im Deutschen Bundestag einig, ein so genanntes Photovoltaik-Vorschaltgesetz auf den Weg bringen zu wollen, dass einen Fadenriss bei dieser Technologie vermeiden und Investoren Planungssicherheit bieten sollte. Der Handlungsbedarf bei der Photovoltaik wurde insbesondere auch wegen des Auslaufens des 100.000-Dächer-Programms (siehe 6.2.2.) gesehen, weshalb die Vergütungssätze in dem am 27. November 2003 mit den Stimmen von SPD, CDU/CSU und Bündnis 90/Die Grünen beschlossenen Photovoltaik-Vorschaltgesetz im Vergleich zur früheren Regelung auch deutlich angehoben wurden[120]. Lediglich Freiflächenanlagen kommen nicht in den Genuss einer höheren Vergütung (die nach dem alten EEG im Jahr 2003 45,7 Cent betragen hatte und 2004 nun ebenfalls bei 45,7 Cent liegt), dennoch sind sie nun wirtschaftlicher als in der Vergangenheit, da die Förderungsbegrenzung von 100 kW_p aufgehoben worden ist und somit fortan auch Großanlagen möglich sind.

Eine weitere Neuerung bestand in der Differenzierung der Vergütung nach dem Standort der Anlage, wobei zwischen Freifläche, Gebäude und Fassade unterschieden worden ist. Auf Gebäuden ist noch einmal nach der Größe der Anlage unterschieden worden. Unter Fassadenanlagen werden Installationen „nicht auf dem Dach oder als Dach des Gebäudes" verstanden. Für eine Freiflächenanlage gelten die Einschränkungen, dass sie vor dem 1. Januar 2015 in Betrieb genommen worden sein und es sich dabei um Flächen handeln muss, die bereits versiegelt waren, die vorher wirtschaftlich oder militärisch genutzt wurden (Konversionsflächen) oder die Grünflächen sind, die vorher als Ackerland genutzt wurden. Zur Größendifferenzierung bei Anlagen auf Gebäuden ist anzumerken, dass ein Betreiber bei einer Anlage von zum Beispiel 50 kW_p anteilig die erhöhte Vergütung für die ersten 30 kW_p erhält und für die restlichen 20 kW_p die nächste Vergütungsgruppe wirksam wird. Tabelle 35 sind die neuen Vergütungssätze - die wie im alten EEG für 20 Jahre plus dem Jahr der Inbetriebnahme gelten - im einzelnen zu entnehmen. Wie im alten EEG soll es eine jährliche Degression geben, die wiederum fünf Prozent beträgt und ab dem 1.1. 2005 wirksam wird (Bundesregierung 2003).

---

[120] Der Bundesrat stimmte am 19. Dezember 2003 zu. Allerdings war das Gesetz nicht zustimmungspflichtig, so dass es nicht verhindert, sondern nur hätte verzögert werden können (Sonne Wind & Wärme 1/2004: 10).

Tabelle 35: Vergütungssätze für 2004 laut Photovoltaik-Vorschaltgesetz (Bundesregierung 2003)

Freiflächenanlagen	45,7 Cent
Anlagen auf Gebäuden bis 30 kW$_p$	57,4 Cent
Anlagen auf Gebäuden größer 30 bis 100 kW$_p$	54,6 Cent
Anlagen auf Gebäuden größer 100 kW$_p$	54 Cent
Bonus für Fassadenanlagen	5 Cent

6.1.4. EEG-Novelle

Am 17. Dezember 2003 hat die Bundesregierung ihren Entwurf für die Novellierung des Erneuerbare-Energien-Gesetzes vorgelegt. Dieser wird zunächst dargestellt, ehe auf die im parlamentarischen Verfahren vorgenommenen Änderungen und die Modifizierung durch den Vermittlungsausschuss von Bundestag und Bundesrat eingegangen wird. In dem Regierungsentwurf wird zum einen die Zielnorm temporär und quantitativ ausgeweitet: Für das Jahr 2020 wird ein regenerativer Strommarktanteil von 20 Prozent angestrebt. Zum anderen wird der Geltungsbereich auch auf Anlagen ausgeweitet, die zu 25 Prozent dem Bund oder einem Bundesland gehören. Die Härtefallregelung[121] wird ausgeweitet (auf Unternehmen mit mehr als zehn statt wie bisher mit über 100 GWh Stromverbrauch, die mindestens 15 statt wie bisher 20 Prozent Stromkosten im Verhältnis zur Bruttowertschöpfung haben) und ihre zeitliche Befristung aufgehoben. Der nächste Erfahrungsbericht zum EEG soll bis zum 31.12. 2007 und danach alle vier Jahre vorgelegt werden.

Bei den einzelnen erneuerbaren Energieträgern sind folgende Änderungen vorgesehen:

Windenergie: Die vorgeschlagenen neuen Vergütungssätze sind von gewissen Einschnitten gekennzeichnet (außer für Offshore-Windenergieanlagen). Der Anfangsvergütungssatz soll im Jahr 2004 bei 8,7 Cent liegen (2003: 8,8 Cent), der Endvergütungssatz sinkt auf 5,5 Cent (2003: 6 Cent). Dadurch solle, so heißt es im Regierungsentwurf, eine Überförderung an sehr guten Küstenstandorten vermieden werden. Auf der anderen Seite soll an windschwachen Standorten keine Vergütung mehr nach dem EEG erfolgen, indem der Grenzwert bei 65

---

[121] Die Härtefallregelung war zur Entlastung energieintensiver Betriebe im Februar 2003 von Bundeswirtschaftsminister Clement durchgesetzt worden. Clement wiederum stimmte im Gegenzug der Einrichtung einer Regulierungsbehörde für den Strommarkt zu (Neue Energie 3/2003: 13). Der Bundestag verabschiedete ein EEG-Änderungsgesetz zur Aufnahme der Härtefallregelung am 16. Juli 2003 (Bundesregierung 2003b).

Prozent des Referenzertrages (siehe 6.1.2.) angelegt wird. Die Degression für alle neuen Anlagen an Land wird von bisher 1,5 Prozent auf zwei Prozent erhöht. Um die zügige Erschließung der Windenergie auf See zu erreichen, wird für bis 2010 (bisher: 2006) in Betrieb gehende Anlagen in der Zwölf-Seemeilen-Zone und in der Ausschließlichen Wirtschaftszone (AWZ) eine höhere Vergütung gezahlt: Sie beträgt jetzt 9,1 Cent/kWh für mindestens zwölf Jahre, mit einer Verlängerung des Zeitraums für weit von der Küste entfernte und in großer Wassertiefe errichtete Anlagen. Für jede über zwölf Seemeilen hinaus gehende Seemeile verlängert sich der zwölfjährige Förderzeitraum um 0,5 Monate und für jeden zusätzlichen Meter Wassertiefe um 1,7 Monate. Strom aus Offshore-Windenergieanlagen, die nach dem 1. Januar 2005 in der AWZ genehmigt werden, sollen nur außerhalb von Natur- und Vogelschutzgebieten vergütet werden, um Eingriffe in diese Schutzgebiete zu vermeiden. Die Degression für Anlagen auf See setzt erst im Jahr 2008 ein.

Biomasse: In Anlehnung an den EEG-Erfahrungsbericht, in der die Vergütung für kleine Anlagen als zu niedrig bezeichnet worden ist, soll nun eine neue Leistungsstufe bis 150 kW eingeführt werden, die bei 11,5 Cent/kWh liegt (2003 für Anlagen bis 500 kW: 10 Cent). Zugleich sollen noch zwei Bonusse eingeführt werden: Der Bonus für nachwachsende Rohstoffe erhöht die Vergütung um 2,5 Cent/kWh, soweit der Strom ausschließlich aus Pflanzen- und Pflanzenbestandteilen im Sinne der Biomasseverordnung und/oder aus Gülle gewonnen wird. Damit sollen weitere Biomassebereiche nach der weitgehenden Ausschöpfung der Potenziale von Altholz und der Bioabfälle erschlossen werden. Ein zweiter Bonus in Höhe von einem Cent pro kWh ist für Anlagen mit einer Leistung von maximal fünf Megawatt vorgesehen, wenn innovative Technologien wie Brennstoffzellen oder KWK-Anlagen, die den Wirkungsgrad erhöhen, eingesetzt werden. Ab dem Jahr 2005 soll es für Biomasse im EEG dem Regierungsentwurf zufolge noch zwei weitere Neuerungen geben: Die Vergütung erfolgt nicht mehr für 20, sondern nur noch für 15 Jahre, und die jährliche Degression wird von bisher ein auf zwei Prozent angehoben.

Geothermie: Es sollen zwei zusätzliche Leistungsstufen bei fünf bzw. zehn Megawatt mit Vergütungssätzen von 15 bzw. 14 Cent eingeführt werden. Anlagen bis 20 MW erhalten 8,95, Anlagen über 20 MW 7,16 Cent. Diese Vergütungen gelten für Anlagen, die vor dem 1. Januar 2010 in Betrieb gehen. Ab dann setzt auch bei der Geothermie eine jährliche Degression ein, die bei einem Prozent liegt.

Wasserkraft: War die Förderung der Wasserkraft bislang auf Anlagen bis maximal fünf Megawatt beschränkt, soll sie jetzt unter bestimmten Umständen auch für Anlagen bis zu 150 MW möglich sein. Dies gilt allerdings nur für bereits bestehende Anlagen, die bis zum 31.12. 2012 erneuert bzw. erweitert werden. Die Erneuerung bzw. Erweiterung muss zu einer Erhöhung des elektrischen Arbeitsvermögens um mindestens 15 Prozent führen und den ökologischen Zustand verbessern. Vergütet werden soll grundsätzlich nur der zusätzliche, durch die Erneuerung hinzu gewonnene Strom. Zudem wird diese Vergütung auf 15 Jahre beschränkt. Bei der Regelung zur großen Wasserkraft hat der Gesetzgeber vor allem die Modernisierung des Wasserkraftwerkes Rheinfelden am Hochrhein im Blick, das der EnBW-Tochter NaturEnergie gehört[122]. Zugleich soll mit dieser Regelung die Zustimmung des Unions-regierten Bundeslandes Baden-Württemberg zum EEG eingeholt werden (vgl. Neue Energie 5/2004: 20).

Bei kleinen Wasserkraftanlagen bis fünf Megawatt wird eine jährliche Degression von fünf Prozent ab 2005 neu eingeführt. Um, wie es heißt, Eingriffe in naturbelassene Flüsse und Bäche zu vermeiden, werden Anlagen bis 500 kW, die nicht im Zusammenhang mit Staustufen oder Wehren betrieben werden, nur noch bis zum 31.12. 2005 genehmigt.

Deponie-, Klär-, Grubengas: Es wird eine jährliche Degression von zwei Prozent ab 2005 neu eingeführt. Strom aus Grubengas soll auch oberhalb von 5 MW mit 6,65 Cent vergütet werden. Beim Einsatz der Brennstoffzellen-Technik wird ein Bonus von einem Cent gezahlt. Die Deponiegas-Vergütung wird auf 15 Jahre für Anlagen, die nach dem 31. Dezember 2006 in Betrieb gehen, begrenzt (BMU 2003b).

Die EEG-Novelle ist am 2. April 2004 im Deutschen Bundestag mit den Stimmen von SPD und Bündnis 90/Die Grünen verabschiedet worden. Im parlamentarischen Verfahren war es noch zu einigen Veränderungen gekommen. Stand die Ablehnung der FDP schon frühzeitig fest, so stimmte am Ende auch die Unions-Fraktion gegen das Gesetz, obwohl ihr die Koalitionsfraktionen in den Bereichen Wasserkraft und Biomasse entgegen gekommen waren[123]. Die Uni-

---

[122] Das Wasserkraftwerk Rheinfelden am Hochrhein unweit von Basel wird vom Betreiber liebevoll als „Wiege der Wasserkraft" bezeichnet, weil die 1898 in Betrieb gegangene Anlage das erste Laufwasserkraftwerk Europas war. NaturEnergie plant das bestehende Wasserkraftwerk durch einen kompletten Neubau zu ersetzen. Die Leistung der neuen Anlage soll 116 MW gegenüber 25,7 MW des alten Kraftwerks betragen. In einem ähnlichen Verhältnis soll die jährliche Stromproduktion von 185 auf 565 Millionen Kilowattstunden wachsen, womit rund 160.000 Haushalte mit Strom versorgt werden könnten. Mit den veranschlagten 450 Mio. € wäre der Neubau das größte Investitionsvorhaben für regenerative Energien in Deutschland. Nach Ansicht von NaturEnergie stellt die EEG-Novellierung „die einmalige Chance" zur Realisierung dar (NaturEnergie o. J., NaturEnergie 2003: 1, 4), während Kritiker bemängeln, das Projekt wäre auch ohne gesonderte Förderung wirtschaftlich. Für die Aufnahme der großen Wasserkraft in die EEG-Novelle hatte sich auch die baden-württembergische Landtagsfraktion der Grünen eingesetzt. In einem Brief ihres Vorsitzenden Winfried Kretschmann an Bundesumweltminister Jürgen Trittin wurde „für Strom aus neu errichteten Wasserkraftwerken mit einer Leistung von mehr als 5 MW eine zeitlich begrenzte höhere Vergütung" gefordert (Kretschmann 2002).

[123] Eine Ausnahme war der Abgeordnete Göppel (CSU), der der EEG-Novelle zustimmte. Der FDP-Abgeordnete Goldmann, der der Ursprungsfassung des EEG als einziges Mitglied seiner Fraktion zugestimmt hatte, enthielt sich diesmal (Neue Energie 05/2004: 22). Nachdem am Wochenanfang (29. März) die Unionsfraktion ihre Ablehnung verkündet

onsfraktion hatte am Ende des Verfahrens gefordert, das EEG bis 2007 zu befristen. Hätte die Union das Gesetz im Bundesrat passieren lassen, dann wäre es Anfang Juni 2004 in Kraft getreten. Da der Bundesrat der EEG-Novelle in seiner Sitzung am 14. Mai jedoch nicht zustimmte und den Vermittlungsausschuss anrief, konnte das Gesetz erst zu einem späteren Zeitpunkt in Kraft treten (auf die temporäre Verschiebung und inhaltliche Veränderungen durch den Vermittlungsausschuss wird weiter unten eingegangen).

Im einzelnen ist es im parlamentarischen Verfahren noch zu folgenden Veränderungen gekommen: Die Bonusse für den Einsatz innovativer Technologien wurden aufgestockt und ihr Anwendungsfeld erweitert, die vorgesehenen Degressionen modifiziert, einige *Förderzeiträume* und Vergütungssätze wurden verlängert bzw. erhöht. So wird Strom aus Deponiegas- und Biomasseanlagen nun doch über einen Zeitraum von 20 statt 15 Jahren und Strom aus Wasserkraftanlagen bis 5 Megawatt für 30 statt 20 Jahre gefördert. Bei der Windenergie entfällt der umstrittene Passus, nach der nur noch Anlagen zu fördern sind, die mindestens 65 Prozent des Referenzertrages erzielen können. Damit wollten die Koalitionsfraktionen verhindern, dass die weitere Entwicklung der Windenergie im Binnenland erschwert wird.

Die jährliche *Degression* bei den Fördersätzen wurde bei der Biomasse und bei Deponie-, Klär- und Grubengas von 2 auf 1,5 Prozent gesenkt, bei der Photovoltaik soll sie allerdings ab 2006 6,5 Prozent betragen (2005: 5 Prozent).

Die *Vergütung* erhöht wurde für Strom aus Wasserkraftanlagen bis 500 Kilowatt von 7,67 auf 9,67 Cent. Nicht schon nach dem 31.12. 2005, sondern erst nach dem 31.12. 2007 greift nun die Vorgabe, nach der kleine Anlagen bis 500 kW, die nicht im Zusammenhang mit Staustufen oder Wehren betrieben werden, keine Genehmigung mehr erhalten. Neu in bezug auf die Vergütung von Biomasse ist, dass beim Einsatz von Altholz der Altholzkategorien A III und A IV im Sinne der Altholzverordnung aus dem Jahr 2002 die Vergütung mit 3,9 Cent/kWh deutlich unter den Sätzen für andere Biomasseformen liegen soll - ein Anreiz zur Nutzung „sauberer" Biomasse.

Die *Anreize zum Einsatz innovativer Technologien* wurden erheblich verstärkt: Bei der Biomasse wird der Bonus für nachwachsende Rohstoffe von 2,5 auf (je nach Rohstoffeinsatz) 4 bzw. 6 Cent/kWh erhöht, der für innovative Technologien wie Brennstoffzellen und KWK-Anlagen im Sinne des KWK-Gesetzes hat sich von 1 auf 2 Cent/kWh verdoppelt und kann unter bestimmten Umständen um weitere 2 Cent erhöht werden (wenn der Strom in den KWK-Anlagen ausschließlich aus Biomasse gewonnen wird). Bei Deponie-, Klär- und Grubengasanlagen wird der Bonus beim Einsatz der Brennstoffzelle von 1 auf 2 Cent/kWh

---

hatte, nahm die rot-grüne Mehrheit im Umweltausschuss am Mittwoch (31. März) noch einige Verbesserungen - vor allem für die Windenergie - vor.

erhöht und auf weitere Technologien ausgeweitet[124]. Repowerte Windenergie-Anlagen erhalten bei einer Verdreifachung der Leistung eine verbesserte Förderung.

Eine weitere Änderung im Gesetzgebungsprozess besteht darin, dass die Härtefallregelung auf die Deutsche Bundesbahn ausgeweitet worden ist (Deutscher Bundestag 2004).

Durch den Vermittlungsausschuss ist es noch zu folgender Modifizierung gekommen: Danach „sind Netzbetreiber nicht verpflichtet, Strom aus Anlagen zu vergüten, für die nicht vor Inbetriebnahme nachgewiesen ist, dass sie an dem geplanten Standort mindestens 60 Prozent des Referenzertrages erzielen können"[125]. Dieser Schwellenwert, der den Bau von Windrädern an windschwachen Standorten erschweren und damit dem Widerstand von Bürgerinitiativen Rechnung tragen soll, war bereits im Gesetzentwurf des Bundesumweltministeriums enthalten. Bundeswirtschaftsminister Clement hatte dann erfolgreich auf eine Erhöhung auf 65 Prozent im offiziellen Regierungsentwurf gedrängt, ehe der Schwellenwert dann von den Regierungsfraktionen im parlamentarischen Verfahren ganz aus dem Entwurf gestrichen worden war. Auf Druck der Opposition ist er dann im Vermittlungsverfahren wieder eingeführt worden[126]. Die Einigung

---

[124] Wenn das Gas auf Erdgasqualität aufbereitet worden ist (Upgrading) oder der Strom mittels Gasturbinen, Dampfmotoren, Organic-Rankin-Anlagen, Mehrstoffgemisch-Anlagen, insbesondere Kalina-Cvele-Anlagen, oder Stirling-Motoren gewonnen wird.

[125] Um das Erreichen des 60 Prozent-Wertes festzustellen, macht das Gesetz ein Windgutachten zwingend notwendig. Die Kosten für das Gutachten teilen sich Netzbetreiber und Antragsteller. Nach Angaben der Fachzeitschrift Neue Energie (07/2004: 22) liegen die Kosten für ein solches Gutachten zwischen nur wenigen hundert Euro - wenn Vergleichsdaten benachbarter Windräder vorliegen - und bis zu 15.000 Euro, wenn auf keinen Datenbestand zurück gegriffen werden kann.

[126] Das EEG ist nicht zustimmungspflichtig, aber ohne die Übernahme des Ergebnisses aus dem Vermittlungsausschuss seitens des Bundestages hätte es noch zu einer weiteren Verzögerung im Verfahren kommen können. Hinzu kommt, dass die Änderungen des Bundestages zur Windkraft (Streichung der sog. 65%-Regelung und Erhöhung des Referenzertragfaktors) in den beiden Koalitions-Fraktionen nicht unumstritten war - und gerade im BMU (und dort vornämlich im Windkraftreferat) war man von Anfang an für eine Prozent-Regelung, um den Anspruch für windschwache Standorte zu streichen. Nach Angaben von Heiko Stubner, Mitarbeiter des SPD-Bundestagsabgeordneten Scheer, konnten die Energiepolitiker der SPD-Fraktion von einer Änderung des Gesetzesentwurfes mit dem Argument überzeugt werden, dass durch eine Erhöhung des Referenzertragfaktors erhebliche Gelder bei der EEG-Vergütung von mittelstarken Standorten eingespart werden können und somit die Fördereffizienz des Instrument erhöht wird. Nachdem sowohl Umwelt- und Wirtschaftsausschuss des BR als auch das Plenum des BR den VA (vornehmlich) wegen der Windkraftregelung anriefen, gab es in der AG des VA zum EEG den Vorschlag der B-Länder, auf den Regierungsentwurf mit der 65%-Regelung zurückzugreifen. In der kleinen Runde fanden die Argumente für die Erhöhung des Referenzertragfaktors keine Mehrheit, ehe die BT-Opposition und die B-Länder zumindest einen kleinen Teilerfolg erzielen wollten und schließlich 60% anboten. Dennoch blieb die Zustimmung der CDU/CSU im BT aus, obwohl ihre Vertreter im VA zugestimmt hatten. Das BMU

des Vermittlungsausschusses erfolgte am 17. Juni 2004, tags darauf wurde sie vom Bundestag bestätigt. Stimmt ihr nun auch der Bundesrat in seiner Sitzung am 9. Juli zu, tritt die EEG-Novelle aller Voraussicht nach am 1. August 2004 in Kraft (Deutscher Bundestag 2004b, FAZ 4.6. 2004: 11, 19.6. 2004: 10).

Fazit: Das EEG bleibt in seiner Grundstruktur erhalten. Für die Biomasse und Biogasnutzung, Geothermie und Photovoltaik gibt es erhebliche Verbesserungen, (kleine) Wasserkraft und (Onshore-)Windenergie müssen gewisse Abstriche hinnehmen. Eine Degression der Vergütungssätze setzt in allen Sparten der erneuerbaren Energien ein (bei Geothermie und Offshore-Windenergie erst etwas später). Dahinter steckt die Absicht, mittel- bis langfristig die Wettbewerbsfähigkeit aller erneuerbaren Energieträger zu erreichen. Durch weitere Leistungsklassen, neue Anreize zur Nutzung innovativer Technologien und teilweise höhere Vergütungssätze ist das deutsche Einspeisevergütungssystem noch einmal verfeinert und optimiert worden. Insgesamt ist das Gesetz sehr viel differenzierter, damit aber auch erheblich komplizierter geworden, wie auch die Tabelle 36 zeigt, die die Vergütungssätze des EEG noch einmal zusammen fasst[127].

Wie schon beim Stromeinspeisegesetz und der Ursprungsfassung des EEG hat das Parlament wieder eine entscheidende Rolle gespielt und im parlamentarischen Verfahren Verbesserungen für die Förderung erneuerbarer Energien durchsetzen können. Neu war allerdings, dass die Parlamentarier ihre Arbeit auf einer relativ ambitionierten Vorlage eines Ministeriums aufbauen konnten. Damit nahm die zuständige Verwaltungsebene im Gegensatz zu den beiden vorherigen Aushandlungsprozessen erstmals eine pro-aktive Haltung ein, was primär auf die Zuständigkeitsverlagerung vom BMWA zum BMU zurück geführt werden kann.

Tabelle 36:   Vergütungssätze nach der EEG-Novelle (BMU 2004b: 10f.)

Sparte	Anlagenleistung	Vergütungshöhe (in € Cent/kWh)	Laufzeit	Bemerkungen
Wasserkraft	Bis 5 MW	9,67 bis 500 kW 6,65 ab 500 kW bis 5 MW	30 Jahre	
	Ab 5 MW bis 150 MW	7,67 bis 500 kW 6,65 ab 500 kW	15 Jahre	Nur bei Erneuerungen und nur Vergütung der Leistungs-

konnte zufrieden sein, hatte es doch seine ursprünglichen Vorstellungen nun durch die Hintertür des VA noch verwirklichen können (Auskünfte per Email von Heiko Stubner am 28.6. 2004).

[127] Die Vergütungssätze für solare Strahlungsenergie werden in Tabelle 36 nicht noch einmal aufgeführt. Sie können Tabelle 35 entnommen werden.

		bis 10 MW 6,10 ab 10 bis 20 MW 4,56 ab 20 bis 50 MW 3,70 ab 50 bis 150 MW		erhöhung
Deponie-, Klär- und Grubengas	Unbegrenzt	7,67 bis 500 kW 6,65 ab 500 kW bis 5 MW 6,65 für Grubengas ab 5 MW	20 Jahre	Bei Deponie- und Klärgas wird der Leistungsbereich über 5 MW nach dem Marktpreis vergütet.
	Unbegrenzt	9,67 bis 500 kW 8,65 ab 500 kW bis 5 MW 8,65 für Grubengas ab 5 MW	20 Jahre	Beim Einsatz innovativer Technologien
Biomasse[128]	Bis 20 MW	11,5 bis 150 kW 9,9 ab 150 bis 500 kW 8,9 ab 500 kW bis 5 MW 8,4 ab 5 bis 20 MW	20 Jahre	
	Bis 20 MW	3,9 bis 20 MW	20 Jahre	Beim Einsatz von Altholz der Kategorien A III und A IV bei Inbetriebnahme ab 1.7. 2006.
	Bis 20 MW	17,5 bis 150 kW 15,9 ab 150 bis 500 kW 12,9 ab 500 kW bis 5 MW	20 Jahre	Gilt bei besonderen Einsatzstoffen (nachwachsenden Rohstoffen).

---

[128] Es sind Kombinationen zwischen einzelnen Biomasse-Vergütungsregelungen möglich, die in dieser Tabelle nicht dargestellt sind.

	Bis 20 MW	17,5 bis 150 kW 15,9 ab 150 bis 500 kW 11,4 ab 500 bis 5 MW	20 Jahre	Bei der Verbrennung von Holz.
	Bis 20 MW	13,5 bis 150 kW 11,9 ab 150 bis 500 kW 10,9 ab 500 kW bis 5 MW 10,4 ab 5 bis 20 MW	20 Jahre	Gilt für den im gekoppelten Betrieb erzeugten Strom aus Kraft-Wärme-Kopplungsanlagen.
	Bis 20 MW	13,5 bis 150 kW 11,9 ab 150 bis 500 kW 10,9 ab 500 kW bis 5 MW	20 Jahre	Gilt für den gesamten Strom aus Kraft-Wärme-Kopplungsanlagen beim Einsatz innovativer Technologien.
Geothermie	Unbegrenzt	15,0 bis 5 MW 14,0 ab 5 bis 10 MW 8,95 ab 10 bis 20 MW 7,16 ab 20 MW	20 Jahre	
Windenergie an Land		8,7 (Anfangsvergütung) 5,5 (Endvergütung)	20 Jahre	Je nach Referenzertrag der Anlage wird der erhöhte Vergütungssatz 5 bis 20 Jahre gewährt.
Offshore-Windenergie		9,1 (Anfangsvergütung) 6,19 (Endvergütung)	20 Jahre	Der erhöhte Vergütungssatz wird bei Inbetriebnahme vor 2011 gezahlt; er wird je nach Standort 12 bis 20 Jahre gewährt.

6.2. Vom Nischen- zum Massenmarkt

6.2.1. Vom 100 zum 250 Megawatt-Programm

Im Juni 1989 startete ein 100 Megawatt-Windprogramm des Bundesfor-
schungsministeriums, das wenige Monate später auf ein Volumen von 250
Megawatt ausgeweitet wurde. Es sah vor, dass in das Programm aufgenommene
Windanlagen über zehn Jahre für jede erzeugte Kilowattstunde einen Zuschlag
von acht Pfennigen zur relativ geringen Vergütung durch die Energieversorgungsunternehmen erhalten. Nach Einführung des Stromeinspeisegesetzes
(siehe 6.1.1.) wurde dieser Zuschuss um zwei auf sechs Pfennige abgesenkt.
Dabei sahen, so Kords (1993: 62) gerade die FDP-Fraktion und der Wirtschafts-
flügel der Union die Zustimmung zum 100 MW-Programm als eine Möglichkeit
an, das weitergehende Stromeinspeisegesetz zu verhindern. Ihr Kalkül war, dass
durch dieses klar begrenzte Programm, das zudem aus dem Staatshaushalt und
nicht von Wirtschaft und Verbrauchern über eine Umlage bezahlt wurde, der
politischen Druck zur Einführung eines Einspeisegesetzes abnehmen würde. Der
Forschungsminister wiederum, so Kords, überschritt an für sich die Grenzen
seiner Zuständigkeit, weil es bei dem Programm weniger um Forschung als um
die Markteinführung der Windenergie gegangen sei. Das 250 MW-
Windprogramm ist seit dem 31.12. 1995 ausgelaufen, doch bestehen noch Zahlungsverpflichtungen bis zum Jahr 2006 (Hemmelskamp 1999: 177).

6.2.2. Vom 1.000- zum 100.000-Dächer-Programm

Dem 250 MW Wind-Programm folgte wenig später der Beschluss über die
Auflegung eines Markteinführungsprogramms für die solare Stromerzeugung.
Das so genannte Bund-Länder 1.000 Dächer-Photovoltaikprogramm startete
1991 als seinerzeit weltweit größtes Förderprogramm. Dabei wurden Investiti-
onskostenzuschüsse von rund 70 Prozent gezahlt. Auf diesem Weg entstanden
mit 2.200 mehr Anlagen als ursprünglich vorgesehen, wobei die Leistung zwischen einem und fünf kW_p und insgesamt bei vier MW_p lag. Als das Programm
Mitte der 1990er Jahre keine Fortsetzung erfuhr, konnte ein vollständiger Fadenriss bei der Photovoltaik-Nutzung in Deutschland nur durch Länderprogramme
wie in Nordrhein-Westfalen und die Einführung kostendeckender Vergütungen
in einigen Kommunen verhindert werden (Staiß 2003: I-93).

Dem 1.000- folgte (mit ein paar Jahren Unterbrechung) das 100.000-Dächer-
Programm (HTDP), das bis zum 30. Juni 2003 den Bau von Solarstromanlagen
förderte. Das in der Koalitionsvereinbarung von SPD und Grünen im Herbst
1998 vereinbarte und zum 1. Januar 1999 eingeführte Programm sah in Form
von zinsverbilligten Darlehen eine Art Investitionsbeihilfe für Anlagen ab einem
kW_p vor[129]. Die administrative Zuständigkeit für das HTDP lag bis 2002 im

---

[129] In der letzten Phase des HTDP galten die folgenden Bedingungen: Die maximale Kredit-
laufzeit beträgt zehn Jahre bei höchstens zwei tilgungsfreien Anlaufjahren. Der Pro-
grammzins liegt bei 1,91 Prozent (p.a. eff.). Nach Ablauf der tilgungsfreien Anlaufjahre
erfolgt die Tilgung in gleich hohen halbjährlichen Raten. Während der Tilgungsfreijahre

Bundeswirtschaftsministerium und wurde nach der Bundestagswahl 2002 ins BMU übertragen. Abgewickelt wurde das Programm von der bundeseigenen KfW, Antragstellung und Darlehensauszahlung erfolgten über die Hausbank. Adressaten des HTDP waren Privatpersonen, Vereine, Stiftungen, Wohnungsunternehmen, freiberuflich Tätige sowie kleine und mittelständische Unternehmen. Das HTDP war mit anderen Förderprogrammen kumulierbar[130]. Der Kreditbetrag verminderte sich allerdings um den Betrag, der aus anderen öffentlichen Mitteln des Bundes, der Bundesländer oder der Kommunen in Form von Förderkrediten, Zulagen oder sonstigen Zuschüssen gewährt wurde.

Das HTDP lief nach seiner Einführung zunächst nur schleppend an. Mit weniger als 4.000 Anträgen im ersten Jahr erfüllte es weder die Erwartungen noch die Zielvorgabe, als Beitrag zum Klimaschutz und zum Aufbau einer wettbewerbsfähigen deutschen Solarindustrie innerhalb von sechs Jahren (bis zum 31.12. 2004) eine zusätzliche Solarstromkapazität von 300 MW_p zu schaffen. Erst als im Jahr 2000 das (mit dem HTDP ohne Einschränkungen kombinierbare) EEG (siehe 6.1.2.) eingeführt wurde, ist das HTDP zu einem Erfolg geworden und es setzte ein regelrechter Boom ein. Wie Tabelle 37 zeigt, sind im Jahr 2000 über 17.000 Anträge gestellt worden, davon mehr als die Hälfte allein im März, nachdem die Einführung des EEG beschlossen worden war. Wegen der überraschend großen Nachfrage - die Mittel für das Jahr 2000 waren im Mai bereits erschöpft - veränderte die rot-grüne Koalition bereits im zweiten Programm-Jahr die Bedingungen. Danach wurde die letzte von acht Rückzahlungsraten nicht mehr erlassen. Für größere Anlagen gab es den günstigen Kredit seither nur noch für die Hälfte der Kosten. Zugleich wurde der Zeitraum für das gesamte Programm von sechs auf fünf Jahre (bis zum 31.12. 2003) verkürzt, um die jährlich zur Verfügung stehenden Mittel von rund 90 auf etwa 110 Mio. € aufstocken zu können. Nachdem das Gesamtbudget von fast 500 Mio. € (das Investitionen von 1,3 Mrd. € auslösen sollte) vorzeitig ausgeschöpft war, wurde das HTDP noch einmal verkürzt und Mitte 2003 beendet. Wie Tabelle 37 zeigt, sind im Förderzeitraum 1.1. 1999 bis 30.6. 2003 nur zwei Drittel der ursprünglich vorgesehenen 100.000 Anlagen gefördert worden. Das Ziel einer zusätzlichen Solarstromkapazität von 300 MW_p konnte dennoch erreicht werden, da die durchschnittlichen Anlagengrößen über den Erwartungen lagen. Um nach Auslaufen des HTDP einen ähnlichen Fadenriss wie nach Beendigung des 1.000 Dächer-Programms Mitte der 1990er Jahre zu verhindern und damit die neu geschaffenen industriellen Strukturen nicht zu gefährden, ist Ende 2003 das

---

sind lediglich die fälligen Zinsen auf die ausgezahlten Kreditbeiträge zu leisten. Der Kredit kann jederzeit außerplanmäßig zurückgezahlt werden. Der Förderhöchstbetrag beträgt bis fünf kW installierte Leistung bis zu 6.230 € je KW_p und für den darüber hinaus gehenden Leistungsanteil bis zu 3.115 € je KW_p. Der Kredithöchstbetrag liegt in der Regel bei maximal 500.000 EUR (Website HTDP).

[130] Ausnahme: "Programm Sonne in der Schule", welches im Rahmen des Marktanreizprogramms des Bundes vom Bundesamt für Wirtschaft und Ausfuhrkontrolle (BAFA) durchgeführt wird (siehe 5.2.3.).

Photovoltaik-Vorschaltgesetz verabschiedet worden, das sowohl eine An-schlussregelung für das EEG wie auch (durch die erhöhten Vergütungssätze) eine Kompensation für das ausgelaufene HTDP sein soll (siehe 6.1.3.) (Website HTDP, Staiß 2003: I-151ff.).

Auch nach Auslaufen des HTDP bestehen noch Möglichkeiten, von der KfW zinsgünstige Kredite für Solarstromanlagen zu erhalten, zum einen für Privat-personen durch das CO_2-Minderungs-, zum anderen für Unternehmen durch das Umweltprogramm. Die Zinssätze sind allerdings mit 3,95 bzw. 4,47 Prozent höher als beim HTDP mit 1,9 Prozent (Angaben jeweils bei einer Darlehens-laufzeit von zehn Jahren, Stand Februar 2004). Ein Vorteil besteht darin, dass Eigenkapital nicht notwendig ist und bis zu 100 Prozent des Investitionsbetrages finanziert werden. Die Zinsmehrbelastung wird zudem durch die höhere Vergü-tung im PV-Vorschaltgesetz kompensiert. Daher, so schreibt die Fachzeitschrift Neue Energie, könnte das CO_2-Minderungsprogramm „ein ebenso großer Ren-ner werden wie das 100.000-Dächer-Programm" (Neue Energie 1-2/2004: 39, Website KfW).

164

Tabelle 37:   Kreditanträge, Bruttozusagen, Kreditzusagen und Ablehnungen im
100.000-Dächer-Solarstrom-Programm, 1.1. 1999-30.6. 2003 (Website
HTDP)

Jahr	Monat	Anträge Anzahl	Bruttozusagen Anzahl	Verzichte Anzahl	Zusagen Anzahl	kWp	Ableh- nungen Anzahl
1999	Januar	50	0	0	0	0	3
	Februar	230	35	5	30	63	12
	März	385	240	29	211	483	12
	April	458	491	67	424	1.005	5
	Mai	468	539	66	473	1.113	6
	Juni	513	534	62	472	1.084	7
	Juli	427	501	37	464	1.137	2
	August	412	469	32	437	1.018	2
	September	309	332	26	306	877	2
	Oktober	232	319	16	303	865	3
	November	214	224	10	214	595	0
	Dezember	224	207	19	188	655	3
01.01.1999- 31.12.1999		3.922	3.891	369	3.522	8.895	57
2000	Januar	238	275	19	256	858	4
	Februar	847	465	26	439	1.782	2
	März	9.954	3.403	303	3.100	15.974	16
	April	1.008	1.265	141	1.124	5.714	5
	Mai	935	17	1	16	192	7
	Juni	575	1	0	1	11	3
	Juli	624	245	109	136	733	3
	August	616	402	187	215	880	7
	September	521	453	182	271	1.096	2
	Oktober	530	800	361	439	1.587	1
	November	588	2.529	1256	1.273	5.247	2
	Dezember	654	1.178	629	549	2.538	1
01.01.2000-31.12.2000		17.090	11.033	3.214	7.819	36.612	53
2001	Januar	636	2	0	2	266	1
	Februar	604	282	123	159	677	4
	März	867	3.283	921	2.362	8.076	5
	April	971	4.890	703	4.187	15.801	2
	Mai	1.487	474	59	415	1.673	12
	Juni	1.271	982	83	899	3.324	6
	Juli	2.088	2.188	144	2.044	8.035	10
	August	2.283	2.376	162	2.214	9.236	13
	September	2.024	1.956	138	1.818	7.131	5
	Oktober	2.029	2.838	169	2.669	10.602	17
	November	1.512	1.761	96	1.665	7.202	5

165

	Dezember	817	940	50	890	3.853	5
01.01.2001-31.12.2001	**16.589**	**21.972**	**2.648**	**19.324**	**75.875**	**85**
2002	Januar	513	1.017	38	979	3.694	2
	Februar	521	880	37	843	3.284	1
	März	836	867	27	840	3.795	3
	April	1.147	802	32	770	3.787	8
	Mai	1.185	1.213	51	1.162	5.420	2
	Juni	1.199	1.202	25	1.177	5.539	4
	Juli	1.455	1.956	66	1.890	9.523	1
	August	1.460	1.092	44	1.048	5.960	2
	September	1.617	1.824	49	1.775	9.658	1
	Oktober	2.307	1.797	50	1.747	10.307	10
	November	2.544	2.193	92	2.101	12.463	27
	Dezember	1.511	919	47	872	4.650	0
01.01.2002-31.12.2002	**16.295**	**15.762**	**558**	**15.204**	**78.080**	**61**
2003	Januar	686	0	0	0	0	3
	Februar	889	2.836	79	2.757	15.901	3
	März	1.783	1.808	68	1.740	11.786	2
	April	2.826	1.722	36	1.686	11.992	4
	Mai	3.784	117	7	110	836	3
	Juni	2.355	2.808	12	2.796	20.689	0
01.01.2003-30.06.2003	**12.323**	**9.291**	**202**	**9.089**	**61.205**	**15**
01.01.1999-30.06.2003	**66.219**	**61.949**	**6.991**	**54.958**	**260.666**	**271**

Erläuterungen:

Grundsätzlich: Bei allen Informationen handelt es sich um **vorläufige Angaben**.
Bruttozusagen: Von der KfW zugesagte Kredite.
Verzichte: Zugesagte Kredite, auf die der Antragsteller nachträglich verzichtet.
Zusagen: Kredite, die von der KfW zugesagt und vom Antragsteller angenommen wurden (Bruttozusagen minus Verzichte).
Anträge: Die Angaben enthalten Anträge mit zugesagten Krediten, Anträge in Bearbeitung und abgelehnte Anträge. Die Anzahl der ausgewiesenen Anträge kann sich nachträglich ändern, wenn z.B. Anträge in Bearbeitung aufgrund mangelhafter Angaben zurückgesandt werden müssen.
Hinweis:
Bei den angegebenen Zusagen in den Monaten Mai und Juni 2000 handelt es sich nicht um Neuzusagen, sondern um nachträgliche Umwandlungen von Zuschuß- in Kreditvarianten.

6.2.3. Marktanreizprogramme

Das am 1. September 1999 gestartete *Marktanreizprogramm* (MAP) ist mehr oder weniger ein Zufallsprodukt aus dem gesetzlichen Aushandlungsprozess zur Ökologischen Steuerreform[131] (ÖSR). Das Bundesfinanzministerium argumentierte damals, eine Öko-Steuerbefreiung für erneuerbare Energien - wie von den Fachpolitikern der Koalitionsfraktionen einmütig gewünscht - könnte von der EU als unerlaubte Beihilfe angesehen werden und damit das gesamte Reformvorhaben gefährden. Deshalb machte die Bundesregierung aus der Not eine Tugend und beschloss, die Mittel, die durch die Ökosteuer auf Strom eingenommen werden, in ein Förderprogramm umzulenken (Reiche 2000b: 116). Dem MAP standen im Jahr 2000 102 Mio. €, 2001 153 Mio. €, 2002 200 Mio. €, 2003 230 Mio. € und 2004 240 Mio. € zur Verfügung. Trotz des Anstiegs der Fördermittel ist eine vollständige Kopplung an die Einnahmen aus der Besteuerung des Ökostroms nicht erfolgt - dann hätte der Fördertopf im Jahr 2003 mit mehr als 300 Mio. € ausgestattet sein müssen, schreibt die Fachzeitschrift Neue Energie (7/2002: 11).

Ziel des MAP ist die Marktdurchdringung von Technologien der erneuerbaren Energien, deren Kosten sinken und Wirtschaftlichkeit erhöht werden sollen. Während das EEG allein für den regenerativen Elektrizitätsmarkt geschaffen wurde, kann das MAP als das wichtigste Instrument zur Förderung erneuerbarer Energien im Wärmemarkt bezeichnet werden. Dies spiegelt sich auch innerhalb des MAP wieder, wo Solarkollektoranlagen mit rund 90 Prozent der Anträge und 80 Prozent des Investitionsvolumens die wichtigste Rolle spielen (Zahlen nach Staiß 2003: I-149). Das MAP ist zugleich aber auch für Anwendungen im Strommarkt offen. In beiden Segmenten verhilft es vielen Projekten zur Durchsetzung, die ohne das MAP nicht realisiert werden könnten.

Die Zuständigkeit für das MAP lag bis zur Bundestagswahl 2002 im Wirtschaftsministerium, danach wechselte sie ins BMU. Die Abwicklung erfolgt über die KfW und das Bundesamt für Wirtschaft und Ausfuhrkontrolle (BAFA). Während beim BAFA nicht rückzahlbare Zuschüsse für Kleinanlagen beantragt werden können, vergibt die KfW für kapitalintensivere Projekte langfristige, zinsgünstige Darlehen, in den meisten Fällen inklusive Teilschulderlassen. Im einzelnen gefördert werden Solarkollektoranlagen (wobei die Förderung an gewisse jährliche Kollektorerträge gebunden ist[132]), Photovoltaikanlagen für Schulen (ab einem kW$_p$), Anlagen zur Verbrennung fester Biomasse (ab acht kW), Biogasanlagen, Anlagen zur Nutzung der Tiefengeothermie und Wasserkraftanlagen bis 500 kW. Zuschüsse werden gezahlt für Solarkollektoranlagen,

---

[131] Zur Genese der Ökologischen Steuerreform (ÖSR) siehe ausführlicher die Dissertation von Reiche/Krebs (1999). Zu einer ersten Abschätzung der Lenkungswirkungen der ÖSR siehe Reiche 2001b.

[132] Ab 1. Januar 2004 muss der jährliche Kollektorertrag mindestens 525 kWh/m² betragen und die Kriterien des Umweltzeichens Blauer Engel erfüllen.

die Verfeuerung fester Biomasse in Anlagen bis 100 kW und Photovoltaikanlagen im Rahmen des Programms „Sonne in der Schule"[133]. Darlehen werden vergeben für die Verfeuerung fester Biomasse in Anlagen über 100 kW, für Anlagen zur Verfeuerung fester Biomasse in Kraft-Wärme-Kopplungsanlagen, für Biogasanlagen und Anlagen zur Nutzung der Tiefengeothermie sowie Maßnahmen zur Erweiterung, Reaktivierung oder Sanierung von Wasserkraftanlagen bis 500 kW[134]. In Verbindung mit anderen Programmen gilt für Solarkollektoranlagen ein Kumulierungsverbot, für die übrigen Förderbereiche ist die Kumulierbarkeit bis zu einer Höchstgrenze von 40 Prozent der förderfähigen Investitionskosten möglich.

Das MAP richtet sich in erster Linie an private Nutzer, darüber hinaus ist es für freiberuflich Tätige, kleine und mittlere gewerbliche Unternehmen, Kommunen, kommunale Betriebe, Zweckverbände, sonstige Körperschaften und eingetragene Vereine sowie beim Programm „Sonne in der Schule" für Schulen offen. Für alle gilt, dass Vorhaben vor Antragstellung nicht begonnen werden dürfen. Die Richtlinie gilt bis zum 13.12. 2006 (wobei bis zum 15.10. 2006 Anträge gestellt werden können). Über die Fortführung der Richtlinie wird auf der Grundlage einer Programmevaluierung im Herbst 2005 entschieden (BMU 2003c).

Die neueste Fassung des MAP gilt seit dem 1. Januar 2004, bereits viermal zuvor (23.3. 2001, 25.7. 2001, 23.3. 2002, 1.2. 2003) war die Richtlinie verändert worden. Unter anderem enthielt das MAP in seiner ersten Fassung noch die Förderung von Wärmepumpen, was seit der ersten (von April 2001 an gültigen) Änderung der Richtlinie nicht mehr der Fall ist. Die Solarkollektorenförderung wurde zum 1. Februar 2003 von 92 auf 125 €/m² erhöht, ehe sie zum 1. Januar 2004 wieder auf 110 €/m² abgesenkt wurde. Dies führte zu einem Antragsboom Ende 2003, wie Tabelle 38 zeigt. Rund 90 Prozent der gestellten Anträge sind auch bewilligt worden. Der geografische Schwerpunkt liegt dabei eindeutig in

---

[133] Der Zuschuss für Solarkollektoranlagen beträgt bis 200m² 110 € je angefangenen m² und 60 € für jeden darüber hinaus gehenden m², für automatisch beschickte Anlagen mit Leistungs- und Feuerungsregelung zur Verfeuerung fester Biomasse bis 100 kW 60 € je kW, für manuell beschickte Holz-Vergaserkessel mit Leistungs- und Feuerungsregelung bis 100 kW 50 € je kW errichteter installierter Nennwärmeleistung. Anlagen im Programm „Sonne in der Schule" werden mit maximal 3.000 € bezuschusst (BMU 2003c: 6f.).

[134] Die Zinssätze für die Darlehen entsprechen denen des CO_2-Minderungsprogramms der KfW (siehe 6.2.2.). Mit Ausnahme von Biogasanlagen mit einer installierten elektrischen Leistung größer 70 kW und Wasserkraftanlagen bis 500 kW wird zudem ein Teilschulderlass auf das Darlehen in Höhe eines Festbetrages gewährt: für die Verfeuerung fester Biomasse in Anlagen über 100 kW 60 € je kW installierter Nennwärmeleistung, höchstens jedoch 275.000 € je Einzelanlage; für Anlagen zur Verfeuerung fester Biomasse in Kraft-Wärme-Kopplungsanlagen 250 €/kW$_{el}$ bis zu einer Leistung von 250 kW$_{el}$; für Biogasanlagen bis 70 kW 15.000 € je Einzelanlage; für Anlagen zur Nutzung der Tiefengeothermie 103 € je kW errichteter Nennwärmeleistung, höchstens jedoch eine Million € je Einzelanlage (BMU 2003c: 8).

Süddeutschland: Auf Bayern und Baden-Württemberg entfallen über 60 Prozent
aller Projekte (BMU 2003c, Staiß 2003: I-150).

Tabelle 38:   Monatlicher Antragseingang im MAP, Januar 2000 bis Januar 2004
(Website BSi)

	2000	2001	2002	2003	2004
Jan.	3.749	6.271	4.401	4.029	3.930
Feb.	3.749	8.650	4.248	4.896	
März	3.749	11.936	4.251	10.444	
April	3.749	10.507	6.529	11.025	
Mai	6.414	7.318	6.334	11.420	
Juni	6.090	12.448	5.411	11.600	
Juli	10.557	12.240	5.838	12.996	
Aug.	7.343	10.134	4.167	11.224	
Sept.	8.610	5.957	6.080	20.082	
Okt.	11.894	7.447	4.089	18.714	
Nov.	12.484	5.374	5.254	9.817	
Dez.	15.155	3.507	1.987	26.400	
Summe	**93.541**	**101.789**	**58.589**	**152.647**	**3.930**

Neben dem MAP gibt es mit dem so genannten MEP noch ein vom Bundesministerium für Verbraucherschutz, Ernährung und Landwirtschaft (BMVEL)
aufgelegtes *Markteinführungsprogramm Biogene Treib- und Schmierstoffe*, das
der Markteinführung umweltverträglicher Schmierstoffe und Hydrauliköle, die
aus nachwachsenden Rohstoffen wie Raps- oder Sonnenblumenöl gewonnen
werden, dient. Ziel des 2000 eingeführten Programms ist es, den Wettbewerbs-
nachteil von Bioschmierstoffen gegenüber mineralischen Ölen auszugleichen.
Dazu werden Mehraufwendungen, die bei der Erstausrüstung oder Umrüstung
von Maschinen auf biogene Öle und Fette etwa für Lohn- und Materialkosten,
für Spülöl, Neubefüllung oder Entsorgung anfallen, vom BMVEL bis zu 100
Prozent ersetzt. Dadurch sollen Bioschmierstoffe aus ihrem Nischendasein
geholt und wirtschaftlich attraktiv werden. Mit dem steigenden Absatz von
Bioschmierstoffen, so der Ansatz des Programms, werden die Hersteller schließlich in der Lage sein, diese Produkte zu deutlich niedrigeren Preisen anzubieten.
Schon jetzt, so betont das BMVEL, seien keine Abstriche mehr im Hinblick auf
die Leistungsfähigkeit und Zuverlässigkeit der Öle und Fette zu erwarten, die

weitgehend CO_2-neutral, biologisch schnell abbaubar und damit umweltfreundlicher als ihre fossilen Konkurrenten seien.

Zielgruppe des MEP sind Händler und Betreiber von Maschinen, die in der Land-, Forst-, Kommunal-, Bau- und Wasserwirtschaft sowie in umweltsensiblen Bereichen zum Einsatz kommen. Unter umweltsensiblen Bereichen werden dabei Bereiche verstanden, in denen Wasser und Boden durch den direkten Eintrag von Schadstoffen gefährdet sind. Gefördert werden neben der Erstausrüstung und Umrüstung von Maschinen auch die Errichtung und Umrüstung mobiler und stationärer Eigenverbrauchstankstellen für die Lagerung von Biodiesel und Pflanzenöl in land- und forstwirtschaftlichen sowie in umweltsensiblen Betrieben. Im Rahmen des MEP wurden auch bereits rund 60 Windanlagen für die Nutzung von Biogetriebeöl umgerüstet.

Das BMVEL stellt jährlich 10,1 Mio. € für das MEP zur Verfügung. Mit seiner Durchführung hat es die Fachagentur Nachwachsende Rohstoffe (FNR) beauftragt, die für die Informationsarbeit zur Projektförderung und zum Antragsverfahren des MEP wiederum die Pflanzenöl-Initiative in Bonn eingerichtet hat. Mit der wissenschaftlichen Begleitforschung zum MEP ist das Institut für Fluidtechnische Antriebe und Steuerungen (IFAS) betraut worden (BMVEL/FNR 2001, Website Pflanzenöl-Initiative).

Im September 2002 startete das *100-Traktoren-Programm*. Im Rahmen von diesem Programm, das wie das MEP die FNR im Auftrag des BMVEL durchführt, soll getestet werden, ob die Rapsölnutzung im mobilen Bereich der Landwirtschaft technisch machbar ist. Dazu werden die 110 teilnehmenden Traktoren drei Jahre lang nur mit Rapsöl betrieben. In 800 Betriebsstunden jährlich sollen die Schlepper zeigen, ob reines Rapsöl herkömmlichen Diesel sowohl unter technischen, ökologischen als auch unter ökonomischen Gesichtspunkten ersetzen kann. Dabei werden sechs verschiedene Umrüstkonzepte erprobt. Die Ergebnisse des Modellversuches sollen als Entscheidungsgrundlage für den breiteren Einsatz von Pflanzenöltreibstoffen in landwirtschaftlichen Fahrzeugen dienen. Eine erste Evaluation nach einem Jahr kam zu dem Ergebnis, dass Dieselmotoren nach erfolgter Anpassung bzw. Umrüstung prinzipiell mit Rapsöl betrieben werden können. Für den sicheren Motorbetrieb ist die Einhaltung bestimmter Standards für die Ölqualität jedoch entscheidend. Das BMVEL wendet für das 100-Traktoren-Programm in dem Drei-Jahreszeitraum 3,6 Mio. € auf (Website FNR, Müller 2004: 15).

6.2.4. Steuerbefreiung biologischer Kraftstoffe

Nach dem EEG für den Strom- und dem vor allem für den Wärmemarkt eingeführten MAP hat die Bundesregierung Ende 2003 mit ihrem Beschluss, die 1990 eingeführte Steuerbefreiung auf Biodiesel aus Rapsöl auf alle Biokraftstoffe auszudehnen, die Weichen dafür gestellt, auch im Kraftstoffmarkt regenerativen Anwendungen zum Schritt vom Nischen- zum Massenmarkt zu verhelfen. Dieser Beschluss trat am 18. Februar 2004 in Kraft, nachdem die EU-Kommission

an diesem Tag die von der Bundesregierung beschlossene Novelle des Mineral-
ölsteuergesetzes bis zum Jahr 2009 genehmigt hatte.

Die für Biodiesel geltende Befreiung von der Mineral- und Ökosteuer hat bereits
zu einem Anteil im Kraftstoffmarkt von 0,9 Prozent geführt (siehe Tabelle 5).
1.700 Tankstellen bieten inzwischen den Kraftstoff an. Reiner Biodiesel und
reines Bioethanol haben nach Angaben des BMU gegenüber konventionellem
Diesel- oder Ottokraftstoff einen CO_2-Vorteil von etwa 50 Prozent. Anfang
2004 waren in Deutschland drei Anlagen für die Herstellung von Bioethanol mit
einer Jahreskapazität von insgesamt 530.000 Tonnen im Bau. Damit wird
Deutschland, so die Union zur Förderung von Öl- und Proteinpflanzen (Ufop),
Frankreich als wichtigsten Bioethanol-Hersteller in Europa ablösen. Neben
Biodiesel und Bioethanol ist auch der Einsatz anderer Biokraftstoffe möglich.
Laut dem geänderten Mineralölsteuergesetz gilt die Steuerbefreiung biologi-
scher Kraftstoffe für alle Biokraft- und Bioheizstoffe, die Energieerzeugnisse im
Sinne der Biomasseverordnung (siehe dazu 3.) sind (Bundesregierung 2004).

Die Steuerbefreiung für biologische Kraftstoffe gilt auch anteilig für den Fall,
dass sie fossilen Energieträgern beigemischt werden. Dadurch dürften sich die
Perspektiven für Biokraftstoffe entscheidend verbessern, nachdem die Mineralölwirtschaft für den Fall günstiger Rahmenbedingungen ihre Bereitschaft zur
Beimischung wiederholt angekündigt hat (BMU-Pressedienst 18.2. 2004, FAZ
16.2. 2004: 13, siehe auch 4.2.5.).

6.3. Von fragmentarischer zu zielorientierter Politik

Die deutsche Erneuerbare-Energien-Politik ist von nationalen, europäischen und
globalen Zielfestlegungen beeinflusst.

Auf *nationaler Ebene* heißt es im Gesetz für den Vorrang Erneuerbarer Energien
(EEG), Ziel des Gesetzes sei es, „den Beitrag Erneuerbarer Energien an der
Stromversorgung deutlich zu erhöhen, um entsprechend den Zielen der
Europäischen Union und der Bundesrepublik Deutschland den Anteil
Erneuerbarer Energien am gesamten Energieverbrauch bis zum Jahr 2010
mindestens zu verdoppeln" (ZNER 2000: 7). Im novellierten EEG wird der
Zweck des Gesetzes wie in der Ursprungsfassung des EEG beschrieben,
zugleich wird der Zielhorizont zeitlich und quantitativ ausgeweitet. Zudem ist
die neue Formulierung etwas konkreter als in der Ursprungsfassung, in der nur
grundsätzlich auf die Ziele der EU Bezug genommen wurde, ohne die entsprechende Zielvorgabe genau zu benennen. Zweck des Gesetzes sei es demnach
nun, „dazu beizutragen, den Anteil erneuerbarer Energien an der Stromversorgung bis zum Jahr 2010 auf mindestens 12,5 Prozent und bis zum Jahr 2020 auf
mindestens 20 Prozent zu erhöhen" (BMU 2003b).

In der im Januar 2002 veröffentlichten Strategie der Bundesregierung zur Windenergienutzung auf See (Nord- und Ostsee) wird das Ziel formuliert, den Wind-
kraftanteil am Stromverbrauch bis 2025 auf mindestens 25 Prozent zu steigern

(Website Erneuerbare Energien). 15 Prozent des Stromverbrauchs sollen dabei offshore erzeugt werden, zehn Prozent onshore.

Noch weiter in die Zukunft reicht die Zielbestimmung in der im April 2002 von der Bundesregierung verabschiedeten nationalen Strategie für eine nachhaltige Entwicklung. Darin heißt es, „bis Mitte des Jahrhunderts sollen erneuerbare Energien rund die Hälfte des Energieverbrauchs abdecken" (Bundesregierung 2002b).

Auch im Koalitionsvertrag, den SPD und Bündnis 90/Die Grünen nach der Bundestagswahl 2002 vereinbart haben, finden sich einige konkrete Zielvorgaben in bezug auf erneuerbare Energien. Allerdings ist zu betonen, dass es sich dabei nicht um staatliche Ziele handelt, gleichwohl die vereinbarten Zielnormen Hinweise auf mögliche zukünftige Initiativen des Gesetzgebers geben können, weshalb sie an dieser Stelle auch nicht verschwiegen werden sollen. Zum einen heißt es, das EEG und die Förderpolitik sollen mit dem Ziel weiterentwickelt werden, den Anteil der Erneuerbaren Energien an der Stromerzeugung und am Primärenergieverbrauch bis spätestens zum Jahr 2010 (gegenüber dem Basisjahr 2000) zu verdoppeln. Dies hieße den Daten des BMU zufolge, den regenerativen Stromanteil von 6,3 auf 12,6 Prozent und den regenerativen Primärenergieanteil von 2,4 auf 4,8 Prozent zu erhöhen (BMU 2003: 14). Zudem finden sich noch spezielle Zielformulierungen für die Offshore-Windenenergie und die Solarthermie in dem Vertragswerk. Zur Offshore-Windenergie heißt es, bis 2006 sollen Windenergieanlagen mit mindestens 500 Megawatt Leistung und bis 2010 mit 3.000 Megawatt installiert werden. Und in bezug auf die zukünftige Entwicklung der Solarthermie heißt es, Ziel sei es, die Fläche an Sonnenkollektoren in den nächsten vier Jahren zu verdoppeln (SPD/Bündnis 90/Die Grünen 2002).

Neben den eigenen nationalen Zielsetzungen muss sich die Bundesrepublik auch noch mit längerfristigen Vorgaben seitens der *Europäischen Union* auseinandersetzen, die aus den Richtlinien 2001/77 und 2003/30 resultieren.

In der (im Zusammenhang mit den nationalen Zielfestlegungen bereits angesprochenen) Richtlinie 2001/77/EG zur Förderung der Stromerzeugung aus erneuerbaren Energiequellen im Elektrizitätsbinnenmarkt vom 27. September 2001 legt die Europäische Union „Referenzwerte für die nationalen Richtziele der Mitgliedsstaaten für den Anteil von Strom aus erneuerbaren Energiequellen am Bruttostromverbrauch bis zum Jahr 2010" fest. Danach soll Deutschland seinen Ökostromanteil von 4,5 Prozent (1997) auf 12,5 Prozent (2010) steigern, EU-weit wird ein Anteil regenerativer Energien im Elektrizitätsmarkt von 21 Prozent angestrebt[135], wie Tabelle 39 zeigt. Bei Nichterfüllung drohen jedoch

---

[135] Nach ihrem im Mai 2004 vorgelegten Bericht „The share of the renewables in the EU" geht die Europäische Kommission nicht davon aus, dass dieses Ziel erreicht wird. Statt wie angestrebt 22,1 würde nur ein Ökostromanteil von 18,3 Prozent in der EU-15 erreicht werden. Nur Deutschland, Dänemark, Spanien und Österreich würden dem Bericht zufol-

keine Sanktionen. Darüber hinaus regelt die Richtlinie die Zertifizierung des Regenerativstroms durch die Forderung nach Einführung eines Herkunftsnachweises, um damit einen zuverlässigen Handel des grünen Stroms zu ermöglichen. Außerdem werden die Mitgliedstaaten dazu verpflichtet, sicherzustellen, dass Elektrizität aus erneuerbaren Energien den vorrangigen Zugang zu den Übertragungs- und Verteilungsnetzen erhält. Der wichtigste Punkt der Richtlinie ist jedoch die Tatsache, dass sie sich bezüglich der Frage nach dem Fortbestand der unterschiedlichen nationalen Förderregelungen nicht auf ein bestimmtes Modell festlegt, dem dann alle Mitgliedstaaten zu folgen hätten. Vielmehr sei es für eine Entscheidung über einen Gemeinschaftsrahmen für Förderregelungen aufgrund der begrenzten Erfahrungen mit den einzelstaatlichen Systemen und dem nach wie vor geringen Anteil subventionierten Stroms aus erneuerbaren Energien noch zu früh. Mit dem in der Richtlinie festgelegten Erfahrungsbericht über den Anwendungserfolg der unterschiedlichen Fördersysteme bis Ende 2005 soll bei zu geringen Fortschritten auf nationaler Ebene dann gegebenenfalls der Vorschlag für einen Gemeinschaftsrahmen für Förderregelungen erarbeitet werden. Dieser soll dann aber erst nach einer Übergangszeit von mindestens sieben Jahren in Kraft treten, um insbesondere den Vertrauensschutz für Investoren aufrechtzuerhalten. Damit wird deutlich, dass mit einer Konvergenz der Förderregelungen auf EU-Ebene frühestens längerfristig zu rechnen ist und sich wohl eher ein - für die EU typischer - inkrementeller Wandel abzeichnet, wobei selbst dieser nicht sicher ist. Denn zum einen hält die Richtlinie einen Gemeinschaftsrahmen nur unter gegebenen Umständen für nötig, zum anderen bräuchte ein solcher Kommissionsvorschlag wiederum die Zustimmung vom Europäischen Parlament und Rat. Dabei ist es unwahrscheinlich, dass es 2005 - zumal in einer erweiterten Union - dann leichter zu einer Einigung kommen wird als 2001 (vgl. Bechberger et al. 2003: 23ff.).

Tabelle 39: Referenzwerte für die nationalen Richtziele der Mitgliedsstaaten für den Anteil von Strom aus erneuerbaren Energiequellen am Bruttostromverbrauch bis zum Jahr 2010 (EU 2001)

	EE-Strom 1997 (EU-15) bzw. 1999 (Beitrittsstaaten) (%)	EE-Strom 2010 (%)
Belgien	1,1	6,0
Dänemark	8,7	29,0
Deutschland	**4,5**	**12,5**
Estland	0,2	5,1

ge ihre Vorgaben aus der EU-Richtlinie zur Stromerzeugung aus regenerativen Energien für das Jahr 2010 erfüllen können (Neue Energie 6/2004: 14, FAZ 18.5. 2004: 19).

Finnland	24,7	31,5
Frankreich	15,0	21,0
Griechenland	8,6	20,1
Irland	3,6	13,2
Italien	16,0	25,0
Lettland	42,4	49,3
Litauen	3,3	7
Luxemburg	2,1	5,7
Malta	0	5
Niederlande	3,5	9,0
Österreich	70,0	78,1
Polen	1,6	7,5
Portugal	38,5	39,0
Schweden	49,1	60,0
Slowakei	17,9	31
Slowenien	29,9	33,6
Spanien	19,9	29,4
Tschechien	3,8	8
Ungarn	0,7	3,6
Vereinigtes Königreich	1,7	10,0
Zypern	0,05	6
Gemeinschaft	**12,9**	**21**

In der Richtlinie 2003/30/EG „zur Förderung der Verwendung von Biokraftstoffen oder anderen erneuerbaren Kraftstoffen im Verkehrssektor" vom 8. Mai 2003 wird den Mitgliedsstaaten ein Mindestanteil von Biokraftstoffen im Kraftstoffmarkt von zwei Prozent bis zum 31.12. 2005 und von 5,75 Prozent bis zum 31.12. 2010 vorgeschrieben. Zugleich sind aber auch eigene nationale Richtwerte festzulegen (die über die EU-Vorgaben hinaus gehen können), wobei die Richtlinie bis spätestens 31.12. 2004 umzusetzen ist. Neben den beiden zur Zeit wichtigsten Biokraftstoffen Biodiesel und Bioethanol gibt es laut der EU-Biokraftstoffrichtlinie folgende weitere biologische Treibstoffe: Biogas, Biomethanol, Biodimethylether, Bio-ETBE (Ethyl-Tertiär-Butylether), Bio-MTBE (Methyl-Tertiär-Butylether), synthetische Biokraftstoffe, Biowasserstoff und reines Pflanzenöl. Biokraftstoffe können der EU-Richtlinie zufolge entweder in reiner Form oder als Beimischung zu konventionellen Mineralölderivaten bereitgestellt werden. Im Falle von Beimischungen besteht jedoch eine Kennzeichnungspflicht an Verkaufsstellen, wenn der Biokraftstoff-Anteil fünf Prozent überschreitet. Die Mitgliedsstaaten müssen jährlich (bis jeweils zum 1. Juli) der EU die aktuelle Entwicklung ihres nationalen Biokraftstoffmarktes melden.

Auf *globaler Ebene* gibt es keine direkten Zielfestlegungen in bezug auf erneuerbare Energien - entsprechende Bestrebungen bei der Renewables2004 scheiterten (siehe dazu ausführlicher Fußnote 147). Indirekt wird die Nutzung erneuerbarer Energien durch den Kyoto-Prozess beeinflusst, nach dem die Industriestaaten ihre Treibhausgasemissionen zu reduzieren haben. Die Förderung der (mit Ausnahme der Biomasse) emissionsfreien erneuerbaren Energien ist (neben anderen Möglichkeiten wie Energieeinsparungsmaßnahmen) ein Weg, die Kyoto-Vorgaben zu erreichen. Die Europäische Union hat sich im Kyoto-Protokoll verpflichtet, ihre Treibhausgasemissionen von 1990 bis zur Periode 2008/2012 um acht Prozent zu verringern. Im so genannten Burden Sharing Agreement sind jedem Mitgliedsland individuelle Ziele zugewiesen worden, um das gesamteuropäische Ziel zu erreichen. Ende 2001 betrug die Reduzierung erst 2,2 Prozent, womit das Ziel für 2008/2012 noch in weiter Ferne liegt. Ende 2001 konnten dabei nur fünf Länder keine Zunahme ihrer Treibhausgas-Emissionen vorweisen, wozu auch Deutschland zählte (neben Frankreich, Luxemburg, Schweden und Großbritannien). In Deutschland lagen die Treibhausgas-Emissionen 2001 18 Prozent unter denen von 1990 - minus 21 Prozent lautet das Ziel für 2008/2012 (DIW 2003: 579). Damit zählt die Bundesrepublik zu den klimapolitischen Vorreitern in der EU. Diese Vorreiterrolle[136] soll die Bundesrepublik, so heißt es im Koalitionsvertrag von SPD und Grünen, „weiter offensiv wahrnehmen. Wir werden vorschlagen, dass die EU sich im Rahmen der internationalen Klimaschutzverhandlungen für die zweite Verpflichtungsperiode des Kyoto-Protokolls bereit erklärt, ihre Treibhausgase bis zum Jahr 2020 um 30 Prozent (gegenüber dem Basisjahr 1990) zu reduzieren. Unter dieser Voraussetzung wird Deutschland einen Beitrag von minus 40 Prozent anstreben" (SPD/Bündnis 90/Die Grünen 2002).

6.4. Von der Atom- zur Solarforschung

Abgeordnete der beiden Koalitionsfraktionen SPD und Bündnis 90/Die Grünen haben sich wiederholt für „eine Aufstockung der Energieforschungsmittel für Erneuerbare Energien und sparsame Energieanwendung, bei gleichzeitigem Zurückfahren der Forschungsmittel für fossile und kerntechnische Energien" ausgesprochen (Fell 2001: 25). Dieser Anspruch konnte bislang allerdings nur in einem geringen Umfang eingelöst werden. „Immer noch wird durch den Bund in

---

[136] Relativierend zur allgemein attestierten Vorreiterrolle ist - wie in Kapitel 1 bereits kurz geschehen - der deutsche Sonderfall der Wiedervereinigung mitsamt des Zusammenbruchs von Teilen der Industrie der DDR anzufügen.

der Forschung mehr Geld für Atomenergie und Kernfusion ausgegeben als für alle erneuerbaren Energieträger und Effizienztechnologien zusammen", kritisiert der forschungspolitische Sprecher der bündnisgrünen Bundestagsfraktion, Fell (Fell 2000: 1). In einem Memorandum zur Energieforschung von Eurosolar heißt es: „Auch in Deutschland gilt trotz einiger wichtiger und erfolgreicher Korrekturen in der ersten rot-grünen Wahlperiode: Weder die Mittelausstattung noch die heutige Struktur der Energieforschung werden der Aufgabe der Einführung in das Solarzeitalter in ausreichendem Maße gerecht. Es besteht entscheidender Korrekturbedarf" (Eurosolar 2003: 3). Eurosolar fordert, die Forschung zu erneuerbaren Energien zur Priorität der öffentlichen Forschungs- und Entwicklungspolitik zu machen, die Forschungsförderung zur nuklearen Energieversorgung zu beenden und bei der fossilen Energieerzeugung auf Energieeffizienzmaßnahmen zu beschränken.

Diese weit reichenden Ziele sind insofern interessant, als der Präsident von Eurosolar der SPD-Bundestagsabgeordnete Scheer und der Vorsitzende von Eurosolar Deutschland der bündnisgrüne Abgeordnete Fell ist. Von der Wirklichkeit sind diese Forderungen allerdings noch weit entfernt, wie im folgenden ausgeführt wird. Bilaterale Abkommen, internationale Verträge, längerfristig eingegangene Verpflichtungen, zersplitterte Zuständigkeiten in der Administration und der Umstand, dass redistributive Politik stets schwerer einzulösen ist als distributive Politik, können als Gründe dafür angeführt werden, dass die angestrebte Umwidmung von Forschungsmitteln nur in Ansätzen erfolgt ist. Im Koalitionsvertrag 2002 ist ein neues Energieforschungsprogramm mit den Schwerpunkten erneuerbare Energien und Energieeinspartechnologien angekündigt worden. Der ForschungsVerbund Sonnenenergie hat im Juni 2003 Eckpunkte für ein solches neues Energieforschungsprogramm vorgelegt und dabei Forschungs- und Entwicklungsfelder von erneuerbaren Energietechnologien aufgezeigt.

Im Jahr 2003 wurden nach Angaben des ForschungsVerbunds Sonnenenergie (2003: 6) vom Bund 152 Mio. € für eine nachhaltige Energiepolitik bereit gestellt, davon 79 Mio. € für rationelle Energienutzung und 73 Mio. € für erneuerbare Energien, von denen 60 Mio. € vom BMU verwaltet wurden (der Rest von BMBF, BMVEL und BMWA). Die Mittel des BMU setzen sich zusammen aus 37 Mio. € für Forschungsvorhaben in den Gebieten Photovoltaik, Windenergie, Hochtemperatur-Solarthermie, Niedertemperatur-Solarthermie, Geothermie und Wasserkraft sowie 23 Mio. € im Rahmen des Zukunftsinvestitionsprogramms (ZIP, siehe Exkurs), die für Forschungsvorhaben in den Bereichen Erdwärme, solarthermische Stromgewinnung, Errichtung von Forschungsplattformen in Nord- und Ostsee zur Vorbereitung der Nutzung der Offshore-Windenergie und die ökologische Begleitforschung zu den Auswirkungen von Offshore-Windenergieanlagen auf Natur und Umwelt, zur Ökobilanz von stationären Brennstoffzellen und zu neuen Verfahren der Energiegewinnung aus Biomasse eingesetzt werden (Website Erneuerbare Energien).

Der Forschungsverbund fordert eine Verdopplung der Aufwendungen für erneuerbare Energien in den nächsten fünf Jahren (ForschungsVerbund Sonnenenergie 2003: 6) - nicht zuletzt vor dem Hintergrund, dass 2003 die Zuwendungen gegenüber dem Vorjahr gesunken waren. Tabelle 40 kann entnommen werden, dass die Aufwendungen für erneuerbare Energien nicht einmal 20 Prozent der gesamten Energieforschungsmittel des Bundes entsprechen. Die Forschungsmittel für den gesamten Bereich der Kernenergie (Sicherheits- und Endlagerforschung, Beseitigung kerntechnischer Anlagen, Fusionsforschung) sind von 1998 bis 2002 um rund zwölf Prozent gesunken, machen aber noch immer fast 60 Prozent der Energieforschungsmittel des Bundes aus (eigene Berechnungen auf der Basis von Fell 2001: 21, Fell 2003). Das Übergewicht der Kernenergie in der Energieforschung entspricht dem allgemeinen Trend in den Industrieländern. So sind laut Eurosolar in der OECD in den vergangenen 50 Jahren rund 80 Prozent der Forschungsmittel in den Bereichen Kernspaltung und -Fusion eingesetzt worden (Eurosolar 2003: 2). Es bleibt abzuwarten, inwiefern der Anspruch einer Umwandlung der Energieforschungsmittel in Deutschland in Zukunft stärker als bisher eingelöst wird.

Die Bundesregierung arbeitet gegenwärtig an der Fortschreibung des vierten Forschungsprogramms Energieforschung und Energietechnologie aus dem Jahr 1996. Das Fünfte Forschungsprogramm soll bis Anfang 2005 vorliegen. Bei einer Bundestagsanhörung waren sich die Parteien weitgehend darin einig, dass die Energieforschungsmittel im allgemeinen und speziell die für erneuerbare Energien angehoben werden sollten (Neue Energie 5/2004: 9).

Tabelle 40: Energieforschungsmittel des Bundes in Mio. €, 1998 - 2002 (Fell 2001: 21, Fell 2003, eigene Umrechnungen)

	1998	2000	2002
Erneuerbare Energien	91,5	88	95,4
Nukleare Energieforschung (Sicherheits- und Endlagerforschung)	104,8	72,6	94,9
Beseitigung kerntechnischer Anlagen	123,2	113	102,7
Fusionsforschung	121,7	108,9	112,1
Umwandlung fossiler Energieträger und rationelle Energieverwendung	77,7	85,9	117,1
Summe	518,9	468,4	522,2

Exkurs: Zukunftsinvestitionsprogramm

So wie das Marktanreizprogramm (siehe 6.2.3.) ein Nebenprodukt der Ökologischen Steuerreform ist, so hat sich das Zukunftsinvestitionsprogramm (ZIP) ebenfalls situativ ergeben und ist im Zusammenhang mit den Versteigerungserlösen aus der Auktion der UMTS-Lizenzen aufgelegt worden. Zwar hat die Bundesregierung die Sondereinnahmen in Höhe von 99,4 Mrd. DM (50,82 Mrd. €) vollständig zur Rückführung der Staatsschulden verwendet. Die sich dadurch ergebenden Zinsersparnisse des Bundes sind in den Jahren 2001 bis einschließlich 2003 aber zielgerichtet für Investitionen eingesetzt worden. Fast die Hälfte der insgesamt eingesparten Zinsausgaben ist in den Ausbau der Schienenwege investiert worden (sechs Mrd. €), 2,7 Mrd. € sind in den Straßenbau geflossen, 1,2 Mrd. € in ein Altbausanierungsprogramm, 1,8 Mrd. € für Hochschulen und berufliche Schulen sowie die Genomforschung und die Förderung innovativer regionaler Wachstumskerne in den neuen Ländern verwendet worden. Diese Maßnahmen sind durch zusätzliche Mittel für die Erforschung und Entwicklung umweltschonender Energieformen im Bereich der nichtnuklearen Energienutzung flankiert worden. Dafür wurden bis 2003 insgesamt 150 Mio. € zur Verfügung gestellt. Die Zuständigkeit für die Energieforschung durch das ZIP wurde dem BMU übertragen, das mit der Abwicklung wiederum den Projektträger Jülich beauftragte (Websites Bundesregierung, PTJ).

6.5. Von punktueller Politik zum Policy Mix

Die Förderung erneuerbarer Energien ist in Deutschland in einen breiten Politik-Mix eingebettet. Neben den im Rahmen einer zielorientierten Bundespolitik eingesetzten Hauptförderinstrumenten (Einspeisevergütungsmodell, Markteinführungs- und Forschungsprogramme, Steuerbefreiungen) gibt es noch Unterstützung von anderen Ebenen wie Kommunen, Bundesländern und EU. Um das Bild der Förderung erneuerbarer Energien in Deutschland abzurunden, werden diese im folgenden ebenso wie kooperative Aushandlungsprozesse (wie zum Beispiel die Initiative Solarwärme Plus), planungsrechtliche Instrumente und sonstige flankierende Maßnahmen beschrieben.

6.5.1. Von nationaler zur Mehrebenenpolitik

Neben den Fördermaßnahmen auf Bundesebene, auf die sich diese Studie konzentriert und die zur Zeit die mit Abstand wichtigste Rolle für die Entwicklung erneuerbarer Energien in Deutschland spielen, gibt es auch Unterstützungsmaßnahmen auf anderen politischen Ebenen. Dazu zählen die Europäische Union, die 16 deutschen Bundesländer, Regionen und Kommunen. Auch einige (zumeist im öffentlichen Besitz befindliche) Stadtwerke fördern gezielt die Nutzung erneuerbarer Energien.

ALTENER ist das einzige exklusiv für die Förderung erneuerbarer Energien zuständige Programm seitens der *Europäischen Union*. Es wurde erstmals von

1993 bis 1997 aufgelegt, von 1998 bis Ende 2002 lief die zweite Fünf-Jahres-Periode (ALTENER II), für 2003 bis 2007 ist die dritte Phase vorgesehen (ALTENER III). ALTENER soll helfen, das regenerative Verdopplungsziel der Europäischen Union zu realisieren. In der zweiten Fünf-Jahres-Periode des Programms öffnete sich ALTENER auch für Vorhaben in den Beitrittsstaaten. Bei einem Budget von insgesamt nur 77 Mio. € für die Zeit von 1998 bis Ende 2002 können allerdings keine größeren Installationen in einzelnen Ländern finanziert werden. Daran wird sich auch bei ALTENER III nichts ändern, auch wenn die EU-Kommission eine leichte Anhebung der Mittel vorschlägt. Statt dessen findet in erster Linie die (Teil-)Finanzierung von Studien, Trainingsmaßnahmen, Aufklärungskampagnen oder Pilotprojekten statt. Auf der Website von ALTENER werden 14 in Deutschland unterstützte Projekte aufgeführt. Im Rahmen des EU-Projekts, 100 Kommunen zu identifizieren, die die vollständige Umstellung ihrer Energieversorgung auf erneuerbare Energien anstreben, ist der Landkreis Lüchow-Dannenberg mit einer Fallstudie dabei unterstützt worden, das entsprechende Potenzial zu ermitteln und ein Konversations-Szenario zu entwickeln. Andere Untersuchungen sind etwa zur Umstellung der Energieversorgung eines Schullandheims der Stadt Frankfurt am Main auf Biomasse und zu den Absatzmöglichkeiten von Ökostrom in Bremen erstellt worden. Für die Bundeshauptstadt Berlin ist die Entwicklung einer Kampagne zur Förderung der Solarenergie unterstützt worden (Website DG Energie und Verkehr).

Die *Bundesländer* haben bis 1999 eine wichtige Rolle für die Entwicklung des regenerativen Wärmesektors gespielt. Erst seit diesem Jahr gibt es mit dem Marktanreizprogramm (MAP, siehe 6.2.3.) eine systematische Förderung auf Bundesebene - mit der Folge, dass die Bundesländer ihre Förderprogramme für die Solarthermie stark zurück gefahren haben. Im letzten Jahr vor der Auflegung des MAP, 1998, haben die Länder für die Nutzung von Biomasse und Solarthermie 68 Mio. € Fördermittel bereitgestellt, während es auf Bundesebene nur zwei Mio. € waren. Diese Relationen haben sich infolge der Ausweitung der Förderung auf Bundesebene (wie in 6.2.3. eingehend ausgeführt), aber auch aufgrund der angespannten Haushaltssituation einiger Bundesländer grundlegend verschoben. Dennoch haben die Bundesländer in einem beträchtlichen Umfang die Entwicklung erneuerbarer Energien in Deutschland vorangetrieben, auch wenn es in jüngster Zeit eine deutlich abnehmende Tendenz gibt. Von 1991 bis 2001 haben sie mit 1,8 Mrd. € zur Förderung beigetragen, davon mit einer Mrd. € zur Breitenförderung, 0,5 Mrd. € für Aus- und Weiterbildung und sonstige Fördermaßnahmen sowie 0,3 Mrd. € für Forschung und Entwicklung. Dabei haben die Bundesländer unterschiedliche Schwerpunktsetzungen verfolgt. Während in Bayern und Nordrhein-Westfalen die Breitenförderung im Mittelpunkt stand, legte Baden-Württemberg seinen Schwerpunkt auf Forschung und Entwicklung. Bayern und Nordrhein-Westfalen haben absolut gesehen von 1991 bis 2001 erneuerbare Energien am stärksten gefördert und 900 Mio. €, also die Hälfte der gesamten Ländermittel, bereit gestellt. In bezug auf die spezifischen

Ausgaben (€/Einwohner) ist Brandenburg (26,87 €/Einwohner) vor Nordrhein-Westfalen (25,29), Mecklenburg-Vorpommern (22,77) und Bayern (22,63) in dem Elf-Jahreszeitraum führend. Bei der Struktur der Länderförderung sind die deutlichsten Verschiebungen bei der Windenergie (1991: 15,9 Prozent Anteil an den gesamten Länderförderungen, 2001: 1,8 Prozent) und bei der Biomasse (1991: 3,4 Prozent, 2001: 28,6 Prozent) festzustellen (Staiß 2003: I-162ff.).

Ein Bild der Förderung *auf regionaler und kommunaler Ebene* zu zeichnen, ist ein nicht ganz einfaches Unterfangen - zu heterogen stellt sich die Situation dar. Einige Zweckverbünde, Städte und Kommunen verfügen über keinerlei separate Förderprogramme, während sich andere wiederum einer ambitionierten Unterstützung verschrieben haben und ihren Bürgern (und teilweise Betrieben) dadurch attraktive Kumulierungsmöglichkeiten mit anderen Förderprogrammen verschaffen. Wer nicht in einer Vorreiter-Region wohnt, kann noch hoffen, dass es Unterstützungsmöglichkeiten auf Bundesländerebene gibt (mit denen kommunale Förderungen zumeist nicht kumulierbar sind). Wer hingegen in einer Vorreiter-Region wohnt und beispielsweise in eine Solaranlage investiert, hat den Vorteil, bis zu vier verschiedene Unterstützungen in Anspruch nehmen zu können, wie ein exemplarischer Blick in die Region Hannover zeigt. Wer dort wohnt, kann bei der Installation einer Solarthermie-Anlage im Idealfall bis zu drei, bei Photovoltaik bis zu vier Zuwendungen in Anspruch nehmen.

Bei einer Solarthermie-Anlage kann auf das Marktanreizprogramm (siehe 6.2.3.) zurück gegriffen werden, zudem auf den Fonds proKlima[137], einem Förderprogramm der Stadtwerke Hannover und einiger Städte in der Region Hannover, sowie in einigen Städten und Gemeinden bzw. seitens einiger Stadtwerke auf kommunale Förderungen, wobei es sich zumeist um pauschale Zuschüsse pro Anlage in der Bandbreite von 250 (Stadtwerke Neustadt) bis 1.800 € (Stadt Hemmingen) handelt.

Bei einer Photovoltaik-Anlage kann neben der Vergütung durch das EEG und einem Kredit durch die KfW die Förderung der Region Hannover und gegebenenfalls von Städten und Gemeinden oder Stadtwerken in Anspruch genommen werden. Die Region Hannover hat im Jahr 2003 in ihrem Haushalt 283.000 € für regenerative Energien zur Verfügung gestellt. Bei der Installation von netzgekoppelten Photovoltaik-Anlagen erfolgte eine Förderung von maximal 8.000 € pro Anlage[138]. Einige Städte, Gemeinden bzw. Stadtwerke haben pauschale Zuschüsse pro Anlage in der Bandbreite von 250 (Stadt Sehnde) bis 2.300 €

---

[137] ProKlima fördert neben erneuerbaren Energien vor allem Maßnahmen zur energetischen Modernisierung und verfügt über einen Etat von rund fünf Mio. € im Jahr. Davon zahlt es unter anderem einen Zuschuss von € 80/qm bei Flachkollektoren, Aperturfläche 4-20 qm; und von € 100/qm bei Vakuumröhrenkollektoren, Aperturfläche 3-20 qm. Bei gleichzeitiger Heizungserneuerung wird ein Bonus von 300 € bezahlt (Website Klimaschutzagentur).

[138] 1.600 € pro kW_p Spitzenleistung bei fassaden- oder dachintegrierten Anlagen, 800 € pro kW_p Spitzenleistung bei nicht-integrierten Anlagen (HAZ 13.8. 2003: 17).

(Stadt Hemmingen) gezahlt. Im Idealfall sind also Zuschüsse von bis zu 30 Prozent für eine Anlage[139] plus einem zinsgünstigen Darlehen sowie die attraktive Förderung durch das EEG zu erhalten. Eine Untersuchung der Klimaschutzagentur der Region Hannover zeigt, dass die Entwicklung der Solarenenergie in der Region dank der vielfältigen Fördermaßnahmen günstiger als im Bundestrend ist (Interview Demus, HAZ 13.8. 2003: 17, Website Klimaschutzagentur Region Hannover).

6.5.2. Von hierarchischen Staat zu kooperativen Aushandlungsprozessen

Wie bereits in 5.3.2. dargestellt, ist die Bundesrepublik nie zu den stark korporatistischen Ländern gezählt worden, „dennoch ist die Bedeutung von Verbänden für die Steuerungs- und Integrationsfähigkeit des politisch-administrativen Systems kaum zu überschätzen" (Reutter 2001: 96). Während das Stromeinspeisegesetz bzw. das EEG exemplarisch für die gerade in den 1980er Jahren der bundesdeutschen Umweltpolitik attestierten hierarchischen Interventionsphilosophie herangeführt werden können (vgl. Héritier et al. 1994: 27ff.), gibt es in der jüngeren Geschichte auch gegenläufige Tendenzen[140]. Die Initiative *Solarwärme Plus* als das Nachfolgeprojekt von „Solar - na klar" ist bereits eingehend in 5.3.2. beschrieben worden. Zwei weitere, ebenfalls staatlich induzierte kooperativ, d.h. unter Einbeziehung verschiedenster gesellschaftlicher Akteure agierende Gremien sind der nationale Nachhaltigkeitsrat und der Energiedialog. Da beide Zusammenschlüsse nicht explizit zum Thema erneuerbare Energien gebildet wurden, sind sie im Abschnitt zu den Netzwerken im Bereich der erneuerbaren Energien nicht (Energiedialog) bzw. nur teilweise (in Form einer zuarbeitenden Arbeitsgruppe/Nachhaltigkeitsrat) dargestellt worden. Während die Arbeit des Energiedialogs bereits im Juni 2000 abgeschlossen wurde, ist der Nachhaltigkeitsrat noch aktiv. Deshalb soll an dieser Stelle ein Schwerpunkt auf ihn gelegt werden.

Den *Rat für Nachhaltige Entwicklung* hat die Bundesregierung im Jahr 2001 berufen. Im April 2002 hat die Bundesregierung unter dem Titel „Perspektiven für Deutschland" eine Strategie für eine nachhaltige Entwicklung des Landes

---

[139] Zur Zeit liegen die Kosten für eine Photovoltaik-Anlage zwischen 6.500 und 7.000 € pro kW_p, wobei die Standardanlage auf einem privaten Haushalt sich in einer Größenordnung von drei kW_p bewegt (Interview Demus).

[140] Im nachfolgenden werden nur kooperative Arrangements mit einem direkten Bezug zum Untersuchungsfeld dargestellt. Die beiden vielleicht wichtigsten freiwilligen Vereinbarungen im Bereich der Umweltpolitik haben nur einen indirekten Bezug zum Thema - es geht dabei um Vereinbarungen zum Kohlendioxid-Ausstoß (da erneuerbare Energien weitgehend emissionsfrei sind, können sie einen Beitrag zu deren Umsetzung leisten). Im November 2000 hatten die Bundesregierung und der Bundesverband der Deutschen Industrie (BDI) eine Vereinbarung zum Klimaschutz getroffen, nach der die deutsche Industrie ihre spezifischen Kohlendioxid-Emissionen von 1990 bis 2005 um 28 Prozent und bis 2012 um 35 Prozent senken soll. In einer weiteren Vereinbarung vom Juni 2001 verpflichtete sich die Wirtschaft dazu, bis zum Jahr 2010 insgesamt 45 Millionen Tonnen Kohlendioxid gegenüber 1998 einzusparen (Neue Energie 03/04: 15).

verabschiedet. Für das Jahr 2004 hat die Bundesregierung einen Bericht über Fortschritte und eine Überprüfung der statistischen Entwicklung zu den 21 Indikatoren, mit denen Nachhaltigkeit konkret messbar gemacht werden soll, angekündigt. Die Nachhaltigkeitsstrategie soll als Leitlinie für alle Politikbereiche gelten und so das gesellschaftliche Leben beeinflussen. Dabei sollen umwelt-, wirtschafts- und sozialpolitische Ziele gleichermaßen berücksichtigt werden. Der aus 18 Personen - Vertreter relevanter Akteure wie Unternehmen, Gewerkschaften, Umweltverbände, Kirchen, Wissenschaft und Politik - bestehende Rat berät die Bundesregierung in ihrer Nachhaltigkeitspolitik und soll sich mit der Fortentwicklung der Nachhaltigkeitsstrategie auseinandersetzen sowie Projekte zur Umsetzung dieser Strategie vorschlagen. Eine weitere Aufgabe des Rates für Nachhaltige Entwicklung ist die Förderung des gesellschaftlichen Dialogs zur Nachhaltigkeit (Website Nachhaltigkeitsrat).

Relevant für das Untersuchungsfeld ist die in der Nachhaltigkeitsstrategie vorgenommene Zielbestimmung. Darin heißt es, „bis Mitte des Jahrhunderts sollen erneuerbare Energien rund die Hälfte des Energieverbrauchs abdecken" (siehe auch 6.3.). Zur Atomenergie steht folgende Passage in der Nachhaltigkeitsstrategie: „Die Nutzung der Kernenergie stellt keine Lösung für eine zukunftsfähige Energieversorgung und den Klimaschutz dar. Ihre auf Dauer nicht verantwortbaren Risiken und die auf Jahrtausende verbleibenden hochproblematischen Abfälle sind mit einer nachhaltigen Energiepolitik und der Verantwortung für die zukünftigen Generationen nicht zu vereinbaren" (Bundesregierung 2002b: 28).

Der Nachhaltigkeitsrat hat seinerseits einige themenbezogene Stellungnahmen verfasst, von denen eine, nämlich die zu den „Perspektiven der Kohle in einer nachhaltigen Energiewirtschaft", von Interesse für die vorliegende Schrift ist. Der Nachhaltigkeitsrat spricht sich darin für ein energiepolitisches Gesamtprogramm aus, bei dem in den nächsten zehn Jahre sukzessive eine Gleichbehandlung der Energieträger in bezug auf die ökonomischen Rahmenbedingungen erreicht wird. Der Rat spricht sich nicht grundsätzlich gegen die Kohlenutzung in Deutschland aus, knüpft diese aber an strenge Kriterien. Entscheidend sei, dass die Klimaschutzanforderungen bis Mitte des Jahrhunderts erreicht werden (Reduktion aller Treibhausgasemissionen von 70 - 80 Prozent bis 2050). Der Bau von Kohlekraftwerken mit dem technisch höchsten derzeit realisierbaren Wirkungsgrad von bis zu 50 Prozent als Referenzkraftwerk reiche dafür nicht aus. Nötig wäre, so der Nachhaltigkeitsrat, die Option einer Abscheidung und Speicherung von Kohlendioxid. Nur dadurch hätten fossile Energieträger langfristig die Chance, einen Beitrag zu einer nachhaltigen Energieversorgung zu leisten (Nachhaltigkeitsrat 2003: 16).

Auf die im Zusammenhang mit der Nachhaltigkeitsstrategie entstandenen Arbeitsgruppen *Alternative Kraftstoffe und Antriebstechnologien* und *Neue Energieversorgungsstruktur unter Einbeziehung der erneuerbaren Energien* ist in 5.3.2. bereits eingegangen worden.

182

Der damalige Bundeswirtschaftsminister Müller[141] hatte im Juni 1999 Vertreter von Industrie, Parteien, Gewerkschaften, Umweltverbänden und anderen mit energiepolitischen Fragen befassten gesellschaftlichen Akteuren zur Mitarbeit in einer Steuerungsgruppe mit dem Namen *Energiedialog 2000* eingeladen. Als im Juni 2000 dieser Zusammenschluss sein Abschlussdokument unter dem Titel „Leitlinien zur Energiepolitik" vorlegte, war er allerdings bereits um eine Akteursgruppe kleiner geworden. Am 10. Mai 2000 hatten die Umweltverbände DNR, Greenpeace, WWF, NABU und BUND den Energiedialog 2000 verlassen, nachdem in wesentlichen Punkten keine Einigung erzielt werden konnte. Das Ursprungsziel, einen Konsens in der deutschen Energiepolitik herbeizuführen, war damit verfehlt worden. Der Dissens war insbesondere darin begründet, dass der Grundkonflikt zwischen einigen Akteuren in bezug auf die Kernenergie in den Gesprächen ausgeklammert und der Fokus darauf gelegt wurde, „jenseits dieser grundsätzlichen Kontroverse Gemeinsamkeiten in der Energiepolitik zu formulieren". Darüber hinaus stießen neben dem Ziel eines „ausgewogenen Energiemix" auch die Ausführungen zur Braun- und Steinkohlenutzung bei den Umweltverbänden auf Widerspruch. Im Abschlussdokument heißt es dazu: „Steinkohle wird auch in Zukunft ein wichtiger Energierohstoff für die Stromerzeugung und für die Stahlproduktion in Deutschland bleiben. Der inländische Steinkohlenbergbau wird auch künftig einen Beitrag zur Energieversorgungssicherheit in Deutschland leisten. (...) Die Braunkohlennutzung bleibt aus Gründen der Versorgungssicherheit und aus struktur- und beschäftigungspolitischen Gründen wichtig. Das gilt in besonderem Maße für die Braunkohlennutzung in den neuen Bundesländern". In den „Leitlinien zur Energiepolitik" wird wiederholt die steigende Bedeutung erneuerbarer Energien hervor gehoben und das Verdopplungsziel der Bundesregierung bis 2010 bekräftigt. Auf der anderen Seite heißt es, die Förderung müsse „unter Beachtung des langfristigen Ziels subventionsfreier Versorgungsstrukturen (...) auf die Entwicklung eines sich selbst tragenden Marktes für die Nutzung erneuerbarer Energien ausgerichtet sein" (BMWI 2000, Website Energiedialog 2000).

6.5.3. Planungsrechtliche Instrumente

Eine wichtige Antriebskraft für die Entwicklung speziell der Windenergie in Deutschland war eine im Juli 1996 beschlossene und zum 1. Januar 1997 in Kraft getretene Änderung des Baugesetzbuches, nach der Vorhaben im Außenbereich zulässig sind, soweit sie „der Erforschung, Entwicklung oder Nutzung der Wind- oder Wasserenergie" dienen (§ 35 Absatz 1 Baugesetzbuch). Eine solche Änderung war vom Gesetzgeber als notwendig erachtet worden, nachdem das Bundesverwaltungsgericht in einem Urteil vom 16. Juni 1994 Anlagen der Windenergienutzung nicht als privilegierte Vorhaben im Sinne des § 35 Abs.1

---

[141] Werner Müller gehörte dem Bundeskabinett in der Legislaturperiode 1998-2002 als parteiloser Minister an. Nach seinem Ausscheiden aus dem Kabinett übernahm er den Posten des Vorstandvorsitzenden der Ruhrkohle AG. Vor seiner Ministertätigkeit war er bis 1997 als Vorstandmitglied eines Stromproduzenten des heutigen Eon-Konzerns tätig.

angesehen hatte. Die Änderung des Baugesetzbuches erfolgte gezielt zur Erleichterung, aber auch besseren planungsrechtlichen Steuerung der Zulässigkeit von Wind- oder Wasserenergieanlagen. Denn zugleich sind auch jene öffentlichen Belange, die solchen privilegierten Vorhaben wie Wind- und Wasserenergieanlagen entgegen stehen können, konkretisiert worden. Dazu gehören die Beeinträchtigung der natürlichen Eigenart der Landschaft oder ihres Erholungswertes, der Belange des Naturschutzes, der Landschaftspflege und des Denkmalschutzes, die Verunstaltung des Orts- und Landschaftsbildes und die Entstehung schädlicher Umwelteinwirkungen (Ernst et al.).

Mit der Änderung des BauGB erhalten die Gemeinden die Möglichkeit, den Bau der (von nun an privilegierten) Windkraftanlagen auch ohne die Aufstellung oder Änderung eines Flächennutzungsplanes zu genehmigen. Um einen „Wildwuchs" von Windkraftanlagen zu vermeiden, können Gemeinden in Form einer Positivplanung Vorrangflächen für die Windkraftnutzung ausweisen und andere Flächen dadurch schützen. Die Ausweisung von Vorrangflächen ist somit keine verpflichtende Vorgabe seitens des geänderten Baugesetzbuches, aber eine Möglichkeit, die Nutzung der Windenergie nicht im gesamten Außenbereich zu eröffnen, sondern zu Gunsten bestimmter Schutzgüter auf bestimmte Flächen im Flächennutzungsplan zu beschränken (Reeker 1997).

Wird nun dieser Flächennutzungsplan von den Windenergiebetreibern - wie zum Teil geschehen - erfolgreich vor Gericht angefochten, entfällt diese Steuerungsmöglichkeit für die Städte und Gemeinden und die Einzelanträge müssen wieder als im Außenbereich privilegierte Vorhaben genehmigt werden. In diesem Kontext ist die Diskussion zu sehen, im Rahmen der Novellierung des Bundesstädtebaurechts den Kommunen als Planungsträger eine umfassendere Steuerungsmöglichkeit bei der Ansiedlung von Windenergieanlagen zu geben.

Nach der Neuregelung des Baugesetzbuches, die voraussichtlich im Juli 2004 in Kraft tritt, können Kommunen Windkraftprojekte zurück stellen. Während dies nach dem Entwurf von SPD und Grünen für ein Jahr und dies auch nur direkt im ersten Jahr nach Inkrafttreten des Gesetzes möglich sein sollte, strebte die Opposition - unterstützt von Städte- und Gemeindeverbänden - eine generelle Rückstellungsmöglichkeit von bis zu drei Jahren an. Weil das Gesetz auch die Zustimmung des Bundesrates benötigt, bedurfte es eines Kompromiss. Dieser liegt nun schlussendlich darin, dass Kommunen grundsätzlich die Möglichkeit einer Rückstellung von einem Jahr bekommen und dies nicht nur - wie von der Koalition gewollt - allein im ersten Jahr nach Inkrafttreten des Gesetzes. Die Kommune muss dies dem Antragsteller spätestens nach sechs Monaten mitteilen. Unstrittig zwischen den Parteien war, dass Biogasanlagen künftig genauso wie Windanlagen und Wasserkraftwerke privilegiert werden sollen. Die Privilegierung gilt allerdings nur für Biokraftwerke bis zu 500 Kilowatt installierter elektrischer Leistung (Neue Energie 06/2004: 18f., 4/2004: 24f.).

In den Küstenländern und einigen Binnenländern wie Nordrhein-Westfalen haben 80 bis 95 Prozent aller Gemeinden Vorrangflächen ausgewiesen, während der Anteil in anderen Bundesländern nur bei zehn bis 30 Prozent liegt (Staiß 2003: I-73).

6.5.4. Flankierende Maßnahmen

In diesem Abschnitt sollen abschließend weitere Förderinstrumente dargestellt werden, die bislang noch nicht zugeordnet werden konnten. Einige der Programme sind kürzlich ausgelaufen, andere können noch abgerufen werden. Auch die bereits ausgelaufenen Programme sind zum Teil noch mit in die Zukunft reichenden Leistungen verbunden.

Ein zentraler Akteur für die Realisierung von Vorhaben im Untersuchungsfeld ist die Kreditanstalt für Wiederaufbau (KFW). Von den *KfW-Programmen* haben vier einen bezug zum Untersuchungsfeld. Das CO_2-Minderungsprogramm (siehe auch 6.2.2.) vergibt zinsgünstige Kredite für Investitionen an bestehenden und neuen Wohngebäuden in erneuerbare Energien. Das Umweltprogramm und das ERP-Umwelt- und Energiesparprogramm fördern private gewerbliche Unternehmen mit einem Jahresumsatz von bis zu 250 Mio. € durch langfristige Darlehen mit günstigen Zinssätzen. Diese beiden Programme haben sich zu einer wichtigen Antriebskraft für größere Installationen zur Nutzung erneuerbarer Energien erwiesen, insbesondere für den Ausbau der Windenergie. Zwischen 1990 und 2001 sind Förderkredite in Höhe von 4,9 Mrd. € (ERP-Umwelt- und Energiesparprogramm) bzw. 2,9 Mrd. € (Umweltprogramm) bewilligt worden. Auf vor 1979 errichtete Gebäude bezieht sich das KfW-CO_2-Gebäudesanierungsprogramm, das ebenfalls regenerative Technologien in sein Förderprofil aufgenommen hat. Das Programm ist Teil des nationalen Klimaschutzprogramms vom 18. Oktober 2000 und stellt bis 2005 insgesamt eine Milliarde € für Maßnahmen in Wohngebäuden des Altbaubestandes bereit (BMU 2002b, Staiß 2003: I-155).

Bis Ende 2002 gab es die *Ökozulage für Eigenheime* nach dem Eigenheimzulagegesetz. Danach konnte bei der Errichtung eines Neubaus zusätzlich zur normalen Eigenheimzulage acht Jahre lang eine Ökozulage für umweltfreundliche Investitionen wie den Einbau von Solaranlagen gewährt werden. Die letzte Generation derjenigen, die die Ökozulage beantragen konnten, kommt damit noch bis zum Jahr 2010 in ihren Genuss. Im einzelnen sieht die (allerdings nicht mit dem Marktanreizprogramm kumulierbare) Ökozulage eine steuerliche Förderung von jährlich zwei Prozent der Investitionskosten, jedoch maximal 256 € vor. Weitere 205 € jährlich werden gewährt, wenn die Wohnung in einem Gebäude ist, das den Niedrigenergiehausstandard erfüllt[142] (BMU 2002b: 15).

---

[142] Der Niedrigenergiehausstandard liegt 25 Prozent unter den Anforderungen der Wärmeschutzverordnung (BMU 2002b: 15). Die Wärmeschutzverordnung wurde am 1. Februar 2002 von der Energieeinsparverordnung abgelöst, die den Niedrigenergiehaus-Standard für Neubauten und die Modernisierung älterer Bauten festschreibt.

Das Programm *Solarthermie 2000* ist nach zehnjähriger Förderung ausgelaufen. Anträge konnten bis zum 31.12. 2002 eingereicht werden. Solarthermie 2000 bestand aus drei Teilprogrammen. Das erste Teilprogramm untersuchte das Langzeitverhalten von existierenden thermischen Solaranlagen im bundeseigenen Bereich. Diese Anlagen mussten von 1978 bis 1983 errichtet worden sein. Das erste Teilprogramm wurde 1997 abgeschlossen. Das zweite Teilprogramm für solarthermische Demonstrationsanlagen auf öffentlichen Gebäuden mit Schwerpunkt in den neuen Bundesländern lief von 1993 bis Ende 2002. Es förderte rund 100 mittelgroße Demonstrationsanlagen. Im Rahmen des dritten Teilprogramms werden zur Zeit sieben Demonstrations- und Pilotanlagen zur solaren Nahwärmeversorgung gefördert[143].

Bundesumweltminister Trittin hat im Februar 2004 das neue Konzept *Solarthermie2000plus* zur Förderung der Entwicklung der solaren Wärmegewinnung vorgestellt. Mit rund vier Mio. € jährlich sollen Pilotvorhaben von kombinierten Trinkwassererwärmungs- und Heizungsanlagen gefördert und neue Anwendungen für Sonnenwärme, beispielsweise in der Klimatisierung, sowie die Kombination von Sonnen- und Erdwärme oder Biomasse erprobt werden (BMU-Pressemitteilung vom 27.2. 2004, Website Solarthermie 2000).

Bis Ende 2002 lief das Bundesprogramm der *Vor-Ort-Beratung in Wohngebäuden*, das einen Zuschuss für die Energieeinsparberatung vor Ort zahlte. Gefördert wurde dabei eine ingenieurtechnische Vor-Ort-Beratung einschließlich eines schriftlichen Beratungsberichts, der auch die Untersuchung einer möglichen Nutzung erneuerbarer Energien beinhalten sollte. Antragsberechtigt waren Gebäude- und Wohneigentümer sowie kleine und mittlere Unternehmen, deren Wohngebäude vor 1984 (in den neuen Bundesländern vor 1989) genehmigt wurden. Der Zuschuss musste vom beratenden Ingenieur beim Bundesamt für Wirtschaft und Ausfuhrkontrolle (BAFA) beantragt werden und richtete sich nach der Anzahl der Wohneinheiten. Bei Ein- und Zweifamilienhäusern deckte er etwa drei Viertel der Beratungskosten ab (BMU 2002b: 16).

Das Programm *Kirchengemeiden für die Solarenergie* der Deutschen Bundesstiftung Umwelt (DBU)[144] verfolgte den Ansatz, „dank der Vorbildfunktion von

---

[143] Die Stadt Neckarsulm steht derzeit beim Ausbau einer solaren Nahwärmeversorgung an der Spitze in Deutschland. Künftig soll im Ortsteil Neckarsulm-Amorbach der gesamte Wärmebedarf für Trinkwasser und Raumheizung zur Hälfte von der Sonne gedeckt werden. Die vom Bundesumweltministerium geförderte Pilotanlage besteht aus 5.000 Quadratmetern Kollektorfläche sowie einem großen Erdsonden-Wärmespeicher. Sie versorgt 140 Wohneinheiten, ein Ladenzentrum, eine Schule und ein Altenwohnheim mit Wärme (BMU-Pressemitteilung vom 27.2. 2004).

[144] Am 24. Oktober 1989 hatte das Bundeskabinett auf Vorschlag von Bundesfinanzminister Waigel den Beschluss gefasst, den Erlös aus dem Verkauf der bundeseigenen Salzgitter AG für eine Umweltstiftung zu verwenden. Der Betrag von 1.288.007.300 € sollte als Stiftungskapital dienen, der jährliche Ertrag daraus für die Förderziele eingesetzt werden. Mit der konstituierenden Sitzung des Kuratoriums am 17. Dezember 1990 nahm die Deutsche Bundesstiftung Umwelt mit Sitz in Osnabrück ihre Arbeit auf. Ihr gesetzlicher Auf-

Kirchengemeinden (...) das Bewusstsein in der Bevölkerung zu Gunsten der erneuerbaren Energiequelle Sonne zu verbessern". Das Programm wurde 1998 vom Kuratorium der DBU beschlossen und sollte von 1999 bis 2001 300 Kirchengemeiden beim Einsatz der Sonnenenergie unterstützen. Das Programm ist sehr stark nachgefragt und deshalb zweimal von der DBU aufgestockt worden. Schon nach der Hälfte der dreijährigen Laufzeit lagen über 300 Anträge vor, weshalb eine Aufstockung um weitere 300 Anlagen beschlossen wurde. Eine erneute Nachbewilligung führte dazu, dass am Ende 714 Vorhaben unterstützt worden sind (622 Photovoltaik- und 146 solarthermische Anlagen, wobei 58 Kirchengemeinden sowohl eine solarthermische als auch eine photovoltaische Anlage errichteten). Die Anlagen wurden nur in Ausnahmefällen auf den Kirchen selbst errichtet. Beliebteste Standorte waren kirchliche Einrichtungen wie Pfarrheime, Pfarrhäuser, Kindergärten, Bildungshäuser oder Seniorenheime. Die DBU bewilligte dafür eine Fördersumme von insgesamt 13 Mio. €. Gefördert wurden Anlagen, deren Größe eine Übertragbarkeit auf Privathaushalte ermöglichte. Anlagen sollten daher eine Kollektorfläche von 20 m² bei thermischen Anlagen und 50 m² bei Photovoltaik-Anlagen (ca. 5 kW) nicht überschreiten. Eine weitere Auflage der DBU bestand in der Integration öffentlichkeitswirksamer Maßnahmen in die Projekte, wozu Visualisierungstafeln[145] zählten. Letzteres wurde mit bis zu 75 Prozent der Kosten gefördert, für die Anlagen selbst wurde ein nicht-rückzahlbarer Zuschuss von bis zu 50 Prozent bewilligt (DBU 2003: 5ff).

6.6. Resümee zum Regulierungsmuster

Die deutsche Politik zur Förderung erneuerbarer Energien stützt sich auf einen breiten Policy Mix. Ein solches komplexes Muster der politischen Steuerung knüpft an den Forschungsbefund an, dass eine erfolgreiche Politik sich nicht auf die Anwendung eines bestimmten Instrumentariums beschränken sollte. Zudem wird der Vollzug von Politik durch möglichst einvernehmliche Ziele und konkrete Vorgaben erleichtert (vgl. Jänicke et al. 1999: 107ff.). Ein solcher strategischer Ansatz ist in der Bundesrepublik in allen Segmenten des regenerativen Energiemarktes erkennbar, ob nun im Strom-, Wärme- oder Kraftstoffbereich. Während bei der Elektrizitätserzeugung ein Anteil erneuerbarer Energien von 12,5 Prozent bis 2010 und 20 Prozent bis 2020 angestrebt wird, sollen Biokraftstoffe bis 2010 einen Marktanteil von 5,75 Prozent haben (beide Zielmarken gehen auf EU-Richtlinien zurück und wurden in nationales Recht umgesetzt). Für den regenerativen Wärmemarkt haben SPD und Grüne in ihrer Koalitionsvereinbarung nach der Bundestagswahl 2002 eine Verdopplung der Fläche an

---

trag lautet, Vorhaben zum Schutz der Umwelt unter besonderer Berücksichtigung der mittelständischen Wirtschaft zu fördern. Sie soll dabei in der Regel außerhalb der staatlichen Programme tätig werden, kann diese allerdings auch ergänzen (Website DBU).

[145] Darauf müssen die Ertragswerte der Anlage angezeigt und die Anlagentechnik beschrieben werden. Alle realisierten Vorhaben mussten mit einer solchen Anzeigentafel ausgestattet werden.

Solarkollektoren bis 2006 vereinbart - die Aufnahme dieses Ziels in eine Rechtsnorm steht allerdings noch aus.

Zur Zielerreichung wird in der Bundesrepublik mit einer flexiblen Instrumentierung agiert, die sich zum Bild eines ausgereiften Fördermechanismus im gesamten regenerativen Energiemarkt zusammen fügt. Der hierarchische Staat, bis in die 1990er Jahre hinein kennzeichnend für die deutsche Umweltpolitik (vgl. Héritier et al. 1994: 27ff.), findet sich vor allem im Strommarkt wieder. Das Stromeinspeise- bzw. Erneuerbare-Energien-Gesetz stehen in der Tradition des klassischen Staatsinterventionismus. Top-down-Vorgaben sind von den Energieversorgungsunternehmen, die regenerativ erzeugten Strom zu Mindestpreisen abzunehmen und den Verbrauchern, die dies über eine Umlage auf ihre Stromrechnung zu finanzieren haben, zu erfüllen. Im Wärmemarkt zeigt sich der Staat von seiner kooperativen Seite. Die Initiative „Solarwärme Plus" als das Nachfolgeprojekt von „Solar - na klar" bindet die relevanten Akteure im Wärmemarkt gezielt ein. Dass selbst die Akteure der Gaswirtschaft mit dabei sind, kann damit erklärt werden, dass solche Kooperationslösungen „im Schatten der Hierarchie" - in diesem Fall vor dem Hintergrund der Diskussion eines regenerativen Wärmegesetzes analog zum EEG - auf den Weg gebracht werden. Scharpf (1993: 70) betont die fortdauernde Bedeutung hierarchischer Strukturen im Verhandlungsprozess zwischen staatlichen Akteuren und Organisationen. Die Aussicht auf Erfolg in Verhandlungen würde sich verbessern, wenn sie „im Schatten der Hierarchie" statt finden. Danach bestimmt der Staat Verfahrensregeln und korporative Akteure. In solchen „hierarchisch eingebetteten Verhandlungen" haben unredliche, allein auf den Eigennutz bezogene Verhandlungstaktiken keinen Erfolg. Die staatliche Zustimmung oder Ratifikation impliziert auch die Möglichkeit einer Ablehnung und damit die Fähigkeit, faire Verhandlungen zu erzwingen und offensichtlich opportunistische Strategien zu blockieren. Dies erhöht, so Scharpf, die Reichweite der Koordination.

Zugleich wird im Wärmemarkt mit dem Marktanreizprogramm (MAP) der Sektor durch öffentliche Ausgaben in einem erheblichen Umfang (jährlich eine dreistellige Millionensumme) stimuliert - die Mittel werden dabei aus dem Aufkommen der Ökologische Steuerreform mobilisiert. Im Kraftstoffmarkt kommt mit der Steuerbefreiung biologischer Kraftstoffe ebenfalls ein marktwirtschaftliches Instrument zur Anwendung. Für ein Nischensegment im Kraftstoffmarkt (biogene Treib- und Schmierstoffe) ist wie im Wärmemarkt ein Marktanreizprogramm (MEP) auf den Weg gebracht worden. Eine solche Politik mit öffentlichen Ausgaben (die auch in Form bewusster Einnahmeverzichte erfolgen können) wird zudem in Form verschiedenster Programme der bundeseigenen Kreditanstalt für Wiederaufbau (siehe 6.5.4.), mit der Forschungs- und Entwicklungsförderung sowie Steuervorteilen wie der Ökozulage für Eigenheime (bis Ende 2002) betrieben. Mit der Privilegierung von Wind- und Wasserkraftanlagen im Baugesetzbuch wird der Politik-Mix um ein planerisches Instrument ergänzt.

Bei der Förderung erneuerbarer Energien in Deutschland kommt die Präferenz des dominierenden Belief System (siehe 5.4.), nicht nur die wirtschaftlichsten, sondern alle erneuerbare Energien nach ihren jeweiligen individuellen Bedürfnissen zu unterstützen, deutlich zur Geltung. Die technologiespezifische Vergütung im EEG und flankierende Maßnahmen wie das (am 30. Juni 2003 ausgelaufene) 100.000-Dächer-Programm oder das Zukunftsinvestitionsprogramm (ZIP) sollen eine durchschlagende Entwicklung aller regenerativen Sektoren im Zuge eines umfassenden Wandels des Energiesystems gewährleisten.

7. Restriktionen und Erfolgsbedingungen erneuerbarer Energien in Deutschland

Im folgenden Kapitel sollen Hemmnisse und Erfolgsbedingungen erneuerbarer Energien in Deutschland analysiert werden. Angesichts der deutschen Vorreiterpolitik im Bereich der erneuerbaren Energien liegt das Schwergewicht dabei auf der Identifizierung von Erfolgsbedingungen. Die deutsche Pionierrolle ist unter anderem daran ablesbar, dass das Land Weltmarktführer in bezug auf die absolut installierte Windkapazität ist, weltweit über die zweitgrößte installierte Photovoltaik-Kapazität verfügt (nach Japan) und innerhalb Europas bei der installierten Solarthermie-Fläche und dem Biodiesel-Absatz (den absoluten Zahlen zufolge) führend ist (Bechberger/Reiche 2004). Nach Angaben der EU-Kommission wird Deutschland neben Dänemark, Spanien und Österreich zu den wenigen (vier von 15 EU-) Ländern zählen, die die Vorgaben aus der EU-Richtlinie zur Stromerzeugung aus regenerativen Energien für das Jahr 2010 erfüllen können (Neue Energie 6/2004: 14). Inzwischen arbeiten in den verschiedenen Sparten der erneuerbaren Energien in Deutschland (direkt und indirekt) 120.000 Menschen (was fast einer Verdopplung gegenüber 1998 entspricht[146]), der Gesamtumsatz mit erneuerbaren Energien lag im Jahr 2003 bei zehn Mrd. € (BMU 2004: 20). Deutschland hat sich damit speziell im Bereich der Wind- und Solartechnik zu einem so genannten Lead-Markt entwickelt, was die nationalen Spielräume eines Landes in der Energiepolitik deutlich macht. Lead-Märkte erfüllen, so Jänicke (2003: 10), für die ökologische Modernisierung der Weltmärkte die Funktion, die Entwicklungskosten von Umweltinnovationen und „die Kosten der Überwindung ihrer Kinderkrankheiten" zu tragen, bis die Stufe der internationalen Wettbewerbsfähigkeit erreicht ist. Solche Führungsmärkte charakterisieren laut Jänicke ein hohes Wohlstandniveau, eine anspruchsvolle und innovationsfreundliche Käuferschaft, hohe Qualitätsstandards und starker Innovationsdruck. Lead-Märkte speziell für umweltpolitische Innovationen beziehen sich in der Regel auf weltweit verbreitete Problemlagen und sind damit auf eine potenziell globale Nachfrage angelegt. Im Idealfall könne das Pionierverhalten dann so genannte first mover advantages in Form von Wettbewerbsvorteilen für die nationale Volkswirtschaft abwerfen. Lead-Märkte für umweltpolitische Innovationen basieren auf speziellen politischen Fördermechanismen wie dem Einspeisevergütungsmodell im Bereich der erneuerbaren Energien in Deutschland.

Jänickes Befund eines erhöhten Tempos bei der Diffusion umweltpolitischer Innovationen kann gerade in bezug auf das deutsche Einspeisevergütungsmodell bestätigt werden. Wie eine Studie zur „Diffusion von Einspeisevergütungen und Quotenmodellen" an der Forschungsstelle für Umweltpolitik (Busch 2003) zeigt, waren Einspeisevergütungen bis zum Jahr 1998 das dominierende Förder-

---

[146] 1998 arbeiteten 66.000 Menschen in dem Sektor.

instrument für erneuerbare Energien in Europa. Von 1998 bis 2002 führten allerdings deutlich mehr Länder Quoten- als Einspeisevergütungsmodelle ein. Der Hauptgrund dürfte in einer institutionalisierten Diffusion durch die Europäische Kommission gelegen haben, die von 1998 an aus ihrer Präferenz für Quotenmodelle keinen Hehl machte, die ihres Erachtens wettbewerbs- und marktkonformer seien. Viele Länder gingen davon aus, dass die im Aushandlungsprozess befindliche Richtlinie zur Stromerzeugung aus erneuerbaren Energien eine Vorgabe zur Anwendung von Quotenmodellen enthalten würde. Zudem bestand rechtliche Unsicherheit in bezug auf die Anwendung von Einspeisevergütungen, weil das Energieversorgungsunternehmen PreussenElektra 1998 Klage gegen das deutsche Modell der Einspeisevergütung vor dem Europäischen Gerichtshof eingereicht hatte. Nachdem dieser im März 2001 jedoch entschieden hatte, dass die deutsche Einspeisevergütung keine unerlaubte Subvention sei und die am 27. September 2001 verabschiedete EU-Richtlinie zur Stromerzeugung aus erneuerbaren Energien ausdrücklich keine Festlegung auf ein bestimmtes Fördermodell enthielt, ist die Unsicherheit in bezug auf die Rechtmäßigkeit von Einspeisevergütungsmodellen behoben worden (Bechberger et al. 2003). Seither findet eine zunehmende Verbreitung von Einspeisevergütungsmodellen statt, wobei sich viele Länder gezielt auf das deutsche Modell und seinen Erfolg berufen. Dies findet seinen Ausdruck darin, dass seit 2002 Länder wie Österreich, Frankreich und die Niederlande Einspeisevergütungen neu eingeführt haben. Unter den EU-Beitrittsstaaten haben sich mit Estland, Tschechien, Slowenien, der Slowakei, Ungarn und Zypern sogar bereits sechs von zehn Ländern für Einspeisevergütungsmodelle entschieden. Insgesamt setzten Ende 2003 16 von 28 europäischen Staaten in irgendeiner Form ein Einspeisevergütungsmodell und nur fünf ein Quotenmodell ein (vergleiche Reiche 2003, Bechberger/Reiche 2003: 30).

Neben den Erfolgen in der nationalen Politik und der Diffusion des Hauptförderinstrumentes fügt sich auch das Engagement der Bundesregierung auf internationaler Ebene in das Bild von der Pionierrolle des Landes ein. Beim UN-Gipfel in Johannesburg im Jahr 2002 hat sich unter anderem auf deutsches Betreiben eine Koalition für erneuerbare Energien formiert, der sich inzwischen über 70 Staaten angeschlossen haben. Die Intention dieser Koalition, die ihre erste Weltkonferenz für erneuerbare Energien auf Einladung von Bundeskanzler Schröder im Juni 2004 in Bonn abhielt, ist es, zu weiter gehenden Ergebnissen zu kommen, als dies bei der Johannesburger Konferenz für nachhaltige Entwicklung möglich war[147].

---

[147] Mit mehr als 3.000 Teilnehmern (Delegierte und Observer - der Autor war einer davon) war die Renewables2004 die größte Konferenz, die weltweit jemals im Bereich der erneuerbaren Energien statt fand. Die Teilnehmer kamen aus 154 verschiedenen Ländern. Unter ihnen befanden sich auch 130 Minister. Bundeskanzler Schröder hielt bei der Konferenz eine Rede, in der er eine Sonderfazilität der Bundesregierung (in Zusammenarbeit mit der Kreditanstalt für Wiederaufbau) für erneuerbare Energien und Energieeffizienz mit einem Volumen von bis zu 500 Mio. € verteilt über fünf Jahre ab 2005 ankündigte, die ihre Mit-

Zur Erklärung der deutschen Pionierrolle werden im Folgenden politisch-instrumentelle, kognitive, Energieträger-spezifische, technisch-ökonomische, strukturelle und umweltpolitische Erfolgsbedingungen identifiziert (7.2.). Zuvor (in 7.1.) werden jedoch auch einige Hemmnisse für erneuerbare Energien in Deutschland hervorgehoben, die ungeachtet der Vorreiterrolle des Landes existieren. Es darf nicht vergessen werden, dass Ende 2003 immer noch 92,1 Prozent der Stromerzeugung und 96,9 Prozent des Primärenergieverbrauchs eine nicht-regenerative Basis hatten (siehe Tabellen 3 und 4) und der eingeleitete Transformationsprozess in Teilen der Gesellschaft auch auf Widerstände trifft, mit denen sich die Befürworter erneuerbarer Energien auseinander zu setzen haben. Hemmnisse sind in erster Linie mit historisch eingefahrenen Pfaden zu erklären. Ferner werden energieträger-spezifische Restriktionen und die geringe Wechselbereitschaft zu grünem Strom angesprochen.

7.1. Restriktionen

7.1.1. Pfadabhängige Restriktionen

Die Unterstützung der Kohlewirtschaft, speziell der von massiven Subventionen abhängigen Steinkohlegewinnung, kann als wichtigste Restriktion für einen weitergehenden Strukturwandel in der deutschen Energiewirtschaft identifiziert werden. Allein im Zeitraum 1997 bis 2005 wird die Steinkohle mit sieben Mrd. € öffentlichen Mitteln unterstützt (siehe Tabelle 10). Die Fortsetzung der hohen Subventionierung des deutschen Steinkohlebergbaus (siehe ausführlicher 4.2.2.) mit der Begründung, dadurch zur Versorgungssicherheit beizutragen, wird von der internationalen Energieagentur (IEA 2002: 71) stark kritisiert. Es sei nicht notwendig, die Förderung aus Gründen der Versorgungssicherheit weiter zu betreiben, da Kohle eine global ausgewogen verteilte Ressource mit ausreichend Reserven sei. Wegen der Vielzahl an Akteuren auf dem internationalen Kohlemarkt sei das Risiko einer persistenten Unterbrechung der Lieferungen „minimal". Wie ist das Festhalten an der Kohle, speziell an der teuren Steinkohle, zu erklären? Zum einen, gerade im Zeitalter zunehmender Arbeitslosenzahlen, mit

---

tel in Form von zinsverbilligten Darlehen für Investitionen in Entwicklungsländern an staatliche oder halbstaatliche Institutionen, Banken oder Private vergeben soll. Mit dieser Initiative unterstrich Schröder die Führungsrolle Deutschlands im Bereich der internationalen Energien.

Die Konferenz hatte drei konkrete Ergebnisse: neben so genannten Politik-Empfehlungen eine politische Erklärung, die zwar nicht - wie von vielen Teilnehmern angestrebt - konkrete weltweite Ziele für den Ausbau erneuerbarer Energien enthält, aber unter anderem die Beseitigung von Hemmnissen und die Internalisierung externer Kosten fordert. Zudem wurde ein Internationales Aktionsprogramm aufgelegt, für das Nationalstaaten und andere Akteure über 150 Projekte (freiwillig) anmeldeten. Dazu zählen beispielsweise die Verpflichtung der Weltbank, ihre Mittelvergabe für erneuerbare Energien in den nächsten fünf Jahren um jeweils jährlich 20 Prozent aufzustocken sowie neue Zielfestlegungen Chinas (zehn Prozent Anteil erneuerbarer Energien am Energieverbrauch bis 2010) und der Philippinen (Verdopplung des Anteils der erneuerbaren Energien am Energieverbrauch bis 2013) (Website Renewables2004).

der Bedeutung für den Arbeitsmarkt. Im deutschen Steinkohlebergbau arbeiteten Ende 2001 52.576 Mitarbeiter, im deutschen Braunkohlebergbau waren es 19.941. Dabei gibt es eine starke regionalwirtschaftliche Abhängigkeit insbesondere bei der Steinkohle, die in nur zwei Bundesländern - in Nordrhein-Westfalen und dem Saarland - gewonnen wird. Der Saarbergbau ist mit 9.200 direkt Beschäftigten (plus 6.300 in der Zulieferindustrie) der größte industrielle Arbeitgeber des Bundeslandes (GVSt 2002: 67).

Zum anderen ist die Beteiligung der SPD an der Bundesregierung ein gewisser Garant für die Kohleindustrie und ihre Beschäftigten, dass über die bereits beschlossenen Kürzungen hinaus nicht zusätzliche Opfern abverlangt werden. Die Arbeitnehmer im Kohlebergbau haben eine traditionelle Affinität zur SPD, das Kohleland Nordrhein-Westfalen ist eines der wenigen SPD-Stammländer und von dieser Seite aus agieren „eingebaute Lobbyisten" (Beyme 1980), vornehmlich Gewerkschafter, in der SPD-Bundestagsfraktion. Mit Wolfgang Clement, ehemaliger SPD-Ministerpräsident von Nordrhein-Westfalen und seit der Bundestagswahl 2002 Bundeswirtschaftminister, hat die Steinkohleindustrie einen Fürsprecher an vorderster Front, der die (Regional)Förderung und den eingefahrenen Kohle-Pfad verteidigt. In der SPD-Bundestagsfraktion scheint es eine Art Waffenstillstandsabkommen zu geben: Der eine stimmt der von SPD-Abgeordneten wie Hermann Scheer mit Nachdruck geforderten Förderung der Solarenergie zu, wenn der andere im Gegenzug die Privilegien der Kohle nicht grundlegend in Frage stellt. Dies wird in der Verhandlungstheorie als Issue-Linkage oder auch Koppelgeschäft bezeichnet (Luber 2004: 4). Die FAZ (18.9. 2003: 14) hat dieses Phänomen einmal in der treffenden Artikel-Überschrift „Schröder will Kohle und Klima schützen" auf den Punkt gebracht. Den Grünen ist es im Rahmen ihrer Regierungsbeteiligung nicht gelungen, nennenswerte Einschnitte bei den Steinkohlesubventionen vorzunehmen. Eine persönliche Erklärung von 40 Grünen-Abgeordneten zum Haushaltsgesetz 2004[148], in der diese die im Bundeshaushalt vorgesehenen Mittel zur Unterstützung des Steinkohlebergbaus kritisieren, zugleich aber ihre Zustimmung zum Haushalt für 2004 bekräftigen, belegt ihre Einflusslosigkeit an dieser Stelle und ist letztlich eine Kapitulation vor der Kohle-Lobby in Regierung und Gesellschaft, auch wenn den Grünen am Ende noch einige Zugeständnisse gemacht worden sind[149].

---

[148] In der persönlichen Erklärung vom 28. November 2003 sagen die Abgeordneten, dass von den im Bundeshaushalt vorgesehenen Mitteln zur Unterstützung des Steinkohlebergbaus das falsche Signal ausgehe. Begründet wird dies mit der Notwendigkeit der Haushaltskonsolidierung, mit der Sonderregelungen für einzelne Sektoren nicht vereinbar seien. Neben der Bindung langfristig knapper finanzieller Ressourcen heißt es, der Abbau deutscher Steinkohle sei für die Versorgungssicherheit in Deutschland nicht notwendig, weil Vorräte weltweit vorhanden seien und zu deutlich günstigeren Preisen bezogen werden könnten. Zudem werden die gesellschaftlichen Kosten des Kohlebergbaus und die Folgen für Menschen und Umwelt angesprochen (Bündnis 90/Die Grünen 2003).

[149] Die auf Druck der Grünen gesperrten Verpflichtungsermächtigungen im Bundeshaushalt über Kohlesubventionen in Höhe von 5,7 Mrd. € sollen vom Haushaltsausschuss erst dann

Wie stark der Einfluss des Kohle-Flügels in der SPD ist, kann exemplarisch auch an anderen energiepolitischen Themen wie dem KWK-Gesetz[150] und der Einführung des Emissionshandels[151] beobachtet werden. Der Sachverständigen-

---

entsperrt werden, sobald die Ruhrkohle AG beschließt, die umstrittene Zeche Walsum bei Duisburg spätestens Ende 2008 zu schließen. Zugleich sind einige Veränderungen beim Auszahlungsmodus für die Steinkohlebeihilfen vereinbart worden, die zu einer jährlichen Entlastung in dreistelliger Millionenhöhe führen können (FAZ 19.5. 2004: 13, siehe auch 4.2.2.).

[150] Im Rahmen des Aushandlungsprozesses zum KWK-Gesetz nahm der Gesetzgeber Abstand von dem ursprünglich vorgesehenen quotengesteuerten Zertifikatshandel und beschloss eine Zuschussregelung. Die Stromwirtschaft, der damalige NRW-Ministerpräsident Clement und die IG BCE hatten die Quotenregelung zuvor massiv bekämpft. Am 25. Januar 2002 wurde im Deutschen Bundestag das „Gesetz für die Erhaltung, die Modernisierung und den Ausbau der Kraft-Wärme-Kopplung" (KWK-Gesetz) verabschiedet, am 1. April trat es in Kraft. Ziel des Gesetzes ist der „befristete Schutz und die Modernisierung von Kraft-Wärme-Kopplungsanlagen sowie der Ausbau der Stromerzeugung in kleinen KWK-Anlagen und die Markteinführung der Brennstoffzelle im Interesse der Energieeinsparung, des Umweltschutzes und der Erreichung der Klimaschutzziele der Bundesregierung" (§1 Abs. 1 KWKG). In dem Gesetz wurden die Klimaschutzziele genau quantifiziert. So soll in der Bundesrepublik bis zum Jahre 2005 im Vergleich zum Basisjahr 1998 durch die Nutzung der Kraft-Wärme-Kopplung eine Minderung der jährlichen Kohlendioxid-Emissionen in einer Größenordnung von zehn Millionen Tonnen und bis zum Jahre 2010 von insgesamt 23 Millionen Tonnen erzielt werden.
Die Betreiber begünstigter Kraft-Wärme-Kopplungsanlagen erhalten bis zum Jahre 2010 Zuschlagszahlungen von insgesamt 4,448 Mrd. €, deren Höhe davon abhängig ist, ob es sich um alte, neue oder modernisierte Anlagen handelt. Kleinere KWK-Anlagen unter 50 kW und Brennstoffzellen erhalten einen zusätzlichen Bonus für die Dauer von zehn Jahren von ihrer Inbetriebnahme an - vorausgesetzt, die Anlagen sind bis Ende 2005 in Betrieb gegangen. Kritiker bemängeln die im Gesetz enthaltene Strommengen-Deckelung. So besteht der Anspruch auf Zuzahlung für KWK-Strom aus neuen kleinen BHKW-Anlagen „nicht mehr nach dem 31. Dezember des Jahres, das auf das Jahr folgt, in dem seit dem Inkrafttreten des Gesetzes Ansprüche auf Zahlung des Zuschlages für 11 Terawattstunden KWK-Strom (...) entstanden sind". Mez (2003: 341) nennt als weitere Kritikpunkte, dass wegen der fehlenden Förderung von großen und mittleren Neuanlagen keine zusätzlichen KWK-Potenziale erschlossen werden und die Entwicklung der KWK-Eigenerzeugung außerhalb des Bereichs der etablierten Stromversorger blockiert bleibe. Unter das Gesetz fallen alle KWK-Anlagen auf Basis von fossilen Brennstoffen inklusive Abfall und Biomasse. KWK-Strom, der nach dem EEG vergütet wird, fällt nicht in den Anwendungsbereich des KWK-Gesetzes. Eine Doppelförderung wird somit ausgeschlossen (Website BHKW-Infozentrum).

[151] Im Rahmen der Verabschiedung des Nationalen Allokationsplanes (NAP) hatte es das federführende Bundesumweltministerium angestrebt, dass die Wirtschaft ihren Kohlendioxid-Ausstoß von 505 auf 480 Millionen Tonnen bis 2012 reduzieren muss und bei der Zertifikatszuteilung für neue Kraftwerke als Messlatte die Emissionen von Gaskraftwerken festgeschrieben werden. Tatsächlich erreichte es Bundeswirtschaftsminister Clement in einer abschließenden Krisensitzung mit Bundesumweltminister Trittin und Bundeskanzler Schröder in der Nacht vom 29. auf den 30. März, dass nur eine Reduzierung auf 503 Millionen Tonnen in der Handelsstufe 2005 bis 2007 und auf 495 Millionen Tonnen ab 2008 erfolgen muss - letzteres wurde zudem unter einen Parlamentsvorbehalt gestellt,

194

rat für Umweltfragen kritisierte in seinem Umweltgutachten 2004, der von der Bundesregierung am 31. März 2004 vorgelegte Nationale Allokationsplan statte Anlagen „derart großzügig mit Emissionsrechten [aus], dass die Lenkungswirkung des Emissionshandels in dramatischem Umfang abgeschwächt wird. Die Bundesregierung vergibt damit die historische Chance einer klimaverträglichen Kraftwerkserneuerung" (SRU 2004: 2)[152].

Bei solchen Themen sieht sich die Bundesregierung mit der Energiewirtschaft einem der mächtigsten ökonomischen Akteure ausgesetzt. Eon und RWE sind das dritt- bzw. fünftgrößte deutsche Industrieunternehmen. Insgesamt waren Ende 2001 im Bergbau, in der leitungsgebundenen Energieversorgung und der Mineralölverarbeitung rund 320.000 Menschen beschäftigt. Die von diesem Wirtschaftszweig realisierte Wertschöpfung von 45 Mrd. € entspricht 2,2 Prozent des Bruttoinlandsprodukts (Schiffer 2002: 38).

Beim Festhalten an den Kohle-Subventionen, aber auch an der nur in Ansätzen vollzogenen Umschichtung von Energie-Forschungsmitteln (siehe 6.4.) kann das Phänomen beobachtet werden, dass sich die Politik mit distributiver Politik (Beispiel 100.000-Dächer-Programm) wesentlich leichter als mit redistributiver Politik tut.

Neben dem eingefahrenen Kohle-Pfad und den dort gebundenen Mitteln, die eine emissionsintensive Art der Energieerzeugung bewahren statt alternativ für einen weiter gehenden Strukturwandel in der Energiewirtschaft zur Verfügung zu stehen, könnte die langfristig angelegte Beschaffungspolitik im Gas-Sektor zu einem Hemmnis für die zukünftige Entwicklung erneuerbarer Energien werden. Mit den wichtigsten Lieferanten bestehen Lieferverträge, die frühestens 2011 enden und zum Teil bis ins Jahr 2030 reichen (Schiffer 2002: 153ff.). Dabei handelt es sich in der Regel um „take or pay" Verträge, das heißt die vereinbarte Menge muss definitiv abgenommen werden. Damit könnte die Entwicklung erneuerbarer Energien behindert werden, wenn sich der Energiemarkt nicht wie erwartet entwickelt und dann anstatt eines weiteren Ausbaus des regenerativen Marktes zunächst das bestellte Erdgas aufgebraucht werden muss.

---

d.h. 2006 kann diese Festlegung noch aufgehoben werden. Zudem werden neue Kraftwerke bei der Ausstattung mit Emissionsrechten modernen Steinkohlekraftwerken gleichgestellt.
Mit der Erteilung und Verwaltung von Emissionsrechten auf Kohledioxyd wurde das Umweltbundesamt beauftragt, das dafür 75 neue Planstellen geschaffen hat, wobei eine Aufstockung auf bis zu 115 vorgesehen ist (FAZ 31.3. 2004: 1, 2, 6.4. 2004: 13).
[152] Ankündigungen von RWE und Vattenfall im Juni 2004, neue Braun- bzw. Steinkohlekraftwerke bauen zu wollen (FAZ 29.6. 2004: 13), bestätigen den Skeptizismus des SRU und dürften im Zusammenhang mit der Ausgestaltung des Emissionshandels stehen.

7.1.2. Energieträger-spezifische Restriktionen

Solar- und Windenergie unterliegen jahreszeitlichen Schwankungen in ihrem Angebot[153], während Wasserkraft, Biomasse und Geothermie ihre Grundlastfähigkeit auszeichnet. Fast allen regenerativen Erzeugungstechnologien in Deutschland gemeinsam ist die Tatsache, dass sie in der Regel gegenüber fossil-atomaren Energien ohne öffentliche Unterstützung (noch) nicht wettbewerbsfähig sind - jedenfalls dann nicht, wenn (wie in den gängigen Standardberechnungen zu den Kosten der Energiebereitstellung) externe Kosten nicht berücksichtigt werden. Besonders ungünstig ist die Kostenstruktur für die Photovoltaik - die gegenwärtige Modulknappheit trägt hier zum hohen Preisniveau bei - und die Geothermie, auch Windkraft und Bioenergie weisen in ihrem jetzigen Stadium noch höhere Kosten auf. Allein die große Wasserkraft kann (im Gegensatz zur Klein-Wasserkraft) ohne Beihilfen im Wettbewerb der Energieträger bestehen. Die Wasserkraft ist allerdings dem Hemmnis ausgesetzt, dass ihr Potenzial zu einem großen Teil bereits erschöpft ist - das mit der heutigen Technik nutzbare Potenzial ist schon zu etwa 75 Prozent erschlossen (siehe 4.2.6.). Hinzu kommt, dass sie aufwändigen Genehmigungsverfahren unterliegt. Die Zeit von der Beantragung bis zur Konzessionserteilung nimmt bei großen Wasserkraftanlagen bis zu zehn Jahre in Anspruch (Staiß 2003: I-64).

Alle regenerativen Erzeugungstechnologien - speziell dann, wenn sie von neuen Akteuren in Angriff genommen werden - sehen sich der Restriktion eines zurückhaltenden Finanzsektors ausgesetzt. Die großen Banken verlangen eine Eigenkapitalgröße vom mindestens zehn Mio. €. Dies ist ein Investitionsvolumen, das besonders bei Solarenergieprojekten - selbst für große Freiflächenanlagen - (noch) nicht erreicht wird (vgl. Neue Energie 06/2004: 64). Für Vorhaben im Bereich der konventionellen Energieerzeugung ist - gerade dann, wenn sie von etablierten Akteuren der Energiewirtschaft geplant werden - in der Regel weniger Eigenkapital notwendig als für alternative Energieprojekte durch neue, unabhängige Unternehmen. Zudem haben die Berater konventioneller Banken in der Regel einen geringen Kenntnisstand zum Thema ökologische Geldanlagen, während Befragungen ein gesteigertes Interessen der Kunden nach solchen Anlageformen nachweisen (BMU 2000b). Von einer Zunahme ökologischer Geldanlagen, die in Deutschland aber nicht einmal ein Marktvolumen von einem Prozent haben, könnten gerade erneuerbare Energien profitieren, da sie oftmals im Zentrum solcher Finanzdienstleistungen stehen.

Bei allen regenerativen Energien hat die Abhängigkeit von der bundesstaatlichen Ebene stark zugenommen. Angesichts der ungünstigen Haushaltssituation schränken Bundesländer und Kommunen eigene Förderprogramme immer stärker ein oder schaffen sie sogar komplett ab. Diese Abhängigkeit stellt inso-

---

[153] Häufig übersehen wird, dass auch die Kernenergie jahreszeitlichen Schwankungen unterliegt. So mussten einige Atomkraftwerke im Sommer 2003 wegen der zu starken Erwärmung des Kühlwassers aus den Flüssen heruntergedrosselt werden.

fern kein größeres Problem dar, als mit dem EEG im Stromsektor und der Steuerbefreiung für Bio-Treibstoffe im Kraftstoffmarkt verlässliche und umfangreiche Förderungen auf den Weg gebracht worden sind. Die im Wärmemarkt einsetzbaren regenerativen Erzeugungstechnologien sind hingegen vom Marktanreizprogramm abhängig, das der Unwägbarkeit der jährlichen Haushaltsberatungen unterliegt. Seit der Einführung im Jahr 1999 galten schon sechs verschiedene Förder-Richtlinien des MAP, das mit einem Budget von 240 Mio. € im Jahr 2004 gleichwohl eine ambitionierte Ausstattung hat (siehe 6.2.3.). Branchenverbände wie die Unternehmensvereinigung Solarwirtschaft (UVS) fordern deshalb analog zum EEG ein regeneratives Wärmegesetz (Neue Energie 3/2004: 46).

Zu einem Problem für alle erneuerbaren Energien könnte ein zunehmender Facharbeitermangel werden. Es besteht die Gefahr, dass das Arbeitskräfteangebot nicht mit dem starken Wachstum der Branche mithalten kann. Daher besteht der Bedarf neuer Aus- und Weiterbildungsgänge sowie einer noch stärkeren Integration in bestehende Studiengänge wie Maschinenbau und Elektrotechnik (Neue Energie 9/2003: 73ff.).

Für Wind- und Bioenergie wird die schwindende Akzeptanz zu einem Hauptproblem. Während allgemeine Bevölkerungsumfragen eine große Zustimmung zur Nutzung erneuerbarer Energien signalisieren (ganz im Gegensatz etwa zum Betrieb von Atomkraftwerken), macht der Wind- und Bio-Energie teilweise der so genannte NIMBY(Not-In-My-Backyard)-Effekt, d.h. die Mobilisierung von Betroffenen-Interessen, zu schaffen. Zunehmend ungünstig ist die Stimmung dabei insbesondere für die Windenergie. Die Website der Windkraftgegner - nach eigenen Angaben ein „unabhängiges Portal für Organisationen, Bürgerinitiativen und Privatleute in Deutschland, die sich gegen Windkraft im allgemeinen oder gegen bestimmte Windkraftprojekte aussprechen" - listet Links zu rund 50 Initiativen gegen einzelne Windkraftprojekte in Deutschland auf. Eine Verbindung besteht dabei auch zum Bundesverband Landschaftsschutz (BLS), der Argumentationshilfen gegen die Windenergienutzung liefert. Dabei werden angebliche Nachteile der Windenergie wie Sichtbehinderungen, Lärm, Zerstörung des Landschaftsbildes, Gefahren durch umfallende Windenergieanlagen und Eiswurf von Windenergieanlagen, Schattenwurf und Lichteffekte, der Tod von Vögeln, Wertverluste für in der Nähe von Windenergieanlagen gelegene Immobilien und negative Auswirkungen auf den Fremdenverkehr beschrieben. Zugleich werden die positiven Umweltwirkungen der Windkraft bezweifelt. Es werde kein Kohledioxyd eingespart, weil herkömmliche Kohlekraftwerke im Parallelbetrieb für den Fall des Ausbleibens des Windes mitlaufen müssten, wird behauptet. Auch von einer angeblich langen energetischen Amortisationszeit[154] ist die Rede. Die Windkraftgegner bemängeln, dass sich alle Parteien auf die

---

[154] Die energetische Amortisationszeit sagt aus, wann eine Anlage die Menge an Energie produziert hat, die zu ihrer Herstellung benötigt worden ist.

Seite der Windkraftlobby gestellt hätten. Nur in der FDP gebe es einige Politiker, „die das Problem richtig erkannt haben" (Beitinger 2003, Websites BLS, Windkraftgegner). Die Argumente der Windkraftgegner werden regelmäßig in den Leserbriefspalten der FAZ abgedruckt und finden auch immer wieder Eingang in die redaktionelle Berichterstattung dieser Tageszeitung[155].

Der größte Erfolg der Windkraftgegner dürfte darin liegen, dass ihre Widerstände von der Politik inzwischen vielerorts antizipiert werden. Bei einem Gastvortrag an der Universität Hannover berichtete der Leiter der regionalen Klimaschutzagentur, im Zuge der Aufstellung des regionalen Raumordnungsprogramms 2007 habe es seitens der Politik[156] Signale gegeben, mit dem Thema Windenergie „sensibel" umzugehen. Die Ausweisung von möglichen neuen Standorten sei deshalb weitgehend unterblieben und das Hauptaugenmerk habe auf Repowering-Projekten gelegen, die noch dazu (unter Akzeptanzgesichtspunkten) den Vorteil hätten, die Anzahl der Anlagen zu verringern. Allerdings sprengen Repowering-Anlagen zum Teil die geltenden Höhenbegrenzungen (von in der Regel 100 Metern). Hierzu bedarf es einer entsprechenden Veränderung im Raumordnungsplan[157].

Repowering-Projekte sehen sich zum einen planungsrechtlichen Restriktionen ausgesetzt. Neben der Höhenbegrenzung von 100 Metern (ein Austausch von Anlagen macht nur oberhalb dieser Marge Sinn) zählt dazu die Tatsache, dass bis Ende 1995 ans Netz gegangene Anlagen in der Regel außerhalb von Vorrangflächen stehen - mit dem Abbau erlischt die Baugenehmigung und der Standort geht verloren. Zum anderen steckt der Aufbau eines Marktes für Secondhand-Maschinen noch in den Kinderschuhen. Allerdings haben sich die ersten Unternehmen gegründet, die sich auf die Vermittlung von Altanlagen spezialisiert haben. Wenn sie erfolgreich alte Turbinen in Entwicklungs- und Schwellenländer oder aber nach Osteuropa absetzen, könnte dies zugleich eine Türöffnerfunktion für die Windenenergie in diesen Ländern haben. Eine weitere Restriktion besteht darin, dass Repowering-Projekte zunehmend auch mit Netzengpässen kollidieren. Wenn der Netzbetreiber bei einer Überlastung des Netzes Windturbinen vom Netz nehmen würde, ginge dies zu Lasten der Wirtschaftlichkeit der Maschinen (vgl. Neue Energie 4/2004: 32ff.).

---

[155] Allein von März 2002 bis Juli 2002 wurden in der FAZ an sieben Tagen windkraftkritische Zuschriften veröffentlicht, und zwar am 8.3., 12.3., 3.4., 25.4., 9.7., 22.7. und 26.7. Auch in der redaktionellen Berichterstattung finden die Argumente immer wieder Berücksichtigung, so zum Beispiel in den Artikeln „Je mehr Windräder, desto mehr Dampf entweicht ungenutzt in die Atmosphäre" (25.3. 2003, Seite T 1) und „Die Sicherheit der Stromversorgung leidet unter der Windkraft" (1.7. 2003, Seite T 1).

[156] In Stadt und Region Hannover verfügen SPD und Bündnis 90/Die Grünen jeweils über eine Mehrheit.

[157] Der Vortrag von Udo Sahling, auf den ich mich an dieser Stelle beziehe, fand am 6.2. 2004 im Rahmen meiner Lehrveranstaltung zur deutschen Energiepolitik am Institut für Politische Wissenschaft an der Universität Hannover statt.

Während die Region Hannover ungeachtet des momentanen (wohl exemplarischen) Gegenwindes im Binnenland nach wie vor zu den Vorreiterstandorten zählt, haben sich mit Bayern und Baden-Württemberg zwei große Flächenländern von vornherein einer windkraftkritischen Politik verschrieben (siehe dazu Tabelle 19). In Baden-Württemberg hat Ministerpräsident Teufel persönlich interveniert, um die Baugenehmigung für zwei bereits errichtete Windenergieanlagen bei Freiburg im Nachhinein zu entziehen - allerdings mit geringer Aussicht auf Erfolg. Zudem will das Bundesland im Zusammenhang mit dem Bau neuer Windturbinen keine Genehmigung mehr für den Transport von Anlagenteilen, Baumaterialien und für die Verlegung der Kabel erteilen. Allerdings sind drei Viertel der Wälder in Baden-Württemberg in Kommunal- oder Privatbesitz und daher nicht von der Anweisung betroffen (Neue Energie 9/2003: 20, 3/2004: 18ff., 5/2004: 8).

Die Offshore-Windenergie bewegt sich im Spannungsfeld verschiedener Interessen. Die Bundesregierung strebt an, durch die Offshore-Windenergie bis 2025 15 Prozent des deutschen Strombedarfs erzeugen zu können. Neben diesem Interesse der Bundesregierung an einer klimafreundlichen Stromerzeugung und den Interessen der Anlagenhersteller und -Betreiber konkurriert die Elektrizitätsproduktion auf dem Meer vor allem mit Interessen des Naturschutzes. Einige Naturschutzinitiativen befürchten Auswirkungen auf gefährdete Arten wie die Schweinswal-Population in der Nordsee und sehen Vogelrouten und -Leben in Gefahr. Dabei geht ein Split durch Umwelt- und Naturschutzverbände: Während Greenpeace etwa offensiv für die Nutzung der Offshore-Windenergie eintritt, zählt der WWF zu den Kritikern. Darüber hinaus bestehen Nutzungskonflikte mit Fischerei, Schifffahrt, Luftfahrt, Militär und dem Abbau von Bodenschätzen. Eine technische Restriktion liegt in den extremen Wassertiefen von 15 bis 40 Metern, die deutlich über denen bereits realisierter Offshore-Windparks in Europa liegen[158] - adäquate Fundamente müssen sich hier in der Realität erst noch bewähren (vgl. dazu ausführlicher Castro 2004). Auch wie der Abtransport des produzierten Stromes vonstatten gehen soll, ist noch nicht vollständig geklärt. Die Versäumnisse beim Netzausbau (vor allem in den nördlichen Bundesländern) könnten ferner zu einer technischen Restriktion für die Offshore-Windenergie werden. Wegen dieser Widerstände und ungeklärten Fragen legen Banken und Versicherungen für den Bereich von Offshore-Projekten auch noch eine gewisse Zurückhaltung an den Tag.

---

[158] Bis Ende 2003 standen in Europa Windräder mit einer Leistung von 560 MW im Wasser. Die beiden größten Offshore-Windparks gibt es in Dänemark (Nysred/Rødsand mit 158,40 MW und sechs bis zehn Metern Wassertiefe sowie Horns Rev mit 160 MW und sieben bis 13 Metern Wassertiefe). Der drittgrößte europäische Windpark befindet sich mit 90 MW und einer Wassertiefe von 15 Metern in North Hoyle/Großbritannien. Weitere kleinere Windparks mit einer Nennleistung von 0,22 bis 40 MW gibt es ebenfalls in Dänemark und Großbritannien sowie in Irland, den Niederlanden und Schweden. Die Wassertiefen liegen zwischen drei und 20 Metern (Küffner 2004).

Im Bereich der Bio-Energie haben speziell Altholzkraftwerke und Biogasanlagen mit Akzeptanzproblemen zu kämpfen. Bei Biogasanlagen erlaubt der Stand der Technik mit Absauganlagen und Biofiltern an für sich einen geruchslosen Betrieb. Dennoch hat es an einigen Standorten Beschwerden wegen Geruchsbelästigungen gegeben, die auf Fehlplanungen oder Sparsamkeit seitens der Betreiber, die auf die optimalste Technik aus Kostengründen verzichteten, zurück zu führen sind. Im Sommer 2002 brach bei einer Biogasanlage in der Gemeinde Saterland bei Cloppenburg ein falsch installiertes Rohr. Gülle lief in einen Fluss aus und tötete Tausende Fische. Nachrichten über Geruchsbelästigungen und solche Unfälle führen zur Verunsicherung an potenziellen neuen Standorten für Biogasanlagen und haben dort wiederholt zur Gründung von Bürgerinitiativen geführt. Die Kritik von Bürgerinitiativen speziell gegen Groß-Anlagen richtet sich auch gegen Lärmbelästigungen durch Transporte von Gülle und Abfälle, zudem besteht oftmals Angst vor angeblich giftigen Stoffen und von ihnen ausgehenden Krankheiten oder gar Seuchen. Bei vielen Anlagen fehlt auch ein Abwärmekonzept. Mit Verweis auf die tatsächlichen oder vermuteten Nebenwirkungen beim Betrieb von Biogasanlagen konnten Bürgerinitiativen schon einige Anlagen erfolgreich verhindern (Neue Energie 2/2003: 60ff., 8/2003: 66ff., 12/2003: 58ff.).

Von den ursprünglich 50 in Deutschland geplanten Altholzkraftwerken dürfte wegen der Knappheit des Rohstoffs und der daraus resultierenden Preisdynamik nur etwa die Hälfte der Anlagen realisiert werden. So kündigte die Deutsche Shell AG Ende 2001 an, die Pläne für ihre fünf bis sieben geplanten Holzkraftwerke aufgeben zu wollen. Dort, wo die Installationen gebaut werden, sehen sich die Betreiber - überwiegend etablierte Akteure der konventionellen Stromwirtschaft wie Eon, RWE, EnBW oder MVV - fast überall Bevölkerungsprotesten ausgesetzt, die vielfach wie bei den Biogasanlagen zur Gründung von Bürgerinitiativen führen. Diese befürchten einen Anstieg der Schadstoffbelastung durch die Verbrennung belasteter Althölzer und Verkehrsbelästigungen in der Umgebung von Standorten - so fahren beispielsweise zu einem Heizkraftwerk im Berliner Stadtteil Rudow täglich 25 LKW. Da es den Betreibern primär um die EEG-Vergütung für die Stromerzeugung geht, ist meist auch nicht an eine Wärmeauskopplung gedacht, was die Ökobilanz der Biomasseanlagen verschlechtert. Wenn aufgrund der heimischen Altholzknappheit der Rohstoff aus dem Ausland importiert werden müsste, würde sich durch einen solchen „Mülltourismus" die Umweltbilanz von Altholzkraftwerken weiter verschlechtern, heißt es seitens der Kritiker (Neue Energie 3/2002: 58ff., 5/2002: 62ff.).

Auch die Nutzung von Biodiesel stößt auf Kritik. Im Jahr 2000 veröffentlichte das Umweltbundesamt ein (allerdings sehr umstrittenes) Gutachten, nach dem die Verwendung von Rapsöl weder aus ökonomischer noch aus ökologischer Sicht zu empfehlen sei. Selbst wenn auf der gesamten dafür nutzbaren Fläche in Deutschland Raps angebaut würde, ließen sich (wegen der vierjährigen Fruchtfolge) damit lediglich drei bis fünf Prozent des in Deutschland verbrauchten

Diesels erzeugen. Die erhöhten Umweltbelastungen durch Dünger und Pflanzenschutzmittel beim Anbau machten die geringeren Kohlendioxid-Emissionen schnell wieder zunichte. Der Ausstoß von Stickoxiden sei fünf bis 15 Prozent höher als beim Diesel. Außerdem liege der Verbrauch bei Biodiesel etwa zehn Prozent höher als bei normalen Kraftstoff (zitiert nach FR 11.1. 2000: 6, 26.9. 2000: 6).

Die wohl größte Restriktion für Biodiesel (als Allein-Kraftstoff) stellt die Ankündigung des VW-Konzern zur IAA 2003 dar, neue Modelle nicht mehr serienmäßig für Biodiesel freizugeben, sondern statt dessen kostenpflichtige Umrüstpakete anzubieten. Gerade die Entscheidung von VW, seit 1995 alle Modelle für Biodiesel freizugeben, war einer der Hauptgründe für das Wachstum des Biodiesel-Marktes gewesen (Müller 2004: 23ff.). Für die Entwicklung eines einheimischen Marktes für Bioethanol (das anders als Biodiesel nicht Diesel, sondern Benzin beigemischt wird) könnten sich Importe (vor allem aus Brasilien) in die Europäische Union hemmend auswirken (FAZ 4.5. 2004: 12, 28.6. 2004: 13).

7.1.3. Geringe Wechselbereitschaft zu grünem Strom

Während sich in den Niederlanden Ende 2003 bereits 2,4 Millionen Kunden und damit 35 Prozent aller Haushalte für ein Ökostromangebot entschieden hatten (Website Ecofys), kann in Deutschland eine das regenerative Angebot übertreffende Nachfrage nicht als Antriebskraft für die Entwicklung erneuerbarer Energien identifiziert werden. Vielmehr fristet der Ökostrommarkt noch ein Nischendasein. Fünf Jahre nach der Liberalisierung des deutschen Strommarktes[159] hatten Ende 2003 erst 490.000 Kunden und damit 1,3 Prozent aller Haushalte einen Wechsel zu einem Ökostromanbieter vorgenommen[160]. Wie ist die unterschiedliche Entwicklung in den von ihrer ökonomischen Situation und ihrem kognitiven Umfeld vergleichbaren Ländern Deutschland und Niederlande zu erklären? Der Bezug von Ökostrom ist in Deutschland in der Regel erheblich teurer als konventionelle Elektrizität. Dies hat zwei Hauptgründe: während in den Niederlanden regenerative Energien von der Stromsteuer befreit wurden - wodurch viele Ökostrom-Angebote gegenüber konventionellen Anbietern wettbewerbsfähig geworden sind - unterliegen sie in Deutschland der vollen Besteuerung. Zum anderen gibt es in Deutschland überhöhte Netzgebühren. Dies wird vor allem darauf zurück geführt, dass die Bundesrepublik als einziges EU-Land keine Regulierungsbehörde für den Strommarkt eingerichtet hatte und dem Sektor in Form von Verbändevereinbarungen eine Selbstregulierung ermöglichte. Schätzungsweise 18 Mrd. € jährlich kassieren die Netzbetreiber, die quasi

---

[159] Der deutsche Strommarkt war am 29.4. 1998 in einem Schritt vollständig geöffnet worden.

[160] Führend im deutschen Ökostrommarkt ist mit 300.000 Kunden die EnBW-Tochter Natur-Energie AG, deren Elektrizität allerdings vorwiegend aus abgeschriebenen alten Wasserkraftwerken stammt (siehe dazu auch 5.2.2.1.). Insofern kann hier nur bedingt von einem Impuls für die Ökologisierung der Elektrizitätswirtschaft gesprochen werden.

über ein Monopol verfügen, für die Nutzung ihrer Leitungen. Nach Ansicht der Verbraucherzentrale Bundesverband sind diese „missbräuchlich überzogenen Nutzungsentgelte" mindestens fünf Mrd. € zu hoch. Allein die Lichtblick AG hat deshalb 30 Klagen gegen überhöhte Gebühren der Netzbetreiber angestrengt[161]. Netzgebühren machen etwa ein Drittel des Strompreises für Haushaltskunden aus. Unmittelbar nach der Öffnung des Strommarktes haben die Netzbetreiber auch noch so genannte Wechselgebühren erhoben, die nach einem Beschluss der Bundes- und Landeskartellbehörden vom 17. März 2000 aber inzwischen unzulässig sind.

Ein anderer Grund ist die insgesamt niedrige Wechselbereitschaft. Zwar haben 15 Prozent der industriellen Großkunden und sechs Prozent der Gewerbekunden, aber nur vier Prozent der Haushalte bis Ende 2003 ihren Stromlieferanten gewechselt. Viele Kunden nehmen ihre Lieferanten als leistungsfähig und zuverlässig wahr und überschätzen offenbar den Wechselaufwand. Speziell für Ökostrom dürfte sich auch die fehlende Visualisierbarkeit nachteilig auswirken. Der Strom kommt aus der Steckdose und ob er nun „grün" oder „gelb" ist (letzteres behauptet Yello in seiner Werbung), kann man ihm nicht ansehen. Zudem fehlt Ökostromhändlern die Kapitalkraft etwa der EnBW-Tochter Yello, die dank millionenschwerer Werbekampagnen mit rund einer Million Kunden Marktführer unter den neuen Strom-Anbietern ist (Lönker 2004, Poganatz 2003, Vorholz 2003).

7.2. Erfolgsbedingungen

7.2.1. Politisch-instrumentelle Erfolgsbedingungen

Der regulative Kontext auf bundesstaatlicher Ebene ist ohne Frage eine der Haupterklärungen für den Erfolg des Sektors und die (in 7. dargestellte) führende Position des Landes in vielen regenerativen Segmenten. Das deutsche Regulierungsmuster ist von ambitionierten Zielsetzungen und einer flexiblen Instrumentierung im Rahmen eines breiten Policy Mix gekennzeichnet (siehe 6.6.). Das wichtigste Gesetz ist dabei das Erneuerbare-Energien-Gesetz (EEG). Nicht die Entscheidung für ein solches Einspeisevergütungsmodell (EVM) an sich, sondern die entsprechende Ausgestaltung ist der Garant für das starke Wachstum im regenerativen Strommarkt gewesen. Während in einigen Ländern wie Italien ein EVM auch ohne durchschlagenden Erfolg Anwendung gefunden hatte, ebnete die spezifische Konstruktion in Deutschland speziell der Windenergie (im alten Stromeinspeisegesetz) und seit Einführung des EEG im Jahr 2000 auch den anderen zur Elektrizitätsproduktion geeigneten erneuerbaren Erzeugungstechnologien den Weg zum Erfolg. Während im Wärmemarkt das 100.000-Dächer-Programm und das Marktanreizprogramm zwar ambitioniert

---

[161] Im Februar 2003 erging vom Bundeskartellamt erstmals eine Missbrauchsverfügung wegen überhöhter Nutzungsentgelte. Die zu Eon gehörende TEAG muss danach ihre Durchleitungsgebühren um zehn Prozent senken. TEAG soll sachfremde Kosten auf die Entgelte aufgeschlagen haben (Sonnenenergie 03/03: 46).

ausgestattet, aber zeitlich begrenzt waren bzw. sind und im Fall des MAP im Rahmen der jährlichen Haushaltberatungen Änderungen erfahren (können), bietet das EEG Investoren nicht nur eine *Abnahmegarantie*[162] für den erzeugten Strom, sondern vor allem *Planungssicherheit* über einen Zeitraum von 20 Jahren - ganz im Gegensatz beispielsweise zum tschechischen EVM, dessen Vergütungssätze jährlich festgelegt werden (siehe Reiche 2003). Auch im Kraftstoffmarkt bietet die Steuerbefreiung biologischer Kraftstoffe Investoren eine gewisse Verlässlichkeit, weil sie bis mindestens 2009 gültig sein soll.

Neben der Planungssicherheit ist die *technologiespezifische Vergütung* ein Erfolgsgarant des EEG, weil sie den unterschiedlicher Kostenstrukturen der einzelnen regenerativen Erzeugungstechnologien Rechnung trägt (was viele Länder wie zum Beispiel Ungarn oder Estland nicht tun, die alle regenerativen Energien gleich vergüten, was zu einer Konzentration auf die wirtschaftlichsten Anwendungen führt, siehe Reiche 2003). Die Vergütung differenziert dabei nicht nur danach, welche regenerative Erzeugungstechnologie eingesetzt wird, sondern auch nach der Größe der Anlage und im Fall der Windenergie nach dem Ertrag der Installation. Die *Höhe der Vergütung* gewährleistet den meisten regenerativen Erzeugungstechnologien einen (weitgehend) wirtschaftlichen Betrieb. Zudem besteht für Investoren *Rechtssicherheit*, seit der Europäische Gerichtshof im März 2001 entschieden hatte, dass die deutsche Einspeisevergütung keine unerlaubte Subvention sei und die im Oktober 2001 verabschiedete EU-Richtlinie zur Stromerzeugung aus erneuerbaren Energien ausdrücklich keine Festlegung auf ein bestimmtes Fördermodell enthielt (Bechberger et al. 2003, Bechberger/Reiche 2004).

Noch offen sind die Folgen der Europäischen Richtlinie zur *Stromkennzeichnung*, die am 1. Juli 2004 in nationales Recht umgesetzt werden muss. Von diesem Zeitpunkt an sind die Energieversorgungsunternehmen verpflichtet, auf den Stromrechnungen die Zusammensetzung ihres Energiemix offen zu legen. Greenpeace bezeichnet dies als „Meilenstein für den Verbraucherschutz" und hofft, dass viele Kunden ihren Elektrizitätsbezug auf Ökostrom-Anbieter umstellen, wenn ihnen bewusst wird, dass sie „Strom aus dreckigen Kohlekraftwerken und uralten Atomreaktoren" beziehen (Neue Energie 3/2004: 32, Website Greenpeace).

Schließlich könnten auch zwei *administrative Neuregelungen* die Entwicklung erneuerbarer Energien unterstützen. Nach der Bundestagswahl im September 2002 ist die Zuständigkeit für den Bereich der erneuerbaren Energien vom

---

[162] Das OLG Schleswig (Urt. v. 4.11. 2003 - 6 U 73/02) hat dem Betreiber einer Anlage aus dem Anwendungsbereich des EEG Schadensersatzanspruch zugesprochen, nachdem die zu Anschluss, Abnahme und Vergütung verpflichtete Netzbetreiberin wegen angeblicher Kapazitätsprobleme den Netzanschluss verweigert hatte. Das Urteil wird als Stärkung der Position des Anlagenbetreibers in den Verhandlungen mit dem Netzbetreiber um einen zügigen Netzanschluss angesehen. Zugleich muss der Netzbetreiber Schadensersatzforderung fürchten, wenn er Kapazitätsengpässe nicht beweisen kann (Altrock 2004: 36).

Bundeswirtschafts- ins Bundesumweltministerium verlagert worden (siehe 5.1.). Ein erstes Ergebnis dieser administrativen Umorganisation war die Vorstellung eines Gesetzentwurfes für eine EEG-Novelle im August 2003. Dies ist ein erheblicher Unterschied zum Gesetzgebungsprozess der ersten Fassung des EEG Ende 1999/Anfang 2000 gewesen, als das BMWi diverse Male die angekündigte Präsentation eines Gesetzentwurfes verschob und es schließlich der Initiative der Koalitionsfraktionen bedurfte, die einen eigenen Entwurf vorlegten und dadurch das Verfahren erheblich beschleunigten (Bechberger/Reiche 2004). Durch die Kompetenzverlagerung ins BMU und damit einhergehend die Verlagerung der Zuständigkeit im parlamentarischen Bereich vom Wirtschafts- in den Ausschuss für Umwelt, Naturschutz und Reaktorsicherheit ist für die ökologische Koalition (siehe 5.4.) der Zugang zu den Entscheidungsstrukturen verbessert worden. Insofern bestand im EEG-Novellierungsprozess ein günstiges politisch-institutionelles Zeitfenster für die ökologische Koalition. Auf der anderen Seite beklagte der VDEW als einer der wichtigsten Angehörigen der ökonomischen Koalition, nicht ausreichend in den Politikformulierungsprozess eingebunden worden zu sein (Luber 2004: 14, 18).

Es bleibt abzuwarten, inwiefern (zweitens) die Arbeit der Regulierungsbehörde, die Mitte 2004 ihre Arbeit aufnehmen sollte[163], dem Ökostrommarkt Auftrieb geben kann. Dies könnte dann der Fall sein, wenn sie konsequent gegen die überhöhten Netznutzungspreise vorginge (Neue Energie 3/2004: 33).

7.2.2. Kognitive Erfolgsbedingungen

Auch wenn der regulative Kontext im vorherigen Abschnitt als Haupterklärung für den (relativen) Erfolg erneuerbarer Energien in Deutschland bezeichnet worden ist, so gilt der Grundsatz, dass politische Rahmensetzungen von den Menschen leben, die sie ausfüllen. Jedes Gesetz ist nur so gut, wie es Anwendung findet (vgl. Reiche 2001). Inzwischen fast 2.000 Biogas- und über 14.000 Windenergieanlagen sowie pro Jahr mehr als 100.000 Solarthermie-Installationen sind Indizien dafür, dass in Deutschland die politische Rahmensetzung mit einer interessierten Öffentlichkeit korrespondiert. Den wesentlichen Instrumenten zur Förderung erneuerbarer Energien in Deutschland wie dem Erneuerbare-Energien-Gesetz und dem Marktanreizprogramm kann damit frag-

---

[163] Anfang Juli meldete die FAZ, dass sich die Bestellung eines Regulierers für den deutschen Strom- und Gasmarkt um mindestens ein halbes Jahr verzögern werde. Grund seien Unstimmigkeiten zwischen Umweltminister Trittin und Wirtschaftsminister Clement. Auch ein Einigungsversuch im Kanzleramt sei gescheitert. Nun könne sich das Kabinett frühestens Ende Juli mit dem Energiewirtschaftsgesetz befassen. Die Regulierungsbehörde für Telekommunikation und Post (RegTP) - die nach der Einsetzung des Regulierers dann Regulierungsbehörde für Elektrizität, Gas, Telekommunikation und Post heißen soll - wird aber zum 1. Juli einen „Aufbaustab Energieregulierung" erhalten, der sicher stellen soll, dass die Behörde mit Inkrafttreten der Novelle voll funktionsfähig ist. Die Behörde bekommt für den Aufbaustab zunächst 60 Mitarbeiter, später sollen 120 Mitarbeiter den Energiemarkt beaufsichtigen (FAZ 1.7. 2004: 11, 13).

los bescheinigt werden, auf eine adäquate Nachfrage zu stoßen. Ein Programm wie das 100.000-Dächer-Programm ist sogar derart erfolgreich gewesen, dass die vorgesehenen Mittel auf einen kürzeren Zeitraum als ursprünglich vorgesehen verteilt werden mussten, um der Nachfrage Herr werden zu können.

Die hohe Akzeptanz erneuerbarer Energien in der Bevölkerung bestätigen auch Umfragen zur Energiepolitik. Die jüngste größere Untersuchung zu diesem Thema wurde vom Institut Allensbach im Auftrag des Bundespresseamts im November 2003 durchgeführt[164]. Danach gehört für große Teile der Bevölkerung den erneuerbaren Energien die Zukunft. Sowohl nach den Erwartungen als auch den Wünschen der Bundesbürger zufolge werden erneuerbare Energien den Hauptbeitrag der künftigen Energieversorgung leisten. Nur eine Minderheit (14 Prozent) spricht sich für eine Kürzung der Subventionen für regenerative Energien aus. Höhere Energiepreise zugunsten des Ausbaus regenerativer Energien stoßen allerdings auch nur auf geringe Akzeptanz - nur 21 Prozent der Befragten wären dazu bereit (was auch eine Erklärung für die geringe Wechselbereitschaft zu grünem Strom ist, siehe 7.1.3.). Breite Unterstützung (61 Prozent) besteht in der Bevölkerung für den Beschluss, aus der Atomenergie auszusteigen.

Bei der Frage nach der Bedeutung einzelner Energieträger in der Zukunft erwarten nur fünf Prozent der Befragten einen Bedeutungszuwachs für die Kohle und elf Prozent für die Kernenergie, während 83 Prozent von einem Bedeutungszuwachs der Sonnenenergie und 74 Prozent für die Windenergie ausgehen. Nach den Vorstellungen der Mehrheit der Bundesbürger (52 Prozent) wird die Sonnenenergie in 20 bis 30 Jahren den größten Beitrag zur Energieversorgung leisten. Auf Rang zwei stehen mit jeweils 46 Prozent der Nennungen Erdgas und Windenergie. Die Frage, was nach der Idealvorstellung der Bundesbürger die Hauptenergiequelle der Zukunft sein soll, bringt für die erneuerbaren Energien die besten Ergebnisse zu tage. Für 70 Prozent soll die Sonnenenergie die tragende Säule der künftigen Energieversorgung bilden, 55 Prozent nennen die Windenergie und 50 Prozent Wasserkraft. Für Erdgas als Hauptenergiequelle sprechen sich 31 Prozent der Bundesbürger aus, für die Kernenergie 19 Prozent und für Erdöl 16 Prozent (Allensbach 2003).

Nach einer im März 2002 durchgeführten EMNID-Umfrage speziell zur Windenergie[165] sind 86 Prozent der Befragten der Ansicht, dass der Anteil der Windkraft an der Stromversorgung in Deutschland noch nicht ausreicht und weitere Windkraftanlagen errichtet werden sollten. Damit ist gegenüber einer EMNID-Umfrage aus dem Jahr 1997 die Zustimmung sogar noch gewachsen (IWR-Pressedienst 25.3. 2002). Den partiellen Widerständen gegen Neubauten seitens

---

[164] Dabei wurden 2.059 Personen interviewt.
[165] Befragt wurden 1.003 Personen. Auftraggeber war der Wirtschaftsverband Windkraftwerke (WVW).

Betroffener (siehe 7.1.2.) steht damit eine breite Unterstützung in der allgemeinen Öffentlichkeit gegenüber.

Das günstige kognitive Umfeld ist auch daran ablesbar, dass immer mehr Menschen sich gezielt an regenerativen Gemeinschaftsanlagen beteiligen. So hatten deutsche Anleger bis Ende 2001 rund 1,5 Mrd. € Eigenkapital in geschlossenen Windparkfonds angelegt (siehe 5.2.2.3.). Nachdem das PV-Vorschaltgesetz Rechtssicherheit geschaffen hat und auch keine Größenbegrenzung mehr für Freianlagen beinhaltet (siehe 6.1.3.), dürfte es bei der Solarenergie zu einer ähnlichen Entwicklung wie bei der Windenergie kommen. So führt beispielsweise der Bund Naturschutz - der Bayrische Landesverband des BUND - eine Kampagne unter dem Motto „In jeder Kommune ein Bürgersolar-Dach" durch (BUND Magazin 1/03: 20). Mit Solarstromgemeinschaftsanlagen wird auch eine Schwachstelle des EEG offenkundig: Nicht jeder kann erneuerbare Energien durch den Bau einer eigenen Anlage unterstützen, weil viele zur Miete wohnen und/oder über kein eigenes Dach verfügen. In der Bundesrepublik gibt es im Gegensatz zu anderen europäischen Ländern mehr Mieter als Eigentümer. Von 100 Haushalten wohnen durchschnittlich nur 41 in eigenen vier Wänden, in den neuen Bundesländern und in den Stadtstaaten sind es noch deutlich weniger (Das Parlament 1.12. 2000: 5). Zu den weiteren Hindernissen für Bürger, sich eine Solarstromanlage aufs Dach zu setzen, zählen, dass sie als Besitzer einer Eigentumswohnung eine Photovoltaikanlage nur mit Zustimmung aller Eigentümer errichten dürfen, dass das Dach eine ungünstige Ausrichtung hat oder dass ihnen der Aufwand für Planung und Bau zu groß ist. Hier setzt das Prinzip der Solarstrom-Gemeinschaftsanlagen an. Durch den Kauf von Anteilen kann dabei jeder zum Gesellschafter werden. Der erzeugte Strom wird ins öffentliche Netz eingespeist, die Erlöse werden an die Anteilseigner ausgezahlt. Für die Anleger ist es (wie auch bei Windkraft-Beteiligungen) eine zuverlässige, durchaus attraktive und zudem ethisch einwandfreie Geldanlage, ohne Aufwand für Errichtung, Betrieb und Wartung der Anlagen zu haben (Reiche 2001). Ein weiterer Vorteil besteht darin, dass immer mehr Kommunen ihren Bürgern Flächen wie Schul-, Messe- oder Rathausdächer für die Errichtung von Gemeinschaftsanlagen kostenlos, d.h. ohne dafür Pacht zu verlangen, zur Verfügung stellen[166] (vgl. Neue Energie 4/2004: 48ff.). Neben Bürgerwindrädern und Solarstromgemeinschaftsanlagen gibt es nunmehr auch erste Biogasanlagen in Bürgerhand[167].

Das kognitiv günstige Umfeld ist auch am Engagement zahlreicher staatlicher und gesellschaftlicher Akteure ablesbar. So gehen mit der Regierung und dem Bundespräsidenten zwei der höchsten staatlichen Organe bei der Nutzung er-

---

[166] Den Weg zur Realisierung von Solarstromgemeinschaftsanlagen beschreibt das „Handbuch Bürger-Solarstromanlagen" (Solid 2004).

[167] Ein Beispiel dafür ist eine Biogasanlage in Schleswig-Holstein, an der sich 70 Landwirte beteiligt haben (Neue Energie 12/2002: 56f.). 19 Landwirte betreiben im westfälischen Recke gemeinsam eine Biogasanlage, die zugleich die größte Biogasanlage Nordrhein-Westfalen ist (Neue Energie 06/2004: 50).

206

neuerbarer Energien mit gutem Beispiel voran. Der (bis Mai 2004) amtierende Bundespräsident Rau hat sowohl auf dem Dach seines Amtssitzes Schloss Bellevue als auch auf seinem privaten Haus eine Photovoltaik-Anlage errichtet (FAZ 4.6. 2002: 10). Auch auf dem Reichstag ist eine Solarstromanlage mit einer Leistung von 37 Kilowatt installiert. Angesichts der Millionen Besucher von Schloss Bellevue und insbesondere des Reichstages soll mit diesen Installationen gezielt zur Bewusstseinsbildung und Diffusion der Solarenergie beigetragen werden. Neben der Photovoltaikanlage kommen noch weitere erneuerbare Energien im Regierungsviertel zum Einsatz, die neben einer vorbildlichen ökologischen auch eine möglichst autarke Energieversorgung ermöglichen sollen. So gibt es im Bundestag und im Bundeskanzleramt zwei unabhängig voneinander arbeitende Blockheizkraftwerke, die durch Biodiesel angetrieben werden. Darüber hinaus kommt im Reichstag auch ein geothermisch angelegtes Kälte- und Wärmespeichersystem zum Einsatz: ein etwa 300 Meter tiefer Wärmespeicher, der im Sommer die überschüssige Wärme aus der Stromerzeugung für die Nutzung im Winter speichert, und ein (etwa 60 Meter unter dem Gelände angelegter) Kältespeicher, der die winterliche Kälte für den Sommer bewahren soll (Website Bundestag). Auch Bundeseinrichtungen wie das Geozentrum Hannover, das zukünftig mit Wärme aus 3.000 Metern Tiefe geheizt werden soll, sind ein Beispiel für die öffentliche Vorreiterrolle (Neue Energie 7/2001: 56ff.).

Viele Kommunen haben sich ebenfalls einer ambitionierten Politik zur Förderung erneuerbarer Energien verschrieben[168]. Ostdeutsche Bürgermeister haben

---

[168] Im Auftrag der Heinrich-Böll-Stiftung Niedersachsen organisierte ich im März 2004 eine Veranstaltung zum Thema „Erneuerbare Energien in Niedersachsen. Pioniere in den Kommunen, Möglichkeiten zur Nachahmung". Am Ende der Veranstaltung zog ich wie folgt Bilanz: „Ein Fazit der Veranstaltung ist, dass Vorhaben im Bereich der erneuerbaren Energien einen win-win Effekt abwerfen, d.h. nicht nur der Umwelt, sondern auch anderen Bereichen wie der Landwirtschaft zugute kommen sollten, um ihre Durchsetzbarkeitschancen zu erhöhen. In der Anbahnungsphase sollten gezielt relevante Akteure von vor Ort eingebunden werden, vom Bürgermeister über den Sparkassen-Direktor bis hin zum Landvolk-Funktionär. Kann deren Zustimmung gewonnen werden, geht davon eine hohe Integrationskraft aus, die zur Realisierung des Vorhabens einen großen Beitrag leisten kann. Als viel versprechend hat es sich auch erwiesen, in kleinen Schritten vorzugehen, d.h. zunächst etwa nur wenige Windanlagen zu bauen - dies erhöht die Akzeptanz und spätere Erweiterungen sind oftmals unproblematisch. Eine entscheidende Erfolgsbedingung besteht auf jeden Fall darin, der örtlichen Bevölkerung Beteiligungsmöglichkeiten anzubieten, damit auch sie vom ökonomischen Erfolg der Anlagen profitieren kann. Das Beispiel Melle zeigt, dass unter den momentanen günstigen politischen Rahmenbedingungen auch Kommunen ohne überdurchschnittliche natürliche Voraussetzungen einen Großteil ihres Energiebedarfs regenerativ decken können". Zu meinen damaligen Ausführungen möchte ich noch hinzufügen, dass es inzwischen üblich ist, dass Betreiber von Windkraftanlagen Kommunen einen Ausgleich für den Eingriff in das Landschaftsbild zahlen - neben den zu erwartenden Gewerbesteuereinnahmen kann damit unter Hinweis auf die in der Regel schlechte Haushaltssituation der Kommunen noch ein weiteres Argument für die Realisierung von Windprojekten vorgebracht werden, werden damit doch Mittel für Vorhaben akquiriert, die sonst möglicherweise nicht realisiert werden könnten.

einen „Appell zur Stärkung der Windkraft als Energiequelle der Region" verfasst (IWR-Pressedienst 2.2. 2004). Der Landkreis Lüchow-Dannenberg verfolgt (mit Unterstützung der Europäischen Union, siehe 6.5.1.) offiziell die Zielsetzung, sich bis 2020 zu 100 Prozent mit erneuerbaren Energien zu versorgen. Nicht nur an Küstenorten, sondern beispielsweise auch im niedersächsischen Melle stammt bereits jede zweite Kilowattstunde aus regenerativen Energiequellen (Neue Energie 11/2002: 116). In Jühnde bei Göttingen entsteht ein so genanntes Bioenergiedorf, das seinen Energiebedarf vollständig mit Bioenergien decken möchte (Neue Energie 12/03: 76)[169].

Der Landwirtschaft bieten sich durch die Nutzung erneuerbarer Energien neue Einkommensmöglichkeiten - in diesem Zusammenhang wird gerne der Slogan „Vom Landwirt zum Energiewirt" verwandt. Die kirchlichen Initiativen zur Nutzung der Solarenergie wurden weiter oben bereits eingehend dargestellt (6.5.4.). Das erste deutsche Fernsehen (ARD) sendet jeden Abend vor der Tagesschau eigens einen Wetterbericht für erneuerbare Energien (Neue Energien 12/03: 12). Es können an dieser Stelle nur exemplarisch solche Initiativen für die Nutzung erneuerbar Energien genannt werden - zahlreiche weitere Aktivitäten von Umweltverbänden, Gewerkschaften, neuen ökonomischen Akteuren oder Forschungseinrichtungen wurden in Kapitel 5 bereits angesprochen. Nicht nur die Vielzahl an Initiativen, sondern auch die Vernetzung der die Nutzung erneuerbarer Energien befürwortenden Akteure (siehe 5.3.2.) zeigen das günstige kognitive Umfeld für das Untersuchungsfeld in Deutschland.

7.2.3. Technisch-ökonomische Erfolgsbedingungen

In der deutschen Stromwirtschaft besteht ein umfassender Erneuerungsbedarf, der für die zukünftige Entwicklung erneuerbarer Energien Chance und Risiko zugleich ist. Eine Chance insofern, als sich ein „window of opportunity" öffnet, um einen alternativen Energiepfad, der auf eine Senkung der Nachfrage durch umfassende Energieeffizienzmaßnahmen und ein auf erneuerbare Energien gestütztes Angebot ausgerichtet ist, durchzusetzen; ein Risiko insofern, als beim Neubau von Anlagen das Festhalten an konventionellen Brennstoffen den Status Quo zementieren würde, da Kraftwerke eine Lebensdauer von durchschnittlich 40 Jahren haben. Wie immer die Entscheidungen in den nächsten Jahren auch ausfallen, sie werden die Strukturen bis über die Mitte dieses Jahrhunderts hinaus prägen.

Eon geht davon aus, dass in Deutschland bis 2020 37.000 Megawatt neue Kraftwerkskapazität als Folge von Stillegungen und altersbedingten Ersatzinves-

---

Die auf der Veranstaltung gehaltenen Vorträge können von der Website der Heinrich-Böll-Stiftung Niedersachsen herunter geladen werden (Website HBS Nds.).

[169] Die drei genannten Vorreiter-Beispiele Lüchow-Dannenberg, Melle und Jühnde wurden bei der Veranstaltung, auf die in der vorherigen Fußnote Bezug genommen wurde, vorgestellt. Die entsprechenden Vorträge können von der Website der Heinrich-Böll-Stiftung Niedersachsen herunter geladen werden (Website HBS Nds.).

titionen ans Netz gebracht werden müssen. In diesem Zusammenhang kämen auf die Energiewirtschaft Investitionen von 30 bis 40 Mrd. € zu. Bereits bis 2010 sollen 2.000 Megawatt des konzerneigenen Kraftwerksparks von insgesamt 23.000 MW ersetzt werden, wobei mit Kosten von zwei Mrd. € gerechnet wird (FAZ 28.11. 2003: 12, HAZ 23.6. 2004: 13). Hans-Joachim Ziesing vom Deutschen Institut für Wirtschaftsforschung (DIW) rechnet damit, dass bis 2030 eine Kraftwerksleistung von mindestens 50.000 MW ersetzt werden muss. Bei einer umfassenden Modernisierung könne sich diese Leistung auf über 70.000 MW erhöhen. Dies hänge zum einen damit zusammen, dass bis Mitte der 20er Jahre die installierte Kernkraftwerksleistung von über 21.000 MW vollständig vom Netz gehen muss. Zum anderen wird bereits im Jahr 2010 40 Prozent der in konventionellen Wärmekraftwerken installierten Kraftwerksleistung ein Lebensalter von 35 und mehr Jahren erreicht haben (siehe Tabelle 41). Wenn nur dieser älteste Teil der installierten Kraftwerksleistung ersetzt werden müsste, würde der Ersatzbedarf schon mehr als 30.000 MW betragen (Ziesing 2003b).

Tabelle 41: Altersstruktur der Wärmekraftwerksblöcke in der allgemeinen Versorgung nach Zeitabschnitten der Inbetriebnahme (Ziesing 2003b: 14)

| | Inbetriebnahmejahr | | | Insgesamt (Stand: |
	vor 1974	1975-1994	1995-2000	31.12.2000)
	Altersstruktur in MW			
Steinkohle	10634,9	17465,6	768,0	28868,5
Braunkohle	9570,5	6207,0	5465,0	21242,5
Kernenergie	2223,0	21340,2	0,0	23563,2
Erdgas	7291,1	6980,2	3293,5	17564,8
Heizöl	4879,1	2043,8	39,5	6962,4
Sonstige	183,2	1108,7	1851,2	3143,1
Summe	34781,8	55145,5	11417,2	101344,5
	Altersstruktur in %			
Steinkohle	36,8	60,5	2,7	100,0
Braunkohle	45,1	29,2	25,7	100,0
Kernenergie	9,4	90,6	0,0	100,0
Erdgas	41,5	39,7	18,8	100,0
Heizöl	70,1	29,4	0,6	100,0
Sonstige	5,8	35,3	58,9	100,0
Summe	34,3	54,4	11,3	100,0

Die jüngste technische Entwicklung bei den meisten erneuerbaren Energien lässt weitere Quantensprünge in der Zukunft erwarten, so dass die entfallende Kraftwerksleistung durchaus zu einem gewissen Teil auf diesem Weg ersetzt werden könnte. Den größten Sprung nach vorne machte in den letzten Jahren die Windenergie. Tabelle 18 konnte bereits entnommen werden, dass die Leistung neu installierter Anlagen innerhalb von nur zwölf Jahren fast um den Faktor zehn gesteigert werden konnte. Nach Angaben des Bundesverbandes Windenergie haben sich die Kosten von Windenergieanlagen gegenüber dem Basiswirt von 100 im Jahr 1990 auf 50 Prozent im Jahr 2004 halbiert (Website BWE).

Die Windenergie dürfte zudem davon profitieren, dass die Prognoseverfahren immer verlässlicher werden. Nach einem neuen Prognoseverfahren des Instituts für Solare Energieversorgungstechnik (ISET) in Kassel kann die Windleistung der nächsten drei bis vier Stunden mit einem Fehler von sechs Prozent, für den nächsten Tag mit einem Fehler von zehn Prozent angegeben werden. Dies ist für die Diskussion über die notwendige Reserveleistung für Windstrom von großer Bedeutung (Berner 2003: 37f.).

Wegen der Kapitalintensivität dieser Vorhaben und der Übereinstimmung mit ihrem über Jahrzehnte überlieferten Belief System, Strom zentral in großen Einheiten zu produzieren, ist die Offshore-Windenergie auch für konventionelle Energieunternehmen wie RWE oder Eon eine interessante Option.

Eine ähnliche technische Entwicklung wie bei der Wind- ist bei der Solarenergie zu erwarten. Der Geschäftsführer von Sharp Deutschland geht (von der m.E. sehr optimistischen Annahme) aus, dass die Photovoltaik in Deutschland in vier bis fünf Jahren wirtschaftlich sein werde (FAZ 20.10. 2003: 16). Dazu könnte beitragen, dass im novellierten EEG keine Größenbegrenzung für Photovoltaik-Freiflächenanlagen mehr vorgesehen ist. In Ostdeutschland liefern sich zwei Unternehmen „einen Wettlauf um den Bau des größten Solarkraftwerks der Welt", wie es in der FAZ hieß. Shell Solar möchte in Espenhain südlich von Leipzig eine Photovoltaikanlage mit einer Gesamtleistung von fünf Megawatt bauen. BP Solar bereitet in Sachsen-Anhalt eine Anlage vor, die mit sechs MW das Shell-Projekt noch übertreffen soll (FAZ 20.1. 2004: 9). Die Fachzeitschrift Neue Energie vermeldete, in Sachsen seien ebenfalls zwei (über Publikumsfonds finanzierte) Freiflächenanlagen in der Größenordnung von jeweils sechs Megawatt geplant (Neue Energie 06/2004: 63). Solche Großprojekte werden den Solar- weiter zu einem Massenmarkt machen, der zu sukzessiven Effizienzsteigerungen und Kostensenkungen führt. Nach einer IWR-Untersuchung sind die Preise für PV-Solaranlagen bis zehn kW-Leistung in Deutschland seit 1991 von rd. 14.000 € auf unter 6.000 € je installiertem Kilowatt gefallen (IWR-Pressedienst 17.6. 2004).

Nur bei der Wasserkraft sind in Deutschland keine größeren Sprünge mehr zu erwarten: Das mit der heutigen Technik nutzbare Potenzial ist schon zu etwa 75 Prozent erschlossen (siehe 4.2.6.).

Für die Geothermie stellt es einen Durchbruch dar, dass im Rahmen eines Projektes in der Gemeinde Unterhaching im November 2003 die erste privatwirtschaftliche Fündigkeitsversicherung für eine Tiefbohrung abgeschlossen werden konnte. Bei diesem geothermischen Strom- und Wärmeerzeugungsprojekt sollen zwei Bohrungen in einer Tiefe von jeweils 3.400 Meter durchgeführt werden. Aus dem heißen Tiefenwasser sollen bis zu 3,1 MW elektrische Leistung und 16

MW thermische Leistung gewonnen werden. Das so genannte Fündigkeitsrisiko stellte bislang das größte Investitionshindernis bei der geothermischen Energieerzeugung dar. Je nach Bohrtiefe kostet eine geothermische Tiefbohrung zwischen drei und fünf Mio. €. Dieses Risiko musste ein Investor bislang alleine tragen (sofern er keine öffentliche Unterstützung bekam), nun wird es im Falle der ersten Tiefbohrung in Unterhaching durch eine private Versicherung weitestgehend abgedeckt (IWR-Pressedienst 27.1. 2003).

Eine weitere Erfolgsbedingung für die Tiefengeothermie könnte eine in Groß Schönebeck untersuchte Variante werden, bereits vorhandene Bohrungen zur Erkundung von Erdgas, Öl oder Kohle zu erschließen. Dadurch würde das Risiko, bei Bohrungen nicht fündig zu werden, entfallen. Noch mangelt es allerdings an Informationen, wie viele der Bohrungen genutzt werden können (Staiß 2003: I-109).

Die Steuerbefreiung für biologische Kraftstoffe gilt auch für den Fall, dass sie fossilen Energieträgern beigemischt werden. Dadurch dürften sich die Perspektiven speziell für Biodiesel entscheidend verbessern, denn die Mineralölwirtschaft schätzt die Kraftstoffeigenschaft von Biodiesel, weil dadurch die Eigenschmierfähigkeit von Dieselkraftstoff verbessert wird und damit teure Additive eingespart werden können. Kurz- und mittelfristig wird sich das Wachstum im Biokraftstoffmarkt in erster Linie auf Biodiesel und Bioethanol stützen - mit der Inbetriebnahme der ersten Anlagen zur Biodiesel-Beimischung und Bioethanolproduktion im Jahr 2004 sind die Weichen auch bereits in diese Richtung gestellt worden. Da deren Möglichkeiten aber begrenzt sind (Flächenbegrenzung für den Rapsanbau, geringe Kohlendioxid-Einspareffekte beim Bioethanol), dürfte die langfristige Entwicklung des Biokraftstoffmarktes von den Fortschritten bei der Entwicklung der so genannten Biomass-to-Liquid (BTL)-Kraftstoffe abhängen, für die nicht nur bestimmte, sondern verschiedenste Biomassen verwendet werden können. Die Entwicklung von Produktionsanlagen für solche synthetischen Biokraftstoffe steckt aber noch im Anfangsstadium und dürfte erst im nächsten Jahrzehnt zu einer ernsthaften Perspektive werden. Es bleibt dann allerdings abzuwarten, wie sich im Biomasse-Markt die Nutzungskonkurrenz zwischen Strom, Wärme und Treibstoffen entwickelt (Müller 2004: 11, 100).

Ein wichtiges Argument für die erneuerbaren Energien ist die Tatsache, dass sie inzwischen einen bedeutenden Wirtschaftfaktor darstellen, der zudem seine Bündnis- und Mobilisierungsfähigkeit bereits hinreichend unter Beweis gestellt hat (siehe 5.3.2.). Das Bundesumweltministerium geht bei einem Gesamtumsatz von zehn Mrd. € Ende 2003 von 120.000 direkt und indirekt im Bereich der erneuerbaren Energien Beschäftigten aus. Bis zum Jahr 2020 rechnet es sogar mit einer Steigerung auf 400.000 Beschäftigte in dem Sektor (BMU 2004: 20, BMU-Pressedienst vom 24.5. 2004). Nach einer Berechnung der Deutschen Forschungsanstalt für Luft- und Raumfahrt (DLR) ist die Windenergiebranche um den Faktor elf beschäftigungswirksamer pro bereitgestellter Energiemenge als die Kernenergie. Darüber hinaus betonen die Verfasser, „das Risikopotenzial der Kernenergie sowie die Kosten der Lagerung des radioaktiven Abfalls [sind] nicht in Geldeinheiten umgerechnet und verfälschen das Bild zugunsten der Kernenergie" (Langniß/Nitsch 1998: 39).

Dabei ist nicht nur die Frage interessant, wie viele Arbeitsplätze die erneuerbaren Energien schaffen, sondern auch welche sie erhalten können - für die Stahlindustrie ist die Windkraftbranche etwa längst zu einem wichtigen Absatzmarkt geworden. Für Hafenstädte bieten sich neue Chancen durch die Offshore-Windkraft. Landwirten erschließen sich durch Windkraftanlagen, Photovoltaikanlagen auf Scheunendächern und Biomasseanlagen völlig neue Einnahmequellen, die zum vielzitierten Ausspruch „Vom Landwirt zum Energiewirt" geführt haben.

7.2.4. Umwelt- und energiepolitischer Problemdruck als Erfolgsbedingungen

Laut dem zwischen den einzelnen EU-Ländern vereinbarten „burden sharing", durch das innerhalb der Gemeinschaft - wie im Kyoto-Protokoll vorgesehen - die Treibhausgas-Emissionen bis 2008/2012 um insgesamt acht Prozent abzunehmen haben, müssen die Emissionen in Deutschland um 21 Prozent gesenkt werden. Dies entspricht drei Viertel des insgesamt von der EU übernommenen Minderungsbetrages. Bis 2001 hat Deutschland bereits rund 85 Prozent seiner Reduktionspflicht geleistet und seine Treibhausgas-Emissionen um 18 Prozent gegenüber 1990 verringert. „Bei Fortsetzung der klimapolitischen Anstrengungen und unter Einbeziehung des Emissionshandels dürfte es gelingen, die Treibhausgas-Emissionen bis 2010 um die zugesagten 21 Prozent zu mindern", so das Deutsche Institut für Wirtschaftsforschung (Ziesing 2003). Unabhängig davon, so das DIW, werde das früher formulierte nationale Ziel, die CO_2-Emissionen bis 2005 gegenüber 1990 um 25 Prozent zu senken, nicht erreicht. Von 1990 bis 2002 nahmen die CO_2-Emissionen in Deutschland um 15,5 Prozent ab, wobei 80 Prozent dieser Emissionsminderung auf die Jahre bis 1995 entfallen, als sich die industrielle Struktur in den neuen Bundesländern grundlegend verändert hat - in der internationalen Diskussion wird in diesem Zusammenhang auch vom „wall fall profit" gesprochen. Dass seit 2000 die CO_2-Emissionen in Deutschland wieder zugenommen haben, kann als Argument für die Notwendigkeit eines zukünftig noch stärkeren Einsatzes der weitgehend emissionsfreien erneuerbaren Energien angeführt werden, weil die jüngste Entwicklung in erster Linie auf die zunehmende Emissionsbelastung aus dem Bereich der Energieerzeugung zurück zuführen ist. Laut der Arbeitsgemeinschaft Energiebilanzen stiegen die Kraftwerksemissionen aufgrund verstärkten Kohleeinsatzes zwischen 2000 und 2002 um rund zwölf Millionen Tonnen (von 361,1 auf 373 Millionen Tonnen). Die zunehmende Kohleverstromung hat im Jahr 2003 zu einem erneuten Anstieg der CO_2-Emissionen geführt, und zwar um 0,4 Prozent gegenüber dem Vorjahr. Das deutsche Unternehmen RWE, das seine Elektrizität zu einem großen Teil in Braunkohlekraftwerken produziert, ist nach wie vor der bei weitem größte CO_2-

Emittent in der Europäischen Union (FAZ 4.3. 2004: 12, Neue Energie 3/2004: 15, PricewaterhouseCoopers 2003, Ziesing 2003).

Neben dem umweltpolitischen Problemdruck durch die wieder steigenden CO_2-Emissionen wächst auch aus geostrategischer Sicht der Handlungsbedarf. Lag der Nettoimportanteil am Primärenergieverbrauch im Jahr 1990 noch bei 46 Prozent, so stieg er bis 2002 bereits auf 61 Prozent (siehe Tabelle 2). Größere inländische Vorkommen bestehen ausgerechnet nur bei der besonders klimaschädlichen Kohle, wobei bei der Steinkohle noch die enormen volkswirtschaftlichen Kosten hinzukommen (direkte öffentliche Zuwendungen, externe Kosten). Gerade nach dem Irakkrieg haben verschiedenste Autoren darauf hingewiesen, dass eine Reduzierung der wachsenden Importabhängigkeit auch unter friedenspolitischen Gesichtspunkten bedeutend werden könnte. Eine zunehmende Energieautarkie durch Hinwendung zu erneuerbaren Energien würde danach dazu beitragen, nicht von politisch instabilen Regionen abhängig zu sein. Kolb und Grobe (2003: 10) bringen dies auf die Formel: „Die Energiewende ist eine Strategie zur Kriegsvermeidung".

213

Literaturverzeichnis

Aktionsbündnis Erneuerbare Energien (2004): Positionen zur Weltkonferenz Renewables2004, Berlin.

Aktionsbündnis Erneuerbare Energien (2003): Aufbruch in eine neue Zeit - Chancen der Erneuerbaren Energien nutzen, Erklärung vom 1. September, Berlin.

Aktion Rückenwind (1997): Arbeit schaffen! Klima schützen! Erneuerbare Energien ausbauen! Für den Erhalt des Stromeinspeisungsgesetzes, Bonn.

Allensbach (2003): Allensbach-Studie zu Energieversorgung und Energiepolitik, November - veröffentlicht vom Bundespresseamt, Berlin.

Altrock, Martin (2004): OLG Schleswig: Schadensersatz wegen Nicht-Anschluss einer EEG-Anlage, in: Infrastruktur Recht, Nr. 2 vom 13. Februar, S. 26.

Arbeitsgruppe Erneuerbare Energien-Statistik (2004): Entwicklung der Erneuerbaren Energien im Jahr 2003 in Deutschland. Erste vorläufige Abschätzung, Stand Februar 2004, Berlin.

B.A.U.M. (o. J.): Solarwärme. Mit „Solar - na klar" zur eigenen Solarwärmeanlage, Hamburg.

Bechberger, Mischa (2003): Czech Republic, in: Reiche, Danyel: Handbook of Renewable Energies in the Accession States, Frankfurt am Main, S. 55-70.

Bechberger, Mischa (2000): Das Erneuerbare-Energien-Gesetz (EEG): Eine Analyse des Politikformulierungsprozesses, FFU-Report 00-06, Berlin.

Bechberger, Mischa/Reiche, Danyel (2004): Renewable Energy Policy in Germany: pioneering and exemplary regulations, in: Energy for Sustainable Development, Volume VIII No. 1, March 2004, S. 47-57.

Bechberger, Mischa/ Reiche, Danyel (2003): RE in EU-28 - Renewable energy policies in an enlarged European Union, in: Refocus September/October, S. 30-34.

Bechberger, Mischa/Körner, Stefan/Reiche, Danyel (2003): Erfolgsbedingungen von Instrumenten zur Förderung Erneuerbarer Energien im Strommarkt, FFU-Report 01-03, Berlin.

BEE (2003): Erneuerbares Kraftwerk vor dem Brandenburger Tor. „Pro Reform - Deutschland ist erneuerbar!". Kundgebung für Erneuerbare Energien in Berlin, Pressemittelung vom 5.11., Berlin.

Behrendt, Dieter (2001): Umweltwirtschaft und Zukunftsenergien in Sachsen-Anhalt - Chancen für neue Arbeitsplätze, Düsseldorf.

Beitinger, Andreas (2003): Was haben wir gegen Windkraft?, Februar, download unter www.Windkraftgegner.de.

Berner, Joachim (2003): Leistungsprognosen machen Windkraft planbar - Windenergie hat Vorfahrt, in: Sonnenenergie, März, S. 37-40.

Beyme, Klaus von (1980): Interessengruppen in der Demokratie, München.

BMU (2004): Erneuerbare Energien in Zahlen - nationale und internationale Entwicklung, Stand März 2004, Berlin.

BMU (2004b): Novelle des Erneuerbare-Energien-Gesetzes (EEG). Überblick über das vom Deutschen Bundestag beschlossene Gesetz, Berlin, download unter www.bmu.de/files/eeg_040400.pdf.

BMU (2003): Erneuerbare Energien in Zahlen - Stand März 2003, Berlin.

BMU (2003b): Novelle des Erneuerbare-Energien-Gesetzes. Überblick zum Regierungsentwurf vom 17. Dezember 2003, Berlin.

BMU (2003c): Richtlinie zur Förderung von Maßnahmen zur Nutzung erneuerbarer Energien vom 26. November 2003, Bundesanzeiger Nr. 234, Berlin.

BMU (2002): Umweltpolitik. Entwicklung der Erneuerbaren Energien - Aktueller Sachstand, Stand Januar 2002, Berlin.

BMU (2002b): Erneuerbare Energien und nachhaltige Entwicklung. Förderüberblick - Ansprechpartner und Adressen, Berlin

BMU (2001): Biomasseverordnung, download unter www.bundesrecht.juris.de/bundesrecht/biomassev/index.html.

BMU (2001b): Manche Visionen von gestern sind heute Müll. Info-Mappe zu Atomtransporten, Berlin.

BMU (2000): Erneuerbare-Energien-Gesetz, download unter www.bmu.de/de/1024/js/sachthemen/erneuerbar/eeg/.

BMU (2000b): Mehr Wert: ökologische Geldanlagen - Stand September 2000, Berlin.

BMVEL/FNR (2001): Markteinführungsprogramm „Biogene Treib- und Schmierstoffe", Juli, Gülzow.

BMWA (2003): Energieindikatoren Deutschland - Stand April 2003, Berlin.

BMWi (2002): Energie Daten 2002. Nationale und internationale Entwicklung, Berlin.

BMWi (2000): Leitlinien zur Energiepolitik. Ergebnisse des Energiedialogs 2000, 5. Juni, Berlin.

BP (2003): BP statistical review of world energy 2003, download unter www.bp.com/centres/energy/.

215

Brocks, Frank (2001): Die staatliche Förderung alternativer Kraftstoffe: Das Beispiel Biodiesel, Frankfurt am Main.

BUND (2002): Wasserkraftnutzung unter der Prämisse eines ökologischen Fließgewässerschutzes, Berlin.

BUND (2001): Braunkohle - Abbau sozialverträglich beenden, zukunftsorientierte Arbeitsplätze schaffen, Berlin.

BUND (2001b): Windenergie - BUND-Forderungen für einen natur- und umweltfreundlichen Ausbau, Berlin.

BUND (2000): Positionen des BUND zur energetischen Nutzung von Biomasse, Berlin.

BUND (o. J.): BUND-Position zur energetischen Nutzung von Altholz gemäß Biomasse-Verordnung, Berlin.

Bundesregierung (2004): Mineralölsteuergesetz - Stand 1.1. 2004, Berlin.

Bundesregierung (2003): Zweites Gesetz zur Änderung des Erneuerbare-Energien-Gesetzes, 22. Dezember, Berlin.

Bundesregierung (2003b): Erstes Gesetz zur Änderung des Erneuerbare-Energien-Gesetzes, 16. Juli, Berlin.

Bundesregierung (2003c): Deutschland ändert sich nachhaltig. Informationen über das Konsultationspapier zum Fortschrittsbericht 2004 zur nationalen Nachhaltigkeitsstrategie, Berlin, download unter http://www.bundesregierung.de/Politikthemen/Nachhaltige-Entwicklung-,11408/Dialog-Nachhaltigkeit.htm.

Bundesregierung (2002): Bericht über den Stand der Markteinführung und der Kostenentwicklung von Anlagen zur Erzeugung von Strom aus erneuerbaren Energien (Erfahrungsbericht zum EEG), 28. Juni, Berlin.

Bundesregierung (2002b): Perspektiven für Deutschland. Unsere Strategie für eine nachhaltige Entwicklung, Kurzfassung, Berlin.

Bundesregierung (2000): Vereinbarung zwischen der Bundesregierung und den Energieversorgungsunternehmen vom 14. Juni 2000, Bonn.

Bundesregierung (1997): Gesetz über Hilfen für den deutschen Steinkohlebergbau bis zum Jahr 2005, Bonn.

Bündnis 90/Die Grünen (2003): Persönliche Erklärung der Abgeordneten zur Abstimmung über das Haushaltsgesetz zum Thema Steinkohlesubventionen, Pressemitteilung vom 27.11., Berlin.

Bündnis 90/Die Grünen (2002a): Die Zukunft ist Grün. Grundsatzprogramm von Bündnis 90/Die Grünen, Berlin.

Bündnis 90/Die Grünen (2002b): Bundestagswahlprogramm 2002, Berlin.

216

Busch, Per-Olof (2003): Die Diffusion von Einspeisevergütungen und Quoten-modellen: Konkurrenz der Modelle in Europa, FFU-Report 03-03, Berlin.

Castro, Fabiola (2004): Entwurf und Bemessung von Offshore-Gründungen unter besonderer Berücksichtigung zyklischer Belastung, Abschlussarbeit am Institut für Grundbau, Bodenmechanik und Energiewasserbau der Universität Hannover, eingereicht am 30.4. 2004.

CDU (1994): Grundsatzprogramm, Hamburg.

CDU/CSU (2002): Leistung und Sicherheit. Regierungsprogramm 2002-2006, Berlin.

Corbach, Matthias (2004): Akteurskonstellationen, Power Point Präsentation im Hauptseminar „Governance und Energiepolitik" am Fachbereich Politik- und Sozialwissenschaften der FU Berlin.

CSU (1993): Grundsatzprogramm, München.

DBU (2003): Kirchengemeinden für die Sonnenenergie, Osnabrück.

Deml, Max/May, Hanne (2002): Grünes Geld. Jahrbuch für ethisch-ökologische Geldanlagen 2002/2003, Stuttgart.

Dena (2003): Exporthandbuch Polen. Marktchancen für Erneuerbare Energien, Berlin.

Deutscher Bundestag (2004): Gesetz zur Neuregelung des Rechts der Erneuer-baren Energien im Strombereich. Synoptische Gegenüberstellung des Gesetz-entwurfes und der Änderungsanträge, Ausschuss für Umwelt, Naturschutz und Reaktorsicherheit, 15. Wahlperiode, Ausschussdrucksache 15 (15) 262, Berlin.

Deutscher Bundestag (2004b): Beschlussempfehlung des Vermittlungsaus-schusses zu dem Gesetz zur Neuregelung des Rechts der Erneuerbaren Energien im Strombereich, Drucksache 15/3385, Berlin.

DGB (1996): Die Zukunft gestalten, Düsseldorf.

DIW (2003): Treibhausgas-Emissionen nehmen weltweit zu - Keine Umkehr in Sicht, in: DIW-Wochenbericht Nr. 39, S. 578-587.

DIW (1994): Ökosteuer - Sackgasse oder Königsweg? Wirtschaftliche Auswir-kungen einer ökologischen Steuerreform. Gutachten im Auftrag von Greenpeace e.V., Berlin/Hamburg.

DIW/PROGNOS/EWI/BEI (2001): Energiepolitische und gesamtwirtschaftli-che Bewertung eines 40prozentigen Reduktionsszenarios, Berlin und Basel.

Drinkuth, Thomas (2003): Neuer Schwung für den Solarthermiemarkt, in: Sonnenenergie 5/03, S. 9.

Eberg, Jan (1997): Waste Policy and Learning. Policy Dynamics of Waste Management and Waste Incineration in the Netherlands and Bavaria, Utrecht.

EIA (2003): Germany, download unter www.eia.doe.gov/emeu/cabs/ger many.html.

Ender, Carsten (2004): Windenergienutzung in der Bundesrepublik Deutschland - Stand 31.12. 2003, in: DEWI Magazin Nr. 24, Februar, S. 6-18.

Ender, Carsten (2003): Windenergienutzung in der Bundesrepublik Deutschland - Stand 30.06. 2003, in: DEWI Magazin Nr. 23, August, S. 6-18.

Ender, Carsten (2003b): Internationale Entwicklung der Windenergienutzung mit Stand 31.12. 2002, in: DEWI Magazin Nr. 23, August, S. 19-26.

Enquete-Kommission (2002): Enquete-Kommission „Nachhaltige Energieversorgung unter den Bedingungen der Globalisierung und der Liberalisierung, Endbericht, Juni, Berlin.

Ernst, Werner/Zinkahn, Willy/Bielenberg, Walter (2003): Baugesetzbuch. Band II. Kommentar, Stand 1. Mai 2003, München.

ESSO (2001): ESSO Energieprognose 2001, Hamburg.

Est, Rinie van (1999): Winds of Change. A Comparative Study of the Politics of Wind Energy Innovation in California and Denmark, Utrecht.

EU (2003): Richtlinie 2003/30/EG des Europäischen Parlaments und des Rates vom 8. Mai 2003 zur Förderung der Verwendung von Biokraftstoffen oder anderer erneuerbarer Kraftstoffe im Verkehrssektor, Brüssel.

EU (2001): Richtlinie 2001/77/EG des Europäischen Parlaments und des Rates vom 27. September 2001 zur Förderung der Stromerzeugung aus erneuerbaren Energiequellen im Elektrizitätsbinnenmarkt, Brüssel.

Euro Wirtschaftsmagazin (2003): Grünes Geld, Verlags-Sonderveröffentlichung Oktober/November, München.

Eurosolar (2003): Memorandum zur Energieforschung, Mai, Bonn.

FDP (2002): Bürgerprogramm 2002. Programm der FDP zur Bundestagswahl 2002, Berlin.

Fell, Hans-Josef (2003): Energieforschungsmittel des Bundes 2002, download unter www.hans-josef-fell.de.

Fell, Hans-Josef (2001): Technikpolitik: Wie der Mitteleinsatz für Forschung und Entwicklung den Energiemix bestimmt, in: Vorgänge 1/2001, S. 17-27.

Fell, Hans-Josef (2000): Eckpunktepapier Energieforschung, 9. Mai.

Fischer Weltalmanach (2003): Deutschland, in: Fischer Weltalmanach 2003: Zahlen, Daten, Fakten 2002, Frankfurt am Main, S. 163-287.

ForschungsVerbund Sonnenenergie (2003): Eckpunkte des ForschungsVerbunds Sonnenenergie für ein neues Energieforschungsprogramm, Juni, o. O..

218

Graichen, Patrick (2003): Kommunale Energiepolitik und die Umweltbewegung. Eine Public-Choice-Analyse der „Stromrebellen" von Schönau, Frankfurt am Main.

Greenpeace (2000): North Sea Offshore Wind - A Powerhouse for Europe. Technical Possibilities and Ecological Considerations, Amsterdam.

Gros, Jürgen (1999): Bundesrepublik Deutschland, in: Weidenfeld, Werner (Hrsg.): Europa-Handbuch, Bonn, S. 92-105.

GTZ (2004): Energiepolitische Rahmenbedingungen für Strommärkte und erneuerbare Energien - 21 Länderanalysen, Eschborn, Juni.

GTZ (2002): Stromproduktion aus erneuerbaren Energien: Energiewirtschaftliche Rahmenbedingungen in 15 Entwicklungs- und Schwellenländern, Eschborn.

GTZ (2002): Ready for the CDM? Technical Cooperation paving the way for CDM projects in developing countries, Eschborn.

Haury, Gerhard (2003): Politische, technische und wirtschaftliche Rahmenbedingungen für einen weiteren Ausbau der Wasserkraft in Deutschland, in: Böhmer, Till (Hrsg.): Erneuerbare Energien - Perspektiven für die Stromerzeugung, Frankfurt am Main, S. 183-197.

Hemmelskamp, Jens (1999): Umweltpolitik und technischer Fortschritt. Eine theoretische und empirische Untersuchung der Determinanten von Umweltinnovationen, Heidelberg.

Héritier, Adrienne (Hrsg.) (1993) : Policy-Analyse. Kritik und Neuorientierung, PVS, Sonderheft 24.

Héritier, Adrienne/Mingers, Susanne/Knill, Christoph/Becka, Martina (1994): Die Veränderung von Staatlichkeit in Europa. Ein regulativer Wettbewerb: Deutschland, Großbritannien und Frankreich in der Europäischen Union, Opladen.

Hohn, Hans-Willy/Schneider, Volker (1991): Path-dependency and critical mass in the development of research and technology: a focused comparison, in: Science and Public Policy, 18. Jg.

IEA (2003): Renewables Information 2003 with 2002 data, Paris.

IEA (2002): Energy Policies of IEA Countries. Germany 2002 Review, Paris.

IG Bauen-Agrar-Umwelt/Eurosolar (1998): Gemeinsame Erklärung des Bundesvorstandes der IG Bauen-Agrar-Umwelt und der Europäischen Vereinigung für Erneuerbare Energien Eurosolar „Mehr Arbeit durch Solares Bauen", 19.1., Frankfurt am Main.

IG BAU (1998): Leitsätze für eine zukunftsfähige Waldwirtschaft, Frankfurt am Main.

IG BAU (1996): Das Haus der BAUgewerkschaft. Idee, Prozess, Ergebnis, Frankfurt am Main.

IG Metall (1999): Energiearbeitsplätze der Zukunft, Oktober, Frankfurt am Main.

IG Metall (1998): Rüstungskonversionsansätze in der Metallwirtschaft. Fortschreibung des „Arbeitsprogramms Rüstungskonversion" der IG Metall, Frankfurt am Main.

Ismayr, Wolfgang (Hrsg.) (2003): Das politische System Deutschlands, in: ders.: Die politischen Systeme Westeuropas. 3. aktualisierte und überarbeitete Auflage, Opladen, S. 445-486.

Jänicke, Martin (2003): Die Rolle des Nationalstaats in der globalen Umweltpolitik. Zehn Thesen, in: APUZ, B 27, 30. Juni, S. 6-11.

Jänicke, Martin (2000): Ökologische Modernisierung als Innovation und Diffusion in Politik und Technik: Möglichkeiten und Grenzen eines Konzeptes, FFU-Report 00-01, Berlin.

Jänicke, Martin (1997): Nachhaltigkeit als politische Strategie - Notwendigkeiten und Chancen langfristiger Umweltplanung in Deutschland. Studie für BUND und Friedrich-Ebert-Stiftung, Bonn

Jänicke, Martin/Jörgens, Helge/Jörgensen, Kirsten/Nordbeck, Ralf (2002): Governance for Sustainable Development: Germany. In: OECD (ed.): Governance for Sustainable Development. Five OECD Case Studies. Paris, S. 113-153.

Jänicke, Martin/Reiche, Danyel/Volkery, Axel (2002): Rückkehr zur Vorreiterrolle? Umweltpolitik unter Rot-Grün, in: Vorgänge 1/2002, S. 50-61.

Jänicke, Martin/Künig, Philip/Stitzel, Michael (1999): Umweltpolitik. Lern- und Arbeitsbuch, Bonn.

Jänicke, Martin/Weidner, Helmut (1997): Germany, in: dies.: National Environmental Policies. A Comparative Study of Capacity-Building, Berlin, S. 133-155.

Jänicke, Martin/Weidner, Helmut (1997b): Zum aktuellen Stand der Umweltpolitik im internationalen Vergleich - Tendenzen zu einer globalen Konvergenz?, in: Aus Politik und Zeitgeschichte B 27, S. 15-24.

Kaltschmitt, Martin (2003): Biomassenutzung in Deutschland - Stand und Perspektiven, in: Böhmer, Till (Hrsg.): Erneuerbare Energien - Perspektiven für die Stromerzeugung, Frankfurt am Main, S. 251-273.

Kaltschmitt, Martin/Nill, Martin/Schröder, Gerd (2003): Geothermische Stromerzeugung in Deutschland - Projekte und deren energiewirtschaftliche Einordnung, in: Böhmer, Till (Hrsg.): Erneuerbare Energien - Perspektiven für die Stromerzeugung, Frankfurt am Main, S. 275-298.

220

Karstens, Jan (1999): Das novellierte Stromeinspeisungsgesetz und alternative Möglichkeiten der Förderung regenerativer Energien, in: ZUR 4/99, S. 188-196.

Kolb, Felix/Grobe, Rasmus (2003): Kein Öl, kein Krieg. Die deutschen Öko-verbände können von der Umweltbewegung der USA lernen: Die Energiewende ist eine Strategie zur Kriegsvermeidung. Öl muss ein knappes Gut werden, in: taz vom 11.2. 2003, S. 10.

Kords, Udo (1993): Die Entstehungsgeschichte des Stromeinspeisungsgesetzes vom 5.10. 1990. Ein Beispiel für die Mitwirkungsmöglichkeiten einzelner Abgeordneter an der Gesetzgebungsarbeit des Deutschen Bundestages, Diplomarbeit am Fachbereich für Politische Wissenschaft (Otto-Suhr-Institut), Freie Universität Berlin.

Kretschmann, Winfried (2002): Brief an Minister Jürgen Trittin bezüglich der Einbeziehung der großen Wasserkraft in die Novelle des Erneuerbare-Energien-Gesetzes (EEG) vom 18. November 2002, Stuttgart.

Küffner, Georg (2004): Offshore-Windräder: Standfest bei Sturm und haushohen Wellen. Für die Gründung auf dem Meeresboden nutzt man unterschiedliche Techniken/Schwimmende Lagerung vor der Erprobung, in: FAZ vom 29.6. 2004, S. T 1.

Küffner, Georg (2003): Strom aus warmem Wasser. In Neustadt-Glewe geht Deutschlands erstes Geothermie-Elektrizitäts-Kraftwerk in Betrieb, in: FAZ vom 4.11. 2003, S. T 6.

Lauber, Volkmar (2003): Three decades of renewable energy politics in Germany, Power Point Präsentation Salzburg/Leopoldskron, 1.10. 2003.

Langniß, Ole/Nitsch, Joachim (1998): Auswirkungen der öffentlichen Förderung im Hinblick auf Arbeitsplatzeffekte am Beispiel der Windenergie, in: Leittretter, Siegfried (Hrsg.): Schafft Umweltschutz Beschäftigung?, Düsseldorf, S. 36-39.

Lönker, Oliver (2004): Jetzt umstöpseln, in: Neue Energie Nr. 3, S. 29-35.

Luber, Max (2004): Eine Analyse des Novellierungsprozesses zum Erneuerbare Energien Gesetz. Wie verlief der Politikformulierungsprozess und welche Interessen konnten sich durchsetzen?, Hausarbeit im Hauptseminar „Energiepolitik in Deutschland. Atomausstieg und Förderung erneuerbarer Energien" am Fachbereich Politik- und Sozialwissenschaften der FU Berlin, Wintersemester 2003/2004.

Lund, John (2000): Status geothermischer Energie im Jahr 2000, in: Geothermische Energie 28/29, download unter www.geothermie.de.

Massing, Peter (1993): Interesse - ein Schlüsselbegriff der Politikwissenschaft, in: Politische Bildung: Interesse, Jg. 26, Heft 3, S. 5-21.

Matthes, Felix Christian (2000): Stromwirtschaft und deutsche Einheit. Eine Fallstudie zur Transformation der Elektrizitätswirtschaft in Ost-Deutschland, Berlin.

Matthes, Felix Christian/Cames, Martin (2000): Energiewende 2020. Der Weg in eine zukunftsfähige Energiewirtschaft. Eine Studie des Öko-Instituts. Herausgegeben von der Heinrich-Böll-Stiftung, Berlin.

Mayntz, Renate (1993): Policy-Netzwerke und die Logik von Verhandlungssystemen, in: Héritier, Adrienne (Hrsg.) (1993): Policy-Analyse. Kritik und Neuorientierung, PVS Sonderheft 24, S. 39-56.

Mez, Lutz (2003): Energie- und Umweltpolitik - Eine vorläufige Bilanz, in: Egle, Christoph/Ostheim, Tobias/Zohlhöfer, Reimut (Hrsg.): Das rot-grüne Projekt, Wiesbaden, S. 329-350.

Mez, Lutz (2002): Braucht Deutschland einen Megaplayer? Warum die Übernahme von Ruhrgas durch E.ON den Wettbewerb verhindert, in: Energiedepesche Nr. 2/02, S. 8-11.

Mez, Lutz (2001): Corporate Strategies in the German Electricity Supply Industry: From Alliance Capitalism to Diversification, in: Midttun, Atle: European Energy Industry Business Strategies, Oxford, S. 195-224.

Mohr, Markus (2001): Die Gewerkschaften und der Atomkonflikt, Münster.

Müller, Robert (2004): Restriktionen und Erfolgsbedingungen biogener Kraftstoffe - Polen, Frankreich und die Bundesrepublik Deutschland im Vergleich, Magisterarbeit im Studiengang Politische Wissenschaft an der Universität Hannover, eingereicht am 1.3. 2004.

NABU (2002): NABU Argumente. NABU-Wahlprüfsteine. Forderungen zur Bundestagswahl 2002. Klimaschutz, Agrarwende, Mobilität, Bonn.

NABU (2000): Auf dem Weg ins Solarzeitalter. NABU-Position für eine zukünftige Energieversorgung, Bonn.

NABU (1998): Position zur Wasserkraft, Bonn.

NABU (o. J.): NABU Argumente. Naturverträgliche energetische Nutzung von Biomasse, Bonn.

Nachhaltigkeitsrat (2003): Perspektiven der Kohle in einer nachhaltigen Energiewirtschaft - Leitlinien einer modernen Kohlepolitik und Innovationsförderung, Beschluss vom 30. September, Berlin.

NaturEnergie (2003): Die Neue Grosse Wasserkraft, Grenzach-Wyhlen.

NaturEnergie (o. J.): Die Quellen des Stroms. Naturenergie und ihre Kraftwerke, Grenzach-Wyhlen.

Pappi, Franz Urban (1993): Policy-Netze: Erscheinungsform moderner Politiksteuerung oder methodischer Ansatz, in: Héritier, Adrienne (Hrsg.) (1993) : Policy-Analyse. Kritik und Neuorientierung, PVS Sonderheft 24, S. 84-94.

Peters, Jürgen (2001): Energiewende schafft Arbeitsplätze, Pressemitteilung Nr. 061/2001 vom 22. Mai.

Poganatz, Hilmar (2003): Ökostrom: in, on oder out? Nicht immer und auch nicht öfter, in: Sonnenenergie Nr. 3, S. 43-46.

Preuß, Olaf (2001): Shell und BP denken an die Zeit nach dem Öl, in: Financial Times Deutschland vom 11.5., S. 12.

PricewaterhouseCoopers (2003): Climate Change and the Power Industry, November, Paris.

Prognos AG (2000): Die längerfristige Entwicklung der Energiemärkte im Zeichen von Wettbewerb und Umwelt, Stuttgart.

Radkau, Joachim (1983): Aufstieg und Krise der deutschen Atomwirtschaft 1945 - 1975. Verdrängte Alternativen in der Kerntechnik und der Ursprung der nuklearen Kontroverse, Reinbek.

Rathgeb, Gerd/Hindersinn, Bernhard (1996): Der Weg zur größten gebäudeintegrierten Solaranlage Europas bei Mercedes-Benz in Stuttgart, Dezember, Stuttgart.

Reeker, Carlo (1997): Neues aus dem Baugesetzbuch: Was bringt die Privilegierung?, in ö-punkte, November, download unter

http://www.projektwerkstatt.de/oepunkte/althefte/ausgaben/00/10.html.

Reiche, Danyel (2003): Renewable Energies in the Accession States, in: ders. (ed.): Handbook of Renewable Energies in the European Union II, S. 13-30.

Reiche, Danyel (2003b): Restriktionen und Erfolgsbedingungen erneuerbarer Energien in Polen, Frankfurt am Main.

Reiche, Danyel (2002): Aufstieg, Bedeutungsverlust und Re-Politisierung erneuerbarer Energien, in: ZfU 1/2002, S. 27-59.

Reiche, Danyel (2002b): Erneuerbare Energien in den Niederlanden. Pfadabhängigkeiten, Akteure, Belief Systeme und Restriktionen, Frankfurt am Main.

Reiche, Danyel (ed.) (2002c): Handbook of Renewable Energies in the European Union, Frankfurt am Main.

Reiche, Danyel (2001): Bürgerengagement für erneuerbare Energien, in: Vorgänge 1/2001, S. 36-43.

Reiche, Danyel (2001b): Die Ökosteuer zwingt zum Umdenken - Nicht populär, aber durchaus wirksam, in: Das Parlament vom 9.11., S. 14.

Reiche, Danyel (2000): Ein historischer Kompromiss? Die Vereinbarung über den Atomausstieg, in: Blätter für deutsche und internationale Politik Nr. 7/2000, S. 875-877.

Reiche, Danyel (2000b): Rendite ohne Reue - Solar-Aktien boomen dank gezielter politischer Intervention, in: Vorgänge 3/2000, S. 113-120.

Reiche, Danyel/Krebs, Carsten (1999): Der Einstieg in die Ökologische Steuerreform. Aufstieg, Restriktionen und Durchsetzung eines umweltpolitischen Themas, Frankfurt am Main.

Reutter, Werner (2001): Deutschland - Verbände zwischen Pluralismus, Korporatismus und Lobbyismus, in: Reutter, Werner/Rütters, Peter (2001): Verbände und Verbandssysteme in Westeuropa, Opladen, S. 75-101.

Rieder, Stefan (1998): Regieren und Reagieren in der Energiepolitik. Die Strategien Dänemarks, Schleswig-Holsteins und der Schweiz im Vergleich, Bern

Sabatier, Paul A. (1993): Advocacy-Koalitionen, Policy-Wandel und Policy-Lernen: Eine Alternative zur Phasenheuristik, in: Windhoff-Héritier, Adrienne (Hrsg.): Policy-Analyse. Kritik und Neuorientierung. PVS-Sonderheft Nr. 24, Opladen, S. 116-148.

Sabatier, Paul A. (1988): An Advocacy Coalition Framework of Policy Change and the Role of Policy-Oriented Learning Therein, in: Policy-Sciences, S. 129-168.

Scharpf, Fritz W. (1993): Positive und negative Koordination in Verhandlungssystemen, in: Héritier, Adrienne (Hrsg.) (1993): Policy-Analyse. Kritik und Neuorientierung, PVS Sonderheft 24, S. 57-83.

Scharpf, Fritz W. (1991): Die Handlungsfähigkeit des Staates am Ende des zwanzigsten Jahrhunderts, in: PVS, 32. Jg., Heft 4, S. 621-634.

Schiffer, Hans-Wilhelm (2002): Energiemarkt Deutschland (8., völlig neu bearbeitete Auflage), Köln.

Schiffer, Hans-Wilhelm (2002b): Immer effizienter. Perspektiven der Braunkohle im liberalisierten Strommarkt, in: FAZ Energie-Beilage vom 28. Mai, S. B 6.

Schmidt, Manfred G. (1995): Wörterbuch zur Politik, Stuttgart.

Schubert, Klaus (1991): Politikfeldanalyse. Eine Einführung, Opladen.

Sebaldt, Martin (1997): Verbände und Demokratie: Funktionen bundesdeutscher Interessengruppen in Theorie und Praxis, in: APUZ, B 36-37, S. 27-37.

Shell (o. J.): Mit erneuerbaren Energien ins 21. Jahrhundert. Shell Solar in Deutschland, Hamburg.

224

Solid (2004): Handbuch Bürger-Solarstromanlagen - Konzepte, Verträge, Verlag Solar Zukunft.

SPD (2002): Erneuerung und Zusammenhalt - Wir in Deutschland. Regierungsprogramm 2002-2006, Berlin.

SPD (1987): Grundsatzprogramm der Sozialdemokratischen Partei Deutschlands, Bonn (geändert 1998).

SPD/Bündnis 90/Die Grünen (2002): Erneuerung - Gerechtigkeit - Nachhaltigkeit, Koalitionsvertrag zwischen SPD und Bündnis 90/Die Grünen vom 16. Oktober 2002, Berlin.

Stadtwerke Hannover (o. J.): Die Leineaue - Wasserkraftwerk und Fischaufstiegsanlage am Leinewehr Herrenhausen, Hannover.

Stadthaus, Marcus (2001): Der Konflikt um moderne Gaskraftwerke (GuD) im Rahmen der ökologischen Steuerreform, Diplomarbeit, FFU-Report 01-3, Berlin.

Staiß, Frithjof (2003): Jahrbuch Erneuerbare Energien 02/03, Radebeul.

Staiß, Frithjof (2000): Jahrbuch Erneuerbare Energien 2000, Radebeul.

Steinkohlenverband (2003): Jahresbericht Steinkohle 2002, download unter www.gvst.de/site/steinkohle/stein_jahresbericht.htm.

Steinkohlenverband (2002): Steinkohle 2002. Sichere Energie für Europa, Essen.

SRU (2004): Umweltgutachten 2004 - Kurzfassung, Berlin.

SRU (2003): Windenergienutzung auf See. Stellungnahme, April, Berlin.

SRU (2002): Für eine neue Vorreiterrolle, Stuttgart.

SRU (2000): Schritte ins nächste Jahrtausend, Stuttgart.

TAB (2004): Möglichkeiten geothermischer Stromerzeugung in Deutschland, TAB-Arbeitsbericht Nr. 84, download unter www.tab.fzk.de.

Traube, Klaus (2002): Leitlinien für eine nachhaltig wirksame Energiepolitik in der Legislaturperiode bis 2006, Berlin.

UBA (2003): Anforderungen an die zukünftige Energieversorgung. Analyse des Bedarfs zukünftiger Kraftwerkskapazitäten und Strategien für eine nachhaltige Stromnutzung in Deutschland, Berlin.

UBA (2002): Langfristszenarien für eine nachhaltige Energienutzung in Deutschland, Juli, Berlin.

VDEW (2003): Jahresbericht 2002, Berlin.

VDEW (2003b): Effizienz verbessern. Energie kompakt - Gemeinsame Stellungnahme des Verbandes der Elektrizitätswirtschaft - VDEW - e. V. und des

Verbandes der Verbundunternehmen und Regionalen Energieversorger - VRE - e. V. zum Referentenentwurf EEG-Novellierung, 7. Oktober, Berlin.

Ver.di (o. J.): Grundsätze für ein Energiekonzept für Deutschland, download unter www.verdi.de.

VIK (2003): Statistik der Energiewirtschaft 2003, Essen.

Vorholz, Fritz (2003): Die Illusion vom Wettbewerb. Seit fünf Jahren herrscht auf dem deutschen Strommarkt die große Freiheit - theoretisch. Tatsächlich gerät die Reform zur Pleite, in: Die Zeit Nr. 18 vom 24.4., S. 27-28.

WBGU (2003): Welt im Wandel - Energiewende zur Nachhaltigkeit, Berlin-Heidelberg.

WEC (2002): Energie für Deutschland. Fakten, Perspektiven und Positionen im globalen Kontext, Düsseldorf.

WEG (2002): Jahresbericht 2001. Zahlen & Fakten, Hannover.

WEG (2001): Jahresbericht 2001, Hannover.

Werckmeister, Georg (1998): Die Jobmaschine. Mit Produktideen Arbeitsplätze schaffen, Bonn.

Windhoff-Héritier, Adrienne (1987): Policy-Analyse. Eine Einführung. Frankfurt/Main.

Wissenschaftsrat (1999): Stellungnahme zur Energieforschung, Köln.

Ziesing, Hans-Joachim (2003): Treibhausgas-Emissionen nehmen weltweit zu - Keine Umkehr in Sicht, in: DIW-Wochenbericht Nr. 8, S. 128-139.

Ziesing, Hans-Joachim (2003b): Investitionsoffensive in der Energiewirtschaft - Herausforderungen und Handlungsoptionen. Vortrag auf der Energiekonferenz der Bundestagsfraktion von Bündnis 90/Die Grünen am 26./27. September 2003 in Berlin.

Ziesing, Hans-Joachim (2002): CO_2-Emissionen im Jahr 2001: Vom Einsparziel 2005 noch weit entfernt, in: DIW-Wochenbericht Nr. 8, S. 137-145.

Ziesing, Hans-Joachim/Wittke, Franz (2004): Stagnierender Primärenergieverbrauch in Deutschland, in: DIW-Wochenbericht Nr. 39, S. 75-89.

ZNER (2000): Dokumentation EEG. Gesetz für den Vorrang Erneuerbarer Energien - Erneuerbare-Energien-Gesetz, Gesetz vom 29.3. 2000, Bochum.

226

Websites

AA, www.auswaertiges-amt.de

AG Energiebilanzen, www.ag-energiebilanzen.de/

AG Solar, www.ag-solar.de

AkEnd, www.akend.de

BAFA, www.bafa.de

BBE, www.bioenergie.de

BBU, www.bbu-online.de

BDW, www.wasserkraft.de

BEE, www.bee-ev.de

Bfai, www.bfai.de

BHKW-Infozentrum, www.bhkw-infozentrum.de

BFN, www.bfn.de

BLS, www.wilfriedheck.tripod.com

BMBF, www.bmbf.de

BMF, www.bmf.de

BMU, www.bmu.de

BMVBW, www.bmvbw.de

BMVEL, www.verbraucherministerium.de

BMWA, www.bmwi.de

BMWI, www.bmwi.de

BMZ, www.bmz.de

BSH, www.bsh.de

BSI, www.bsi-solar.de

BUND, www.bund.net

Bund der Energieverbraucher, www.energienetz.de

Bundesregierung, www.bundesregierung.de

Bundestag, www.bundestag.de/info/berlin/energie

Bundesverband Braunkohle, www.braunkohle.de oder www.debriv.de

Bne, www.neue-energieanbieter.de

Bundeswahlleiter, www.bundeswahlleiter.de

BWE, www.wind-energie.de

CIA, www.cia.gov

Dena, www.deutsche-energie-agentur.de

Dena Offshore-Website, www.offshore-wind.de

DEWI, www.dewi.de

DGB, www.dgb.de

DG Energie und Verkehr, www.europa.eu.int/comm/energy_transport

DGS, www.dgs.de

DNR, www.dnr.de

Ecofys, www.greenprices.nl

EnBW, www.enbw.de

Energiedesign, www.energiedesign.de

Energiedialog 2000, www.energiedialog2000.de

Eon, www.Eon-energie.com

Erneuerbare Energien, www.erneuerbare-energien.de

Ethikbank, www.ethikbank.de

Eurosolar, www.eurosolar.org

Exportinitiative, www.exportinitiative.de

FFE, www.ffe.de

FFU, www.fu-berlin.de/ffu/

FGW, www.wind-fgw.de

FH Nordhausen, www.fh-nordhausen.de

FNR, www.fnr-server.de

Forschungsverbund Sonnenenergie, www.fv-sonnenenergie.de

Forum, www.forum-nro.de

GLS, www.gemeinschaftsbank.de

Greenpeace, www.greenpeace.org/deutschland/

Greenpeace energy, www.greenpeace-energy.de

GTZ, www.gtz.de

GtV, www.geothermie.de

HBS Nds., www.slu-boell.de

HTDP, www.100000daecher.de

IAEA, www.iaea.org

IG BAU, www.igbau.de

IG BCE, www.igbce.de

IG Metall, www.igmetall.de

Initiative Solarwärme Plus, www.wasserwaermeluft.de

ISE, www.ise.fraunhofer.de

ISET, www.iset.uni-kassel.de

ISFH, www.isfh.de

IWR, www.iwr.de

KfW, www.kfw.de

Klimaschutzagentur Region Hannover, www.klimaschutzagentur.de

NABU, www.nabu.de

Nachhaltigkeitsrat, www.nachhaltigkeitsrat.de

Nachwachsende Rohstoffe, www.nachwachsende-rohstoffe.de

Naturstrom AG, www.naturstrom.de

Nea, www.nea.fr/html/general/facts.html

Offshore Forum Windenergie, www.ofw-online.de

Pflanzenöl-Initiative, www.pflanzenoel-initiative.de

PTJ, www.fz-juelich.de/ptz

Prokon Nord, www.prokonnord.de

Renewables2004, www.renewables2004.de

RWE, www.rwe.de

RWE Schott Solar, www.ase-international.com

SFV, www.sfv.de

Solarthermie 2000, www.solarthermie2000.de

SPD, www.spd.de

SRU, www.umweltrat.de

Statistisches Bundesamt, www.destatis.de

Stiftung Energieforschung Baden-Württemberg, www.sef-bw.de

UBA, www.umweltbundesamt.de

UFOP, www.ufop.de

UmweltBank, www.umweltbank.de

UVS, www.solarwirtschaft.de

Vattenfall Europe, www.vattenfall.de

Ver.di, www.verdi.de

VDEW, www.strom.de

VDMA, www.vdma.de

VKU, www.vku.de

VZBV, www.vzbv.de

WEC, www.worldenergy.org

WEG, www.erdoel-erdgas.de

Windkraftgegner, www.windkraftgegner.de

World Council for Renewable Energy, www.world-council-for-renewable-energy.org

WVW, www.wvwindkraft.de

ZSW, www.zsw-bw.de

Weitere laufend verwendete Quellen

Arbeit & Ökologie-Briefe (Monatlich erscheinende Fachzeitschrift)

BMU-Pressedienst (Email-Informationsdienst)

BUND Magazin (Vierteljährlich erscheinende Mitgliederzeitschrift)

Das Parlament (Wochenzeitung)

Die Mitbestimmung (Monatsmagazin der Hans-Böckler-Stiftung)

Die Zeit (Wochenzeitschrift)

Der Spiegel (Wochenzeitschrift)

Erneuerbare Energien (Monatlich erscheinende Fachzeitschrift)

FAZ (Tageszeitung)

FASZ (Sonntagszeitung)

FR (Tageszeitung)

FTD (Tageszeitung)

HAZ (Tageszeitung)

IWR-Pressedienst (Email-Informationsdienst)

Neue Energie (Monatlich erscheinende Fachzeitschrift)

230

Sonne Wind & Wärme (Monatlich erscheinende Fachzeitschrift)
Sonnenenergie (Zwei-Monatlich erscheinende Fachzeitschrift)
Taz (Tageszeitung)
Wind-News (Email-Informationsdienst des BWE)
Windpower Monthly (Monatlich erscheinende Fachzeitschrift)
ZNER (Vierteljahres-Zeitschrift)

Liste der Gesprächspartner

1. **Till Böhmer**, VDEW, Referent im Bereich Energiepolitik und Energiewirtschaft mit Zuständigkeit für erneuerbare Energien, am 19.1. 2004 (per Telefon).
2. **Michael Demus**, Klimaschutzagentur der Region Hannover, am 26.2. 2004 (per Telefon).
3. **Thomas Müller**, IG Metall Bezirk Hannover für Niedersachsen und Sachsen-Anhalt, am 17. 6. 2004 (per Telefon).
4. **Markus Kurdziel**, Bereichsleiter Erneuerbare Energien Dena, am 18.11. 2003 in Berlin.
5. **Dr. Klaus Traube**, Sprecher Arbeitskreis Energie BUND, am 4.12. 2003 (per Telefon).
6. **Prof. Dr. Volkmar Lauber**, Universität Salzburg, am 1.10. 2003 in Salzburg.
7. **Christoph Zeiss**, Projektleiter Verkehr Dena, am 18.5. 2004 (per Telefon).
8. **Dr. Hans-Joachim Ziesing**, DIW, am 2.10. 2003 in Salzburg.

Abkürzungsverzeichnis

AA	Auswärtiges Amt
AEV	Allgemeiner Energieverein
AG	Aktiengesellschaft
AGEE-Stat	Arbeitsgruppe Erneuerbare Energien-Statistik
AGQM	Arbeitsgemeinschaft Qualitätsmanagement Biodiesel
AK	Arbeitskreis

AkEnd	Arbeitskreis Auswahlverfahren Endlagerstandorte
AKW	Atomkraftwerk
APUZ	Aus Politik und Zeitgeschichte
ARD	Arbeitsgemeinschaft der öffentlich-rechtlichen Rundfunkanstalten der Bundesrepublik Deutschland
ARE	Arbeitsgemeinschaft regionaler Energieversorgungsunternehmen
ASEW	Arbeitsgemeinschaft für sparsame Energie- und Wasserverwendung
AWZ	Ausschließliche Wirtschaftszone
BAFA	Bundesamt für Wirtschaft und Ausfuhrkontrolle
BauGB	Baugesetzbuch
B.A.U.M.	Bundesdeutscher Arbeitskreis für Umweltbewusstes Management
BBE	Bundesverband BioEnergie
BBG	Bundschuh-Biogas-Gruppe
BBU	Bundesverband Bürgerinitiativen Umweltschutz
BCM	Billion Cubic Meters
B/d	barrels per day
BDA	Bund Deutscher Architekten
BDI	Bundesverband der Deutschen Industrie
BDW	Bundesverband Deutscher Wasserkraftwerke
BEB	Gewerkschaften Brigitta und Elwerath Betriebsführungsgesellschaft mbH
BEE	Bundesverband Erneuerbare Energien
BEWAG	Berliner Kraft- und Licht AG
Bfai	Bundesagentur für Außenwirtschaft
BFN	Bundesamt für Naturschutz
BGB	Bürgerliches Gesetzbuch
BHKW	Blockheizkraftwerk
BIP	Bruttoinlandsprodukt
BKB	Braunschweigische Kohlen-Bergwerke AG
BLS	Bundesverband Landschaftsschutz

BMBF	Bundesministerium für Bildung und Forschung
BMF	Bundesministerium der Finanzen
BMU	Bundesministerium für Umwelt, Naturschutz und Reaktorsicherheit
BMVBW	Bundesministerium für Verkehr, Bau- und Wohnungswesen
BMVEL	Bundesministerium für Verbraucherschutz, Ernährung und Landwirtschaft
BMWA	Bundesministerium für Wirtschaft und Arbeit
BMWi	Bundesministerium für Wirtschaft
BMZ	Bundesministerium für wirtschaftliche Zusammenarbeit und Entwicklung
Bne	Bundesverband Neuer Energieanbieter
BP	British Petroleum
BR	Bundesrat
BRD	Bundesrepublik Deutschland
BSE	Bundesverband Solarenergie
BSH	Bundesamt für Seeschifffahrt und Hydrographie
BSI	Bundesverband Solarindustrie
BT	Bundestag
BTL	Biomass-to-Liquid
Btu	British thermal unit
BUND	Bund für Umwelt- und Naturschutz Deutschland
BverfG	Bundesverfassungsgericht
BVR	Bundesverband der Deutschen Volksbanken und Raiffeisenbanken
BWE	Bundesverband Windenergie
C	Celsius
CDU	Christlich-Demokratische Union
CIA	Central Intelligence Agency
CO_2	Kohlendioxid
CSU	Christlich-Soziale Union
DBU	Deutsche Bundesstiftung Umwelt

DDR	Deutsche Demokratische Republik
DEBRIV	Deutscher Braunkohlen-Industrie-Verein
Dena	Deutsche Energie-Agentur
DEPV	Deutscher Energie-Pellet-Verband
DEWI	Deutsches Windenergie-Institut
DFS	Deutscher Fachverband Solarenergie
DGB	Deutscher Gewerkschaftsbund
DG	Directorate General
DGS	Deutsche Gesellschaft für Sonnenenergie
DIW	Deutsches Institut für Wirtschaftsforschung
DLR	Deutsche Forschungsanstalt für Luft- und Raumfahrt
DNR	Deutscher Naturschutzring
DOE	US Department of Energy
DSK	Deutsche Steinkohle AG
DtA	Deutsche Ausgleichsbank
€	Euro
EDF	Electricité de France
EEG	Erneuerbare-Energien-Gesetz
EEG	Erdöl Erdgas GmbH
EG	Europäische Gemeinschaft
EGKS	Europäische Gemeinschaft für Kohle und Stahl
EIA	Energy Information Administration
EIB	Europäische Investitionsbank
EnBW	Energie Baden-Württemberg
ETBE	Ethyl-Tertiär-Butylether
EU	Europäische Union
EURENEW	European Renewable Energies - Europäischer Vertrag für Erneuerbare Energien
EVM	Einspeisevergütungsmodell
EVU	Elektrizitätsversorgungsunternehmen
EWEA	European Wind Energy Association
EWS	Elektrizitätswerke Schönau

FAZ	Frankfurter Allgemeine Zeitung
FASZ	Frankfurter Allgemeine Sonntagszeitung
FCKW	Fluorchlorkohlenwasserstoffe
FDP	Freie Demokratische Partei
FFE	Forschungsstelle für Energiewirtschaft
FFU	Forschungsstelle für Umweltpolitik
FGW	Fördergesellschaft Windenergie
FH	Fachhochschule
FKW	Fluorierte Kohlenwasserstoffe
FNR	Fachagentur Nachwachsende Rohstoffe
FR	Frankfurter Rundschau
FTD	Financial Times Deutschland
G-7	Gruppe der großen Sieben (Industrieländer)
GE	General Electric
GGLF	Gewerkschaft Gartenbau, Land- und Forstwirtschaft
GHF	Gesellschaft für Handel und Finanz mbH
GLS	Gemeinschaft für Leihen und Schenken
GmbH	Gesellschaft mit beschränkter Haftung
GTZ	Deutsche Gesellschaft für Technische Zusammenarbeit
GtV	Geothermische Vereinigung
GVSt	Gesamtverband des deutschen Steinkohlenbergbaus
GWh	Gigawattstunde
HAZ	Hannoversche Allgemeine Zeitung
HBS	Heinrich-Böll-Stiftung
HEW	Hamburgische Electricitäts-Werke AG
HTDP	Hundert-Tausend-Dächer-Programm
IAA	Internationale Automobilausstellung
IAE	Institute of Atomic Energy
IEA	International Energy Agency
IG	Industriegewerkschaft
IG BAU	Industriegewerkschaft Bauen-Agrar-Umwelt

IG BCE	Industriegewerkschaft Bergbau, Chemie, Energie
IÖW	Institut für Ökologische Wirtschaftsforschung
IPP	Independet Power Producer
IRENA	International Renewable Energy Agency
ISE	Fraunhofer-Institut für Solare Energiesysteme
ISET	Institut für Solare Energieversorgungstechnik
ISFH	Institut für Solarenergieforschung Hameln
IWF	Internationaler Währungsfonds
IWR	Internationales Wirtschaftsforum Regenerative Energien
J	Joule
JI	Joint Implementation
KfW	Kreditanstalt für Wiederaufbau
Kg	Kilogramm
Km	Kilometer
kV	Kilovolt
kW	Kilowatt
kWh	Kilowattstunde
KWK	Kraft-Wärme-Kopplung
LAUBAG	Lausitzer Braunkohlenindustrie AG
LKW	Lastkraftwagen
MAP	Markteinführungsprogramm
MBB	Messerschmitt-Bölkow-Blohm
MEP	Markteinführungsprogramm Biogene Treib- und Schmierstoffe
MIBRAG	Mitteldeutsche Braunkohlengesellschaft mbH
Mio.	Millionen
Mrd.	Milliarden
MTBE	Methyl-Tertiär-Butylether
MVV	Mannheimer Versorgungs- und Verkehrs-Aktiengesellschaft
MW	Megawatt
NAP	Nationaler Allokationsplan

NATO	North Atlantic Treaty Organisation
Nds.	Niedersachsen
Nea	Nuclear Energy Agency
NGO	Non-Governmental Organizations
NIMBY	Not-In-My-Backyard
NO_x	Stickstoffoxide
NRO	Nicht-Regierungs-Organisationen
NRW	Nordrhein-Westfalen
OECD	Organisation for Economic Co-operation and Development
OPEC	Organisation of the Petroleum Exporting Countries
ORC	Organic Rankine Cycle
OSZE	Organisation for Security and Co-operation in Europe
ÖSR	Ökologische Steuerreform
OWAG	Ostbayrische Windanlagen GbR
P	Peta
p	Peak
PAS	Politisch-Administratives System
PCB	Biphenylen
PCT	Terphenylen
PDS	Partei des Demokratischen Sozialismus
Pf.	Pfennige
PKW	Personenkraftwagen
ppm	parts per million
P&T	Peters & Trüschel
PTJ	Projektträger Jülich
PVS	Politische Vierteljahresschrift
RAG	Ruhkohle AG
REG	Regenerative Technologien
RegTP	Regulierungsbehörde für Telekommunikation und Post
REN	Rationelle Energienutzung

RWE	Rheinisch-Westfälische Elektrizitätswerke
SERO	Sekundärrohstoffe
SFV	Solarenergie-Förderverein
SKE	Steinkohleeinheiten
Sm	Seemeile
SO_2	Schwefeldioxid
Solid	Solarenergie Informations- und Demonstrations-zentrum
SPD	Sozialdemokratische Partei Deutschlands
SRU	Sachverständigenrat für Umweltfragen
StrEG	Stromeinspeisungsgesetz
T	Tonne
TAB	Büro für Technikfolgen-Abschätzung
Taz	die tageszeitung
TEAG	Thüringer Energieversorgung AG
TFC	Total Final Consumption
THTR	Thorium Hochtemperaturreaktor Hamm-Uentrop
TJ	Tera joule
TPES	Total Primary Energy Supply
TWh	Terawattstunde
UBA	Umweltbundesamt
UdSSR	Union der Sozialistischen Sowjetrepubliken
UFOP	Union zur Förderung von Öl- und Proteinpflanzen
UMEN	Umweltfreundliche Energien Mittlerer Neckar
UMTS	Universal Mobile Telecommunications System
UNDP	United Nations Development Program
UNEP	United Nations Environment Program
US	United States
USA	United States of America
UVS	Unternehmensvereinigung Solarwirtschaft
VA	Vermittlungsausschuss
VCD	Verkehrsclub Deutschland

VDA	Verband der Automobilindustrie
VDB	Verband Deutscher Biodieselproduzenten
VDBH	Verband Deutscher Biomasseheizwerke
VDEW	Verband der Elektrizitätswirtschaft
VDMA	Verband Deutscher Maschinen- und Anlagenbau
VDN	Verband der Netzbetreiber
VdV	Verband der Deutschen Verbundwirtschaft
VEAG	Vereinigte Energiewerke AG
VEBA	Vereinigte Elektrizitäts- und Bergwerks AG
Ver.di	Vereinte Dienstleistungsgewerkschaft
VES	Verkehrswirtschaftliche Energiestrategie
VEW	Vereinigte Elektrizitätswerke Westfalen AG
VFW	Vereinigte Flugtechnischen Werke
VIAG	Vereinigte Industrie-Unternehmungen AG
VIK	Verband der industriellen Energie- und Kraftwirtschaft
VKU	Verband kommunaler Unternehmen
VNG	Verbundnetz Gas AG
VRE	Verband der Verbundunternehmen und Regionalen Energieversorger in Deutschland
VV	Verbändevereinbarung
VW	Volkswagen
VZBV	Verbraucherzentrale Bundesverband
WBGU	Wissenschaftlicher Beirat der Bundesregierung Globale Umweltveränderungen
WCRE	World Council for Renewable Energy
WEC	World Energy Council
WEG	Wirtschaftsverband Erdöl- und Erdgasgewinnung
WTO	World Trade Organisation
WVW	Wirtschaftsverband Windkraftwerke
WWER	Wasser-Wasser-Energiereaktor
WWF	World Wildlife Fund
Z	Zentralabteilung

ZIP	Zukunftsinvestitionsprogramm
ZSW	Zentrum für Sonnenenergie- und Wasserstoff-Forschung
ZNER	Zeitschrift für Neues Energierecht
ZVSHK	Zentralverband Sanitär Heizung Klima

Umrechnungstabelle

Einheit/Unit	Umrechnung/Conversion
k (Kilo)	= thousand = 10^3
M (Mega)	= million = 10^6
G (Giga)	= billion = 10^9
T (Tera)	= trillion = 10^{12}
P (Peta)	= quadrillion = 10^{15}
J (Joule)	= 1 kWs
kW (kilowatt)	= 1,000 watt
kWh (kilowatt hour)	= 3,600 J resp. 3.6 MJ resp. 86.0 x 10^{-6} toe
MW (Megawatt)	= 1,000 kW
MWh (Megawatt hour)	= 3,600 MJ resp. 3.6 GJ resp. 86.0 x 10^{-6} ktoe
GW (Gigawatt)	= 1,000 MW
GWh (Gigawatt hour)	= 3,600 GJ resp. 3.6 TJ resp. 86.0 x 10^{-6} Mtoe
TW (Terawatt)	= 1,000 GW
TWh	= 3,600 TJ resp. 3.6 PJ resp. 86.0 x 10^{-3} Mtoe
t (metric ton = tonne)	= 1,000 Kilo
toe (tons of oil equivalent)	= 41.868 GJ resp. 11.63 MWh
ktoe (kilo tons of oil equivalent)	= 41.868 TJ resp. 11.63 GWh
Mtoe (million tons of oil equivalent)	= 41.868 PJ resp. 11.63 TWh
MJ (Megajoule)	= 0.2778 kWh resp. 23.88 x 10^{-6} toe
GJ (Gigajoule)	= 0.2778 MWh resp. 23.88 x 10^{-6} ktoe
TJ (Terajoule)	= 0.2778 GWh resp. 23.88 x 10^{-6} Mtoe
PJ (Petajoule)	= 0.2778 TWh resp. 23.88 x 10^{-3} Mtoe
TPES (Total Primary Energy Supply)	= indigenous production + imports - exports - international marine bunkers ± stock changes

Zum Umrechnen kann man auch den automatischen Einheiten-Umwandler der Internationalen Energie-Agentur (IEA) verwenden, download unter

www.iea.org/statist/calcul.htm